Prüfungsbuch Fahrzeuglackierer

von
Joachim Weigt

Holland + Josenhans – Stuttgart

Die technischen und grafischen Zeichnungen wurden nach Vorlagen ausgeführt durch as-illustration Alexander Schmitt, 97222 Rimpar.

ISBN 978-3-582-**03620**-8

Verlag Holland + Josenhans GmbH & Co. KG, Postfach 10 23 52, 70019 Stuttgart – 2015

Satz und Layout: dtp design, Verlags- und Medienservice, 35085 Ebsdorfergrund
Umschlagmotiv: Alexander Brandl – Scholz Karosseriebau GmbH & Co. KG, Hallstadt
Druck: Grafisches Centrum Cuno GmbH & Co. KG, 39240 Calbe

Einführung

Das Buch

Dieses Buch wird Ihnen helfen, sich systematisch auf die Zwischen- und Gesellenprüfung des Fahrzeuglackiererhandwerks der Handwerkskammern vorzubereiten.

Es besteht aus fachspezifischen Aufgaben, Fragen und den Lösungen, die in den Zwischen- und Gesellenprüfungen zu den Inhalten des Lehrplans Ihrer Ausbildung so – oder so ähnlich – gestellt werden könnten.

Hilfreich beim Formulieren der Fragen war, dass der Autor auf ein umfangreiches Wissen durch seine jahrelange Tätigkeit im Prüfungsausschuss für Fahrzeuglackierer und als Theorielehrer in Fahrzeuglackiererfachklassen zurückgreifen kann.

Auf den linken Seiten des Buches finden Sie Aufgaben und Fragen, die Lösungen dazu stehen direkt auf der rechten Seite.

Die Auswahl der Inhalte, der Aufbau und die Struktur des Buches erfolgte, indem die gesetzlichen Vorgaben für die Durchführung der Ausbildung zum Fahrzeuglackierer in Theorie und Praxis analysiert wurden. Zusätzlich sind auch die Anforderungen von Zwischen- und Gesellenprüfung berücksichtigt:

- die „Verordnung über die Berufsausbildung zum Fahrzeuglackierer/zur Fahrzeuglackiererin"
- der „Ausbildungsrahmenplan für die Berufsausbildung zum Fahrzeuglackierer/in" (für: Praxis/Betrieb)
- der „Rahmenlehrplan für den Ausbildungsberuf Fahrzeuglackierer/in" (für: Theorie/Berufsschule)
- die Erfahrungswerte alter Zwischen- und Gesellenprüfungen der letzten 15 Jahre

Zum Teil sind Aspekte vereinfacht, wie beispielsweise die wissenschaftlichen Grundlagen aus der Chemie und der Physik. Dadurch sind die Vorgänge verständlich und helfen, bestimmte Arbeitsweisen, Vorgänge und Zusammenhänge zu veranschaulichen und zu verstehen.

Gesetzliche Bestimmungen sind so weit aktuell, wie sie zum Zeitpunkt der Erstellung dieses Buches in Kraft waren. Alte, aber noch weithin bekannte und verwendetet Regelungen (siehe MAK-Wert) sind mit in den Fragenkatalog integriert, aber deutlich als veraltet gekennzeichnet.

Was ist richtig in der Theorieprüfung?

Sie werden sicherlich im Lauf Ihrer Ausbildung schon die Erfahrung gemacht haben, dass es mehrere Möglichkeiten gibt, eine Arbeit fachmännisch auszuführen, mit verschiedenen Werkzeugen und unterschiedlichen Materialien. Schon der Mitbewerber aus dem eigenen Ort arbeitet anders, als man es selbst gewohnt ist.

Beispiel:

- Einige Betriebe reinigen Kunststoffteile immer vor der Beschichtung mit Kunststoffreiniger des Lacklieferanten; und nur damit.
- Andere Betriebe wiederum reinigen Kunststoffe nur mit Seifenwasser, weil „das reicht".

Oder denken Sie z. B. nur an die große Anzahl von Lackherstellern und deren vielfältiges Angebot an Produkten für die Lackierung. Da ist es schon schwierig, sich mit der Produktpalette der Lacklieferanten auszukennen.

Mitunter schreibt ein Lackhersteller vor, dass das Kunststoffteil für 30 min bei 60 °C getempert werden soll, obwohl in einigen Betrieben überhaupt nicht getempert wird.

So kann es zum Widerspruch kommen zwischen

- dem, was theoretisch richtig und fachmännisch vorgegeben ist, und
- dem, was jeder für Erfahrungen in der Praxis macht.

So wird sich mancher Schüler fragen: „Ja, was muss ich denn nun lernen? Was ist richtig, um in der Theorieprüfung zu bestehen?"

Die Antwort lautet: Richtig ist, was wissenschaftlich belegt ist; das hält auch im Falle eines Streits vor Gericht stand.

Prüfen Sie zum Beispiel einmal nach, wie dick die Lackierungsschicht eines Neuwagens ist: Sie werden überrascht sein wegen der Unterschiede bei den Fahrzeugen verschiedener Hersteller. Aber auch beim Messen an ein und demselben Fahrzeug werden Sie feststellen, dass an verschiedenen Messpunkten die Lackschicht unterschiedlich dick ist.

Für den Fahrzeuglackierer ist es wichtig, dass er den theoretischen Wert der optimalen Dicke jeder einzelnen Materialschicht kennt; von der Grundierung bis zum Klarlack; ebenso die Dicke der Gesamtschicht. In der Praxis können diese Dicken nicht durchgängig eingehalten werden. Der theoretische Wert ist aber der Sollwert, von dem nur in vorgegebenen Toleranzen abgewichen werden darf.

Ebenfalls haben die Lackhersteller auch in ihren Datenblättern unterschiedliche Angaben darüber, wie die optimale Schichtdicke für einen Füller ist, da variieren die Angaben doch sehr. In der Theorie gilt dann aber ein theoretischer Mittelwert, den der Fahrzeuglackierer kennen muss.

Da hilft also nur: Bücher wälzen und auswendig lernen.

Allgemeine Hinweise zu den Prüfungen

Eine Prüfung ist dazu da, dem Prüfling die Möglichkeit zu bieten, sein Wissen vorzutragen und anzuwenden. Sie ist nicht dazu da, ihm nachzuweisen, was er alles nicht weiß und nicht kann.

Bereiten Sie sich also gemeinsam mit einem Ausbilder ihres Vertrauens, den Lehrern ihrer Schule und anderen Schülern frühzeitig auf die anstehenden Prüfungen vor.

Sie wissen inzwischen sicherlich, welcher Lerntyp Sie sind:

- Können Sie gut alleine oder in einer Gruppe lernen?
- Haben Sie im Hintergrund gerne Musik, oder brauchen Sie Ruhe und Stille?
- Lernen Sie besser, wenn Sie lesen, oder müssen Sie Inhalte immer wieder aufschreiben?

Denken Sie bitte auch daran: Niemand kann beim Lernen durch Handauflegen Wunder bewirken. Seit Jahren findet ein steter Wandel von Ausbildung und Schulbildung statt.

Eines ist leider immer gleich geblieben und wird sich auch so schnell nicht ändern:

Sie alleine sind dafür verantwortlich, dass das Fachwissen auch in Ihrem Kopf landet und dort bleibt.

Ausbilder und Lehrer können Ihnen nur beratend zur Seite stehen und Ihnen zeigen, welche Inhalte für eine erfolgreiche Ausbildung von Bedeutung sind. Der ganze Rest des Lernens ist Ihre Arbeit ganz allein.

Vorbereitung auf Zwischenprüfung bzw. Gesellenprüfung:

- Handys und Smartphones sind während der Prüfung verboten.
- Beschaffen Sie sich bitte vorher einen funktionierenden Taschenrechner.
- Halten Sie das „gewohnte" Handwerkszeug eines Schülers für die Prüfung bereit: Kugelschreiber, weicher Bleistift, Lineal (30 cm), Geodreieck, Zirkel, Radiergummi, unbeschriebener Block (liniert oder kariert) usw.

Zu Beginn der Prüfung erhalten Sie sehr umfangreiches und ausführliches Informationsmaterial. Diese vielen Seiten Papier sollten Sie jedoch nicht abschrecken: Behalten Sie stets im Hinterkopf, dass viele Informationen aus diesen Unterlagen nicht für die Prüfung relevant sind; nur wenige Angaben daraus sind tatsächlich zu gebrauchen.

Folgende Unterlagen (schriftlich: „Prüfungsbögen") werden ausgeteilt:

- Kundenauftrag mit den Aufgaben für den praktischen Teil
- Arbeitsablaufplan
- Aufgaben für den schriftlichen Teil
- Formelsammlung
- technische Zeichnungen
- Folien/Schrift (geplottet)
- technische Merkblätter
- Preislisten

Im **Kundenauftrag** werden anhand von farbigen Fotografien und z. T. technischen Zeichnungen die Schäden an einem Fahrzeug dokumentiert und erläutert. Im Kundenauftrag finden sich auch

- die Aufgaben zum Beheben/Reparieren dieser Schäden, also die einzelnen Prüfungsteile bzw.
- Aufgaben („Positionen", POS 1, POS 2, ...) für den praktischen Teil der Prüfung, Teil A.

Der **Arbeitsablaufplan** besteht aus Bögen, in die vom Prüfling fortlaufend z. B. die Tätigkeiten in ihrer wirtschaftlichen und fachmännischen Reihenfolge eingetragen wird.

Die **Aufgaben und Fragen für den schriftlichen Teil (Theorieprüfung, Teil B)** werden natürlich erst kurz vor dem Beginn der schriftlichen Prüfung ausgeteilt. Sie beziehen sich inhaltlich und didaktisch auf den im Kundenauftrag beschriebenen Schaden. Die Fragen müssen in Sätzen oder in Stichworten beantwortet werden oder aus vier Antworten ist die richtige anzukreuzen, wobei immer nur eine Antwort richtig ist. Dieser Teil der theoretischen Prüfung enthält auch Mathematikaufgaben zum Kundenauftrag.

Die **Formelsammlung** wird bei der Prüfung ausgegeben; nur diese ist erlaubt.

In den **technischen Zeichnungen** wird z. B. genau angegeben, wo Beschriftungsfolien oder Grafiken platziert werden sollen.

Auch **geplottete Folien** mit Schrift oder Grafiken werden ausgegeben, wenn sie im Kundenauftrag vorgesehen sind.

Technische Merkblätter und Verarbeitungshinweise für die zu verwendenden Materialien werden bereitgestellt, ebenso als Lösungshilfe für einige Aufgaben in der Theorieprüfung.

Die **Preislisten** enthalten Preise für Ersatzteile und Material, die z. T. für die Aufgaben (Mathematik) im theoretischen Teil verwendet werden müssen (z. B. Angebotspreise ermitteln).

Zwischenprüfung

Die Zwischenprüfung erfolgt im 2. Ausbildungsjahr. Damit können Lehrer und Ausbilder feststellen, ob die Auszubildenden die theoretischen Kenntnisse und praktischen Fertigkeiten besitzen, die lt. Rahmenlehrplan in den ersten zwei Jahren der Ausbildung gefordert sind.

Die Zwischenprüfung teilt sich in:

- praktischen Teil A
- theoretischen Teil B

Die **Zwischenprüfung praktischer Teil A** darf insgesamt höchstens sieben Stunden dauern. Während dieser Zeit werden praktisch durchgeführt:

- die Teile der Arbeitsaufgabe („der Kundenauftrag", der Ihnen schon bekannt ist)
- ein Fachgespräch, max. 10 Minuten

Schwerpunkte:

- Oberfläche an einem Fahrzeugteil herstellen, also: einen Lackierungsaufbau bis zum Decklack/Klarlack
- manuelle und maschinelle Bearbeitungs- und Beschichtungstechniken anwenden, also mit Werkzeugen fachmännisch auf den Oberflächen umgehen
- Verbindungstechniken, einschließlich Untergrund vorbereiten, also z. B. einen Kunststoffstoßfänger kleben oder schweißen und dann schleifen
- Applikation übertragen, also eine Schriftfolie/ein Folienmuster nach einer Vorlage übertragen

Kompetenzen:

- Arbeitsschritte und Arbeitsabläufe planen
- Arbeitsmittel festlegen
- technische Unterlagen nutzen
- Zusammenhang von Technik, Gestaltung, Arbeitsorganisation, Umweltschutz und Wirtschaftlichkeit aufzeigen
- Sicherheit und Gesundheitsschutz bei der Arbeit berücksichtigen

Kompetenzen im Fachgespräch

- fachbezogene Probleme und deren Lösungen darstellen
- fachliche Hintergründe aufzeigen, die für die Arbeitsaufgabe relevant sind
- Vorgehen bei der Ausführung der Arbeitsaufgabe begründen
- Fehler erkennen und Vorschläge für Verbesserungen benennen

Die **Zwischenprüfung im theoretischen Teil B** darf insgesamt höchstens 180 Minuten betragen. Sie besteht aus den schriftlichen Aufgaben, die im engen Zusammenhang mit der Arbeitsaufgabe stehen und sie beziehen sich auch auf die im praktischen Teil zu lösende Aufgabe des Kundenauftrags.

Es wird eine Gesamtnote ermittelt, die sich zu gleichen Teilen aus den Punkten der Praxis- und Theorieprüfung zusammensetzt. Diese Note aus der Zwischenprüfung geht bei den Fahrzeuglackierern im Handwerk **nicht** in die Note der Gesellenprüfung ein. Jeder Schüler sollte jedoch darauf bedacht sein, ein möglichst gutes Ergebnis in der Zwischenprüfung zu erreichen, ganz einfach schon deshalb, weil die Prüfung eine teure Angelegenheit ist.

Gesellenprüfung

Die Gesellenprüfung teilt sich ebenfalls in:

- praktischen Teil A
- theoretischen Teil B

Die Dauer der **Gesellenprüfung praktischer Teil A** darf insgesamt höchstens 14 Stunden betragen. In dieser Zeit werden durchgeführt:

- eine Arbeitsaufgabe, die dem Kundenauftrag entspricht und aus mehreren Positionen besteht; anschließend wird die Arbeit dokumentiert (Arbeitsablaufplan)
- ein Fachgespräch, max. 15 Minuten

Schwerpunkte der Gesellenprüfung praktischer Teil A:

- Oberfläche an einem Fahrzeug oder einem Bauteil vorbereiten, beschichten und gestalten, einschließlich Finisharbeiten
- Instandsetzungsmaßnahmen, De- und Montagearbeiten

Kompetenzen zur Arbeitsaufgabe:

- Arbeitsabläufe zielorientiert, selbstständig planen und durchführen
- wirtschaftliche, technische, gestalterische, organisatorische und zeitliche Vorgaben beachten
- Arbeitsergebnisse kontrollieren

Kompetenzen im Fachgespräch:

- fachbezogene Probleme und deren Lösungen darstellen
- Hintergründe aufzeigen, die für die Arbeitsaufgabe relevant sind, sowie die Vorgehensweise bei der Ausführung der Arbeitsaufgabe begründen
- Mängel und Fehler in den eigenen Arbeiten erkennen, reflektieren und Vorschläge zur Behebung oder Vermeidung machen

Das Ergebnis der Arbeitsaufgabe wird (zur Zeit) mit 85 Prozent und das Fachgespräch mit 15 Prozent gewichtet.

Schwerpunkte der **Gesellenprüfung theoretischer Teil B:**

- fachliche Probleme mit informationstechnischen, technologischen und mathematischen Kenntnissen verknüpfen, lösen und bewerten
- Arbeitssicherheits-, Gesundheitsschutz- und Umweltschutzbestimmungen berücksichtigen
- Verwendung von Werk-, Hilfs-, Beschichtungsstoffen und Bauteilen planen
- Werkzeuge, Geräte, Maschinen und Anlagen zuordnen
- Herstellerangaben beachten
- qualitätssichernde Maßnahmen einbeziehen

Die Gesellenprüfung theoretischer Teil B besteht aus den Prüfungsbereichen:

- Theorie
- mündliche Prüfung

Der **theoretische Prüfungsbereich** besteht aus drei Bereichen:

- B1: Beschichtungstechnik und Gestaltung
- B2: Instandsetzung und Instandhaltung
- B3: Wirtschafts- und Sozialkunde

B1: Beschichtungstechnik und Gestaltung

Dauer: maximal 180 Minuten

- Vorgehensweise bei Beschichtungen, Applikationen, Gestaltungen und Beschriftungen von Oberflächen, Einzel- und Serienteilen einschließlich Finisharbeiten beschreiben
- mithilfe von Planungsunterlagen das Planen und Steuern von Arbeitsabläufen unter Berücksichtigung der Produktqualität erklären
- Gewichtung: 55 Prozent

B2: Instandsetzung und Instandhaltung:

Dauer: maximal 120 Minuten

- Vorgehensweise bei der Instandhaltung von Oberflächen und der Instandsetzung von Fahrzeugen zur Vorbereitung der Lackierung beschreiben
- Schäden ermitteln und deren Behebung sowie bei Demontage- und Montagearbeiten wiedergeben
- Gewichtung: 25 Prozent

B3: Wirtschafts- und Sozialkunde:

Dauer: maximal 60 Minuten

- allgemeine wirtschaftliche und gesellschaftliche Zusammenhänge der Berufs- und Arbeitswelt darstellen
- Gewichtung: 20 Prozent.

Eine **mündliche Prüfung** in der Gesellenprüfung theoretischer Teil B kann auf Antrag des Schülers unter bestimmten Voraussetzungen durchgeführt werden, nämlich sofern die rechnerische Möglichkeit besteht, durch eine Verbesserung der Ergebnisse die Prüfung zu bestehen. Der Schüler muss einen ausreichend langen Zeitraum zur Vorbereitung erhalten, indem er vorher schriftlich in Kenntnis gesetzt wird.

Ergebnis der Gesellenprüfung

Die Prüfung ist **bestanden**, wenn die Prüfungsteile A und B jeweils mindestens mit ausreichend (Schulnote „4") benotet sind. Nur ein Prüfungsbereich B1 bis B3 darf dabei mangelhaft (Schulnote „5") sein.

Werden Prüfungsleistungen in einem der Prüfungsbereiche B1 bis B3 mit ungenügend (Schulnote „6") bewertet, so ist die Prüfung **nicht bestanden**.

Besteht ein Prüfling die Prüfung nicht, muss er einen Antrag auf Wiederholungsprüfung stellen.

Inhaltsverzeichnis

1 Metallische Untergründe bearbeiten

1.1 Metalle

1.1.1 Metalle allgemein

1. Erklären Sie den Aufbau von Metallen.

Metalle müssen für ihre Herstellung sehr hoch erhitzt werden, und wenn sie dann erkalten, ordnen sich ihre Atome in einer regelmäßigen Gitterstruktur an. Die Metallatome teilen sich sogar ihre Elektronen, wobei sich besonders viele an der Metalloberfläche befinden.
Man spricht also eher von einem regelmäßigen „Ionengitter" oder auch „Kristallgitter" beim chemischen Aufbau der Metalle.

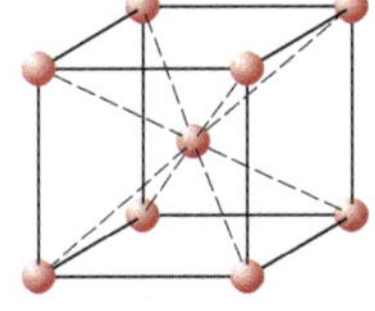

kubisch-raumzentriert, z. B. Cr, Mo

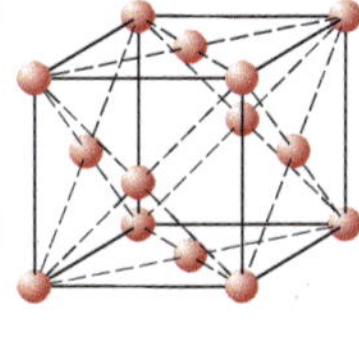

kubisch-flächenzentriert, z. B. Al, Ag, Au, Cu, Ni, Pb

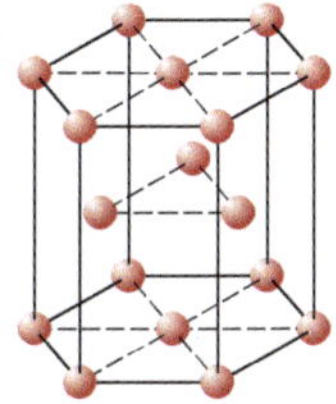

hexagonal, z. B. Be, Cd, Mg, Zn

2. Nennen Sie drei Eigenschaften von Metallen, die sie für den Fahrzeugbau so wertvoll machen.

Das regelmäßige Ionen- oder Kristallgitter der Metalle bewirkt, dass Metalle in der Regel eine

- hohe Festigkeit besitzen,
- plastisch verformbar sind,
- bei hoher Stabilität.

3. Nennen Sie Erkennungsmerkmale für Metalle und zählen Sie drei Merkmale auf, an denen der Fahrzeuglackierer vor Ort in der Werkstatt ein Metall bestimmen kann.

Wenn Metalle geritzt oder geschnitten werden, entsteht an der Schnittfläche das charakteristische metallische Glänzen. Metalle leiten Strom und Wärme.
Der Fahrzeuglackierer erkennt sie

- an der Farbe der Oberfläche oder der Farbe der Schnittkante
- an der spezifischen Masse
- am Biegeverhalten

4. Nennen Sie Metalle, die als Untergrund für den Fahrzeuglackierer häufig sind, und nennen Sie gleich die englische Übersetzung.

- Stahl (engl.: steel)
- Aluminium (engl.: aluminium)
- Zink (engl.: zinc)
- Zinn (engl.: tin)
- Magnesium (engl.: magnesium)

5. Unterscheiden Sie Eisenmetalle und Nichteisenmetalle.

- Eisenmetalle: Metalllegierungen, deren Hauptbestandteil Eisen (Fe) ist.
- Nichteisenmetalle (NE-Metalle) enthalten kein Eisen. Sie werden eingeteilt nach ihrer Dichte in Leichtmetalle und Schwermetalle.

1.1.2 Eisenmetalle

Eisen

6. Was ist Eisen und woran erkennt man es?

Eisen ist ein festes, chemisches Element (Fe), ein gräuliches Metall, das an der Schnittkante metallisch glänzt. Es ist sehr weich und biegsam. Dichte = 7,85 kg / dm^3

7. Warum wird Eisen im Fahrzeugbau nicht in seiner reinen Form verarbeitet?

Eisen ist als reines Element zu weich, um es im Fahrzeugbau verwenden zu können. Weiterhin ist es so unedel, dass es durch Luftsauerstoff und Wasser dermaßen stark korrodiert, dass Eisen sehr schnell völlig zerstört wird.

Stahl

8. Was ist Stahl und woran erkennt man ihn?

Stahl besteht aus Eisen (Fe) mit Zuschlagstoffen (Legierungselementen) aus Kohlenstoff (C) und Metallen wie Chrom (Cr), Vanadium (V), Mangan (Mn), Nickel (Ni). Es hat eine gräuliche bis glänzend helle, metallische Farbe. Je nach Zuschlagstoff ist es sehr biegsam, fest, spröde oder weich.

9. Welches Legierungselement wird hauptsächlich dem Eisen zugesetzt, damit Stahl entsteht?

hauptsächlich Kohlenstoff

10. Schätzen Sie: Wie viel Prozent der Gesamtmasse macht die Stahlkarosserie an einem Pkw aus?

ca. 30 %

11. An welchen Stellen des Fahrzeugs muss der Fahrzeuglackierer einen Untergrund bearbeiten, der aus Stahl besteht?

Motorhaube, Kotflügel, Türen, Schweller, Säulen

12. Warum ist Stahl ein relativ umweltfreundliches Material?

Stahl wird aus Eisenerz und aus Schrott gewonnen; der Schrottanteil kann bis zu 60 % betragen, sodass die Rohstoffvorkommen von Eisenerz geschont werden.

13. Warum darf Stahl für den Karosseriebau nicht mehr als 2 % Kohlenstoff enthalten?

Stahl mit mehr als 2 % Kohlenstoff ist zu spröde.

1.1.3 Nichteisenmetalle

Leichtmetalle

14. Erklären Sie den Begriff „Leichtmetall".

Metalle mit Dichte $\leq 5\ kg/dm^3$

15. Nennen Sie Leichtmetalle, die im Fahrzeugbau verwendet werden.

- Aluminium
- Magnesium

16. Warum werden immer mehr Leichtmetalle im Fahrzeugbau verwendet?

Leichtmetalle helfen, die Gesamtmasse der Fahrzeuge zu reduzieren, mit dem Ziel, den Kraftstoffverbrauch zu senken (Leichtbau). Das schont die Umwelt, denn es entstehen weniger Emissionen.

17. Nennen Sie drei Stellen der Karosserie, an denen Leichtmetalle verwendet werden.

- Motorhaube: Aluminium
- Zierleisten: Aluminium
- Frontendträger: Magnesium

18. Was ist „Aluminium"?

Aluminium (Al) ist ein chemisches Element, ein Leichtmetall mit einer Dichte von $2{,}7\ kg/dm^3$. Es bildet mit Sauerstoff eine Oxidschicht an seiner Oberfläche, die es vor weiterer Korrosion schützt.

19. Woran erkennt man Aluminium?

- an seiner Schnittstelle silbrig/weiß glänzend
- oxidierte Oberfläche ist schwärzlich bis gräulich/weiß
- relativ sprödes Leichtmetall
- als Legierung besser form- und biegbar

20. Was ist eine Aluminium-Knetlegierung?

Dem reinen Aluminium wird Magnesium, Silizium, Kupfer, Zink, Nickel oder Mangan hinzugegeben. Aus der Aluminium-Knetlegierung werden Bleche gewalzt und Profile geformt, die im Fahrzeugbau verwendet werden.

21. Wofür steht die Abkürzung „Eloxal"?

Eloxal ist die Abkürzung für **el**ektrolytisch **ox**idiertes **Al**uminium.

22. Inwieweit ist eine eloxierte Aluminiumoberfläche gegenüber einer Oberfläche mit galvanischem Überzug überlegen?

Eine eloxierte Oberfläche schützt besser gegen mechanische und chemische Einwirkungen.

23. Wie kann auf eloxiertem Aluminium eine lackähnliche Oberfläche entstehen?

Eloxiertes Aluminium kann ohne großen technischen Aufwand gefärbt und geglättet werden.

24. Nennen Sie die Vorteile von eloxiertem Aluminium gegenüber von Aluminium mit lackierter Oberfläche.

- Beim Recycling von Aluminium fallen keine problematischen Lackreste an.
- Die Oberfläche wirkt besonders edel und hochwertig.

25. Was ist „Magnesium"?

Magnesium (Mg) ist ein chemisches Element, ein Leichtmetall mit einer Dichte von 1,7 kg/dm^3

26. Woran erkennt man Magnesium?

- an der Schnittkante metallisch glänzend
- ist weich und korrodiert schnell
- die oxidierte Oberfläche ist schwärzlich bis gräulich

27. In welchen Fahrzeugteilen wird Magnesium derzeit eingesetzt?

Motorhaube, Heckklappe, Dach, Motorblock, Armaturenbrett, Sitzlehnen, Lenkräder, Türstrukturen

Schwermetalle

28. Erklären Sie den Begriff „Schwermetall".

Metalle mit Dichte $> 5\ kg/dm^3$

29. Nennen Sie die zwei Schwermetalle, die im Fahrzeugbau wichtig sind.

- Zink
- Zinn

30. Was ist „Zink"?

Zink (Zn) ist ein chemisches Element, unedles Metall, Dichte $= 7{,}13\ kg/dm^3$.

31. Nennen Sie drei Eigenschaften von Zink.

- spröde
- bläulich bis weiß an der Schnittkante
- unedel, oxidiert schnell an der Oberfläche

32. In welchen Fahrzeugteilen ist Zink eingesetzt?

Zink ist nur
- als Legierungselement in Bauteilen enthalten
- als rostschützende Schicht auf Stahlteilen der Karosserie aufgebracht, die besonders der Feuchtigkeit und möglichem Steinschlag ausgesetzt sind

33. Erklären Sie den Vorgang des galvanischen Verzinkens, auch elektrolytisches Verzinken genannt. Fertigen Sie eine Skizze an.

Beim galvanischen Verzinken wird das zu behandelnde Stahlteil (die Kathode) in ein Bad mit einer leitenden Flüssigkeit getaucht.
In der Flüssigkeit befindet sich eine Elektrode aus reinem Zink (die Anode).
Nun wird ein Strom angelegt und es lagert sich Zink auf dem Stahl an, indem die Zinkanode entsprechend verbraucht wird.
Die Dicke der Zinkschicht ist abhängig von der Dauer und Höhe des Stromflusses.

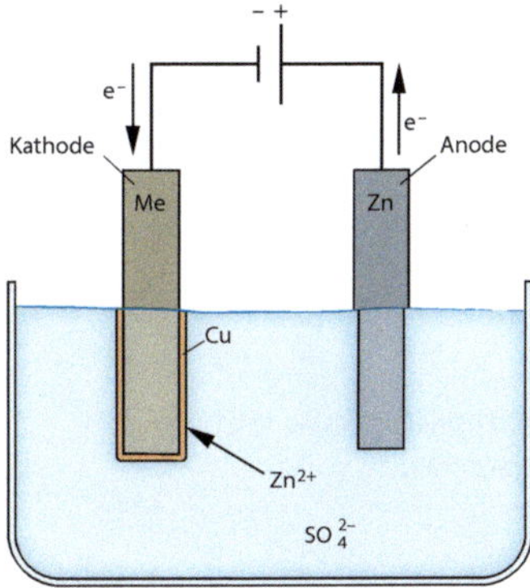

34. Muss beim galvanischen Verzinken Gleich- oder Wechselstrom angelegt werden?

Gleichstrom, damit eine gleichmäßig dicke Schicht erreicht werden kann.

35. Wie erkennt man eine galvanisch verzinkte Oberfläche?

Die Oberfläche ist matt, sehr gleichmäßig und gräulich.

36. Nennen Sie zwei Vorteile des galvanischen Verzinkens für Karosserieteile aus Stahl.

- Die Dicke der Zinkschicht kann genau gesteuert werden (optimal etwa 3 µm bis 5 µm).
- Die Schichtdicke ist am gesamten Werkstück genau gleich.

37. Aus welchen Gründen werden Karosserieteile von Fahrzeugen nur selten feuerverzinkt?

- Die relativ hohe Schichtdicke wird auf normalen Fahrzeug-Karosserieblechen als Korrosionsschutz nicht benötigt.
- Die Zinkschicht erhöht die Masse des Fahrzeugs.
- Die Zinkblume ist ein sehr unebener Untergrund, der aufwendig geglättet werden muss.

38. Was ist mit dem Begriff „Zinkblume" gemeint.

Nach dem Abkühlen entsteht in der sehr reinen Zinkschicht an der Oberfläche ein charakteristisches Kristallmuster. Diese Oberflächenstruktur wird Zinkblume genannt.

39. Warum erlischt unter Umständen die Betriebserlaubnis des Fahrzeugs, wenn der Fahrzeugrahmen und tragende Teile feuerverzinkt werden?

Der Rahmen bei Fahrzeugen von einigen Automarken und Baujahren ist nur hartverlötet. Bei der hohen Temperatur beim Feuerverzinken kann er sich verziehen und sogar komplett lösen.

40. Nennen Sie Teile an Fahrzeugen, die dennoch feuerverzinkt werden.

Bodenblech, Anhängeraufbauten, Anhängerkotflügel

41. Erklären Sie, was beim Spritzverzinken von Stahlteilen geschieht.

Das Zink wird mittels einer speziellen Spritzpistole aufgetragen. Dabei schmilzt ein Zinkdraht an der Spitze der Pistole durch eine Flamme oder durch Starkstrom.
Das heiße und flüssige Zink wird dann durch den Luftdruck sehr fein zerstäubt und auf das Werkstück geblasen. Dort härtet es wieder aus.

42. Wie heiß wird das Werkstück beim Spritzverzinken?

Das Werkstück wird dabei nur mäßig erwärmt, obwohl das flüssige Zink sehr heiß ist. Rahmenteile an Fahrzeugen, die nicht stark erwärmt werden dürfen, können deshalb ebenfalls spritzverzinkt werden.

43. Nennen Sie charakteristische Erkennungsmerkmale für Zinn.

Zinn (Sn) ist an einer frisch geschnittenen Kante silberweiß glänzend. Bei Kontakt mit Luft oxidiert es und nimmt eine gräuliche Farbe an. Es ist in reiner Form relativ weich und kann sogar mit dem Fingernagel geritzt werden. Beim Biegen gibt es ein knirschendes Geräusch ab, den sogenannten Zinnschrei. Zinn wird hauptsächlich als „Lötzinn" beim Löten verwendet.

44. Übersetzen Sie „Lötzinn" ins Englische.

solder

45. Warum ist das jahrzehntelang verwendete „Schwemmzinn" (auch als Lötzinn 25 bezeichnet) zur Verzinnung von beschädigten Karosserieteilen nach der Altfahrzeugverordnung von 2013 verboten?	Es besteht nur aus 25 % Zinn und bis zu 75 % aus Blei. Das Schwermetall Blei ist gesundheitsgefährdend und umweltschädlich. Bei der Entsorgung von Altfahrzeugen gelangt es unkontrolliert in die Umwelt.
46. Zur Karosserie-Instandsetzung darf nur noch **bleifreies** Schwemmzinn (zum Beispiel S-Sn90ZnCu) verwendet werden. Nennen Sie die drei Hauptbestandteile dieses Lötzinns.	Zinn, Zink, Kupfer
47. Nennen Sie Nachteile, die dieses bleifreie Zinn hat.	• schwer auf die Fläche aufzutragen • es wird sehr schnell flüssig (eingeschränkter Temperaturbereich zum Verarbeiten) • das Flussmittel muss entsprechend vorsichtig erwärmt werden und darf nicht verbrennen
48. Dient das Verzinnen auch gleichzeitig als guter Rostschutz?	Ja, es wird eine wasserundurchlässige Schicht über dem Stahluntergrund gebildet.

Legierungen

49. Erklären Sie den Begriff „Legierung".	Gemisch aus zwei oder mehreren Elementen
50. Übersetzen Sie „Legierung" ins Englische.	alloy
51. Erklären Sie den Begriff „Metalllegierung".	Gemisch aus zwei Stoffen, bei dem mindestens ein Stoff ein Metall sein muss.
52. Nennen Sie zwei Erkennungsmerkmale für eine Metalllegierung.	• metallisches Glänzen • elektrische Leitfähigkeit
53. Nennen Sie vier Legierungen, die im Fahrzeugbau Verwendung finden, und geben Sie ihre Zusammensetzung an.	• Stahl: Eisen + Kohlenstoff • Lötzinn: Zinn + Zink + Kupfer • Aluminium-Knetlegierung: Aluminium + Magnesium + Silizium • Messing: Kupfer + Zink

1.2 Korrosion und Korrosionsschutz

54. Was ist mit dem Begriff „Korrosion" gemeint und übersetzen Sie ihn ins Englische?	Veränderung der Oberfläche von bestimmten Metallen, Hölzern und auch Kunststoffen; dabei reagiert ein Stoff mit Stoffen aus seiner Umgebung. Korrosion: corrosion (engl.)

55. Was bezeichnet der Begriff „Oxidation"?

Mit Oxidation ist die Reaktion eines Stoffes mit dem Luftsauerstoff gemeint.

56. Erläutern Sie den Begriff „elektrochemische Spannungsreihe der Metalle".

Metalle haben die Eigenschaft, einzelne oder mehrere Elektronen aus ihrer Atomhülle abzugeben. Dieser Vorgang wird als „Reaktion" bezeichnet. Metalle werden nach diesem Kriterium in einer Reihe gegliedert.

57. Was sind unedle Metalle?

Unedle Metalle sind Metalle, die ihre Elektronen besonders leicht hergeben. Deshalb reagieren sie mit Säuren und Laugen und oxidieren schnell mit dem Luftsauerstoff.
Sie stehen in der elektrochemischen Spannungsreihe der Metalle weit unten.

58. Erklären Sie, was Edelmetalle auszeichnet.

Die Metalle, die nicht so schnell oder gar nicht chemisch reagieren, werden als Edelmetalle bezeichnet.

59. Erstellen Sie eine Liste, in der das edelste Metall oben steht und die unedleren Metalle in der richtigen Reihenfolge nach unten folgen:
Aluminium, Chrom, Gold, Blei, Silber, Zink, Zinn, Eisen, Platin, Kupfer, Magnesium

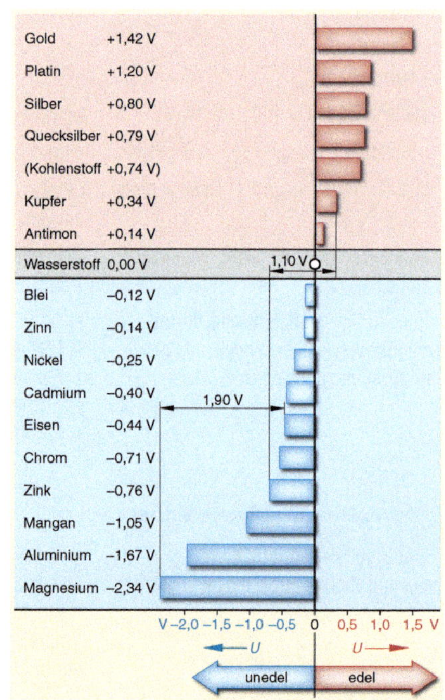

60. Was passiert, wenn ein unedles Metall neben einem edlen Metall platziert wird, sodass sich beide berühren?

Das unedle Metall gibt Elektronen an das edle Metall ab; dabei wird es zerstört.
Diesen Prozess nennt man Kontaktkorrosion.

61. Erklären Sie die Begriffe „Anode" und „Kathode".

Wenn sich ein edles und ein unedles Metall berühren oder sie durch Wasser leitend verbunden sind, fließt elektrischer Strom.
Dabei ist

- das unedle Metall die Kathode; sie gibt Elektronen ab
- das edle Metall die Anode; es nimmt die Elektronen auf

Dieser Prozess kann sogar mithilfe von Strom gesteuert werden.

62. Erläutern Sie, warum es zwischen Stahlbauteilen und Karosserieteilen aus Aluminium, die direkt aneinanderliegen, zu starken Korrosionsschäden kommt.

Der Stahl und das Aluminium sind zwei Elektroden. Gelangt zwischen diese beiden Metalle eine Elektrolytlösung, zum Beispiel Regen- oder Schmelzwasser, fließt ein Strom. Es entsteht ein „Lokalelement".
Das Aluminium, oder die der Aluminiumlegierung zugesetzten Metalle wie Magnesium, werden abgebaut, weil sie die unedleren Metalle sind.

63. Wie kann Kontaktkorrosion vermieden werden?

Kontaktstellen isolieren

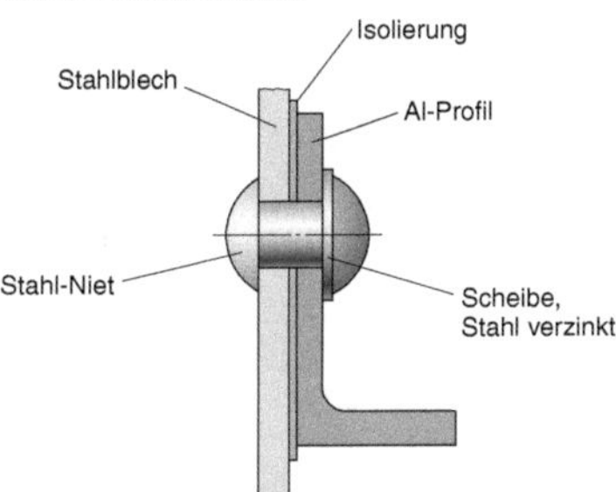

64. Warum darf ein Aluminiumuntergrund nicht mit einem Werkzeug bearbeitet werden, mit dem zuvor Stahluntergrund bearbeitet wurde.

Reste von Stahlpartikeln befinden sich noch auf dem Werkzeug, z. B. im Schleifpapier. Diese kleinen Partikel lagern sich auf dem Aluminium ab und reagieren, weil Aluminium in der Spannungsreihe der Metalle als das unedlere Metall gilt.

65. Erklären Sie den Begriff „nichtoxidierende Metalle".

Diese Metalle bilden eine sehr beständige Oxidschicht an ihrer Oberfläche („Passivierung" der Oberfläche), die ein weiteres Oxidieren (Eindringen von Sauerstoff) in dieses Metall verhindert.

66. Welche Eigenschaften haben nichtoxidierende Metalle?

Sie haben zum Teil ähnliche Eigenschaften wie die reinen Edelmetalle, obwohl sie im chemischen Sinn unedel sind.

67. Nennen Sie ein Beispiel für die Verwendung eines nichtoxidierenden Metalls in der Fahrzeuglackierung.

Chrom ist eigentlich unedler als Eisen, aber eine nicht sichtbare Oxidschicht verhindert das weitere Oxidieren, sodass mit Chrom sogar Kfz-Teile veredelt werden (Verchromen).

68. Nennen Sie weitere Metalle, die eine passivierende Oxidschicht an ihrer Oberfläche bilden.

Aluminium, Zink, Blei

69. Erklären Sie, wie es an metallischen Untergründen zu Mängeln kommen kann.

Durch eine chemische Reaktion mit anderen Elementen aus der Umgebung (z. B. Luftsauerstoff) können Metalle aus ihrem reinen Zustand übergehen in einen reagierten Zustand. Die neu entstandene Metallverbindung schwächt in den meisten Fällen das Ionengitter des ursprünglichen Metalls, es verliert an Stabilität.

1.3 Verfahren zum Bearbeiten metallischer Untergründe

70. Erläutern Sie den Begriff „Untergrundvorbereitung".

Eine Lackierung kann nur auf einem vollständig sauberen und tragfähigen Untergrund halten. Dazu ist es notwendig,

- die alte Lackierungsschicht (mit allen Schichten von der Grundierung bis zum Klarlack) und Rost zu entfernen, oder
- den schon blanken Untergrund zu schleifen und von Trennmittelschichten (Staub, Fetten, Ölen) zu säubern.

71. Nennen Sie die drei Verfahren, um metallische Untergründe vor dem Lackieren zu bearbeiten.

- Reinigen
- Schleifen
- Entrosten
- Entschichten

1.3.1 Metallische Untergründe reinigen

72. Warum müssen metallische Untergründe vor dem Lackieren gereinigt werden?

sonst:
- Haftungsstörungen
- Lackierungsfehler

73. Nennen Sie die Bedeutung dieses Piktogramms.

Reinigen

74. Erklären Sie, weshalb der Fahrzeuglackierer zum Reinigen Schutzhandschuhe tragen muss.

- Es gelangen sonst Fette und Öle von der Haut auf die Oberfläche und diese verursachen nachfolgend Lackierungsfehler.
- Reinigungslösungen können die menschliche Haut schädigen.

75. Nennen Sie zwei Möglichkeiten, metallische Untergründe zu reinigen.

- Entstauben
- Reinigen mit flüssigen Reinigungsmitteln

76. Für welche Arbeiten werden Ausblaspistolen verwendet?

- zum Reinigen und Ausblasen von Hohlräumen, auch an schwer zugängliche Stellen
- zum Reinigen von verschmutzten Arbeitsgeräten

77. Nennen Sie drei flüssige Mittel zum Reinigen metallischer Untergründe.

- lösemittelhaltige Reinigungsmittel
- ammoniakhaltige Netzmittel
- Wasser und Seife oder Spülmittel

78. Warum wird oft in der Praxis mit einem lösemittelhaltigen Reinigungsmittel gereinigt?

Weil sich Verschmutzungen wie Teerreste oder Rückstände von Aufklebern sonst nicht entfernen lassen.

79. Erklären Sie, was lösemittelhaltige Reinigungsmittel sind und nennen Sie sechs organische Bestandteile.

Gemische aus leicht flüchtigen, flüssigen organischen Kohlenwasserstoffverbindungen, die andere feste Stoffe (z. B. Bindemittel für Lacke) lösen oder verdünnen, ohne sie chemisch zu verändern.
Beispiele:
- Toluol
- Xylol
- Benzol
- Alkohole
- Ester
- Aldehyde

80. Wozu dient der Silikonentferner neben dem allgemeinen Säubern noch?

- entfernt Schmutz, Fett, Öl, Silikon, Wachs, Teer, Klebstoffreste
- verstärkt die Haftung der nachfolgenden Lackierung
- antistatische Wirkung zur Vermeidung von Staubeinschlüssen

81. Zählen Sie die Arbeitsschritte auf zum Reinigen mit Silikonentferner.

1. Hautschutz durchführen
2. Handschuhe anziehen
3. ein sauberes (fusselfreies) Tuch (Vlies) mit dem Silikonentferner tränken
4. nur nacheinander kleine Flächen von ca. 0,5 m^2 reinigen
5. anschließend sofort mit einem weiteren sauberen Vlies nachwischen
6. die gereinigte Fläche gut abdunsten lassen
7. den Silikonentferner nicht auf dem Untergrund antrocknen lassen

82. Wie hoch ist der vorgeschriebene VOC-Grenzwert für einen Silikonentferner in gebrauchsfertiger Einstellung in Gramm pro Liter g / l?

max. 850 g / l

83. Nennen Sie Gebinde, in denen organische Lösemittel gelagert werden dürfen.

Spezialgebinde aus Metall oder Kunststoff im geschlossenen Zustand; zusätzlich weisen Gefahrensymbole und H-Sätze auf Risiken hin.

84. Beschreiben Sie, wie organische Lösemittel in die Umwelt und in den menschlichen Körper gelangen können.

- sie entweichen bei der Verarbeitung und der Trocknung in die Raumluft
- sie gelangen über die Atemorgane und die Haut in den menschlichen Organismus
- sie gelangen in die Atmosphäre und wirken dort ozonschädigend

85. Zählen Sie die Schutzmaßnahmen auf, die getroffen werden müssen, wenn mit Reinigungsverdünnung gearbeitet wird.

- vor der Arbeit: Hände eincremen
- Handschuhe
- Atemschutzmaske mit A-Filter
- Schutzbrille
- gut lüften
- statische Aufladung vermeiden (Erdung)

86. Beschreiben Sie, was eine Halbmaske ist.

Eine Halbmaske ist eine Atemschutzmaske, die nur über Mund und Nase gesetzt wird, während die Augen und Kopf ungeschützt bleiben.
Sie besitzt die Möglichkeit, seitlich je einen Gas- und einen Partikelfilter einzusetzen.

87. Welche Bedeutung hat der Buchstabe „A" auf den Gasfiltern?

Er kennzeichnet, dass die **A**erosole aus der Umgebungsluft gefiltert werden.

88. Nennen Sie die Farben und deren Bedeutung für die Kennzeichnung von Gasen auf dem Gasfilter.

- Braun: organische Verbindungen
- Grau: anorganische Gase
- Gelb: Schwefel
- Grün: Ammoniak
- Rot: Quecksilber
- Schwarz: Kohlenmonoxid

89. Nennen Sie Vor- und Nachteile, metallische Untergründe mit Wasser und Seife/Spülmittel zu reinigen.

Vorteile:
- einfach durchzuführen
- umweltfreundlich

Nachteile:
- nur zur Vorreinigung geeignet
- nicht geeignet für öl- und fetthaltige Verschmutzungen
- fördert Korrosion

90. Erklären Sie den Begriff „ammoniakhaltige Netzmittelwäsche".

Mischung aus:
- Wasser
- 5 % Salmiak (Ammoniumchlorid, NH_4Cl)
- Netzmittel (ein Tropfen Spülmittel)

91. Welches Metall wird mit der „ammoniakhaltigen Netzmittelwäsche" gereinigt?	verzinkte Untergründe
92. Erklären Sie, wie der Reinigungsvorgang durchgeführt wird.	Die Fläche wird nass mit einem Schleifvlies geschliffen, das mit der Reinigungslösung getränkt ist. Es entsteht grauer Schaum, der ein paar Minuten auf der Fläche stehen bleibt. Dann wird die Oberfläche erneut mit dem Schleifvlies geschliffen. Anschließend gründlich mit Wasser nachwaschen.
93. Welche persönliche Schutzausrüstung muss beim Arbeiten mit ammoniakhaltigen Netzmitteln getragen werden?	• vorher: entsprechenden Hautschutz durchführen • Handschuhe • Schutzbrille • Atemschutzmaske

1.3.2 Metallische Untergründe schleifen

94. Was versteht man unter dem Begriff „Schleifen"?	Werkstoff mit einem Schleifmittel von der Oberfläche abtragen
95. Nennen Sie sechs Anwendungen für das Schleifen.	• Reinigen • Entschichten • Entrosten • Glätten und Ebnen • Anrauen • Polieren
96. Warum muss ein Untergrund prinzipiell vor einer Beschichtung geschliffen werden? Nennen Sie drei Gründe.	• zum Entfernen von einer Altbeschichtung, Schmutz und Korrosion • zum Anrauen der Oberfläche für eine bessere Haftung (Erhöhung der Adhäsionskräfte) • zur Herstellung eines ebenen, glatten Untergrundes, damit keine Oberflächenstörungen in den folgenden Schichten zu sehen sind
97. Nennen Sie drei unterschiedliche Arten, einen Untergrund durch Schleifen zur Beschichtung vorzubereiten.	• von Hand schleifen (nass oder trocken) • von Hand mit einem Schleifklotz (nass oder trocken) schleifen • mit Maschinen schleifen

98. Erklären Sie den Unterschied zwischen Trockenschliff und Nassschliff.

- Beim Trockenschliff wird ohne Wasser gearbeitet.
- Beim Nassschliff wird der Schleifstaub in Wasser gebunden.

99. Nennen Sie drei Vorteile und drei Nachteile des Trockenschleifens.

Vorteile:
- Schleifstaub wird einfach abgesaugt
- Exzenter- oder Schwingschleifer können eingesetzt werden; hoher Materialabtrag bei geringem Zeitaufwand
- wenig Nacharbeit nötig

Nachteile:
- Kornschicht des Schleifpapiers setzt sich mit Staub zu
- Schleifstaub in der Umgebungsluft
  → Atemschutzmaske mit Partikelfilter tragen
- beim Schleifen mit Hand entsteht ein unruhiges Schliffbild

100. Nennen Sie die Kennfarbe und den Kennbuchstaben, durch die der Partikelfilter gekennzeichnet ist.

Farbe: Weiß
Buchstabe: P

101. Nennen Sie drei Vorteile und drei Nachteile des Nassschleifens.

Vorteile:
- Kornschicht des Schleifpapiers setzt sich nur wenig zu
- Schleifstaub gelangt nicht in die Umgebungsluft
- gleichmäßiges Schliffbild

Nachteile:
- Schleifwasser regt zur Korrosion an
- Wasser mit Schleifstaub enthält Schwermetalle, Entsorgung problematisch; greift die Haut an Händen/Fingern an
- Schleifstellen müssen sorgfältig nachgetrocknet werden

Wegen dieser Nachteile sollten metallische Untergründe nicht nassgeschliffen werden.

102. Wo sollten Nassschleifpapiere nur noch eingesetzt werden?

hauptsächlich zum feinen Schleifen und beim Polieren, also ab Körnung P 800

103. Auf welchem Untergrund darf auf keinen Fall nassgeschliffen werden? Nennen Sie vier Beispiele.

- blankes Metall
- unbehandelter Kunststoff
- Holz- oder Holzwerkstoffe
- Spachtelstellen

104. Ordnen Sie folgenden Piktogrammen die richtige Erläuterung zu.

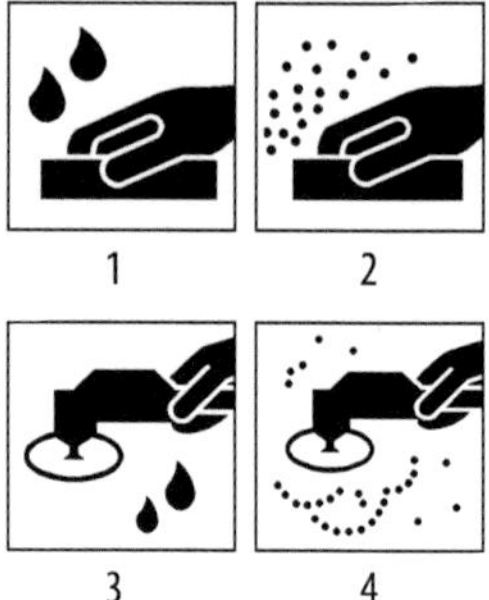

1. Nassschleifen von Hand
2. Trockenschleifen von Hand
3. Nassschleifen mit Exzenterschleifer
4. Trockenschleifen mit Exzenterschleifer

105. Erklären Sie den Begriff „Schleifmittel".

besonders harte und scharfkantige Körner, mit denen Material abgetragen wird; sie sind natürlich oder synthetisch hergestellt

106. Wie werden Schleifmittel noch genannt?

Abrasive, von Abrasion (lat.): Abtragung

107. Nennen Sie neun verschiedene Schleifmittel und je einen Verwendungszweck.

- gestreute Schleifmittel auf Unterlage zum Entfernen von Altmaterial und zum Anrauen von Oberflächen
- Schleifvlies, für unlackierte Metalle, zum Mattieren
- Schleifpad, für Handschleifarbeiten von Konturen, Rundungen, Sicken, Falzen
- CSD-Reinigungsscheiben als Ersatz für die Drahtbürste zum Entrosten
- Schleifräder/-walzen auf Metalloberflächen
- Schleifteller zur Entrostung
- Schleifscheiben als Klettaufsatz für Exzenterschleifer für alle Lacksysteme im Grob-, Zwischen-, und Endschliff
- Folienradierer zum Entfernen von alten Aufklebern, Schriftfolie
- Schleifblüte zum Auspolieren von Staubeinschlüssen

108. Nennen Sie die vier Bestandteile von gestreuten Schleifmitteln auf der Unterlage.

- Schleifkornträger
- Binder
- Schleifkörper
- Zusatzüberzug

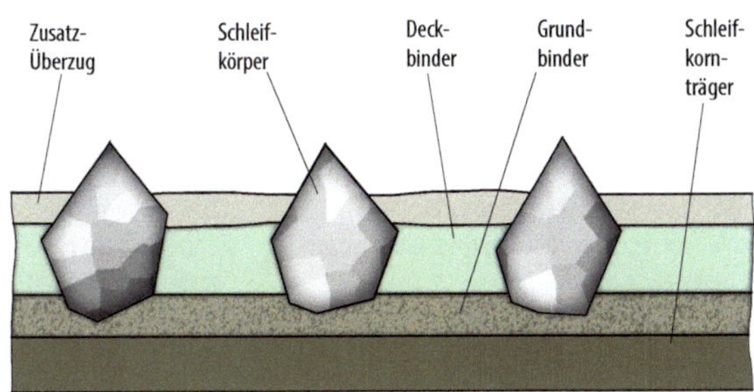

109. Erklären Sie den Begriff „Schleifkornträger".

Material, auf dem das Schleifkorn aufgeklebt ist

110. Erklären Sie den Begriff „Schleifpapier".

Schleifmittel mit Schleifkornträger aus Papier

111. Wie heißt Schleifpapier auf Englisch?

abrasive paper

112. Wie ist das Papier für das Nassschleifen behandelt, damit es durch die Feuchtigkeit nicht zerstört wird?

es ist mit Kunstharz getränkt

113. Warum muss Nassschleifpapier vor der Verwendung für ca. 10 min in Wasser eingeweicht werden?

Damit
- das Papier geschmeidig wird
- die volle Schleifleistung erreicht wird

114. Nennen Sie drei Gründe, warum beim maschinellen Schleifen selbstklebende Klett-Schleifscheiben mit Löchern verwendet werden sollen.

- durch die Löcher wird der Schleifstaub umweltfreundlich in einen Auffangbeutel entsorgt
- weniger Luftbelastung durch den Staub
- die Schleifscheiben sind länger verwendbar, weil sie sich nicht so schnell mit Schleifstaub zusetzen (längere Standzeit)

115. Erklären Sie die wesentlichen Merkmale von
- Schleifvlies
- Schleifpad
- Schleifgitter

- Schleifvlies: mit Schleifkörnern beklebte, einlagige dichte Nylonfasern (Filz)
- Schleifpads: mit Schleifkörnern beschichtete Nylon- oder Leinenfasern mit einem flüssigkeitsspeichernden Kunststoffkern.
- Schleifgitter: mit Schleifkörnern beklebte sehr grobe, einlagige Gewebestruktur aus Polyamid; die Schleifkörner sind mit einem Kunstharz aufgeklebt

116. Nennen Sie sechs Eigenschaften, die Schleifvliese, Schleifpads und Schleifgewebe gemeinsam haben.

- aus Kunststoff oder Leinenfasern mit Schleifkörnern beklebte Strukturen
- wasser- und lösemittelfest
- Körnung besonders für den Nass- und Trockenschliff geeignet
- hohe Schleifleistung mit großer Flexibilität
- geringer Verbrauch, da leichte Reinigung
- lange Standzeit

117. Nennen Sie sieben Vorteile von Schleifpads und Schleifvliesen gegenüber herkömmlichen Schleifpapieren.

- konstantes Ergebnis beim Schleifen: permanentes Freisetzen von neuem Schleifkorn bewirkt ein gleich bleibendes Ergebnis
- Belüftung: Luftzirkulation in der dreidimensionalen Struktur verhindert eine übermäßige Erwärmung
- flexibel: Nylonfasern und das Harz zum Befestigen der Schleifkörner variieren je nach Größe des Korns; Anpassung an die Geometrie der bearbeiteten Fläche
- bedienerfreundlich: Flexibilität und die Möglichkeit, das Vlies mit der Schere zu schneiden
- reduzierte Ausschussrate: mehrfach verwendbar, weniger Müll
- widerstandsfähig gegen Zusetzen: die Struktur hält den Abrieb nicht zurück und verhindert, dass die Schleifkörner verkleben
- einfache Reinigung: mit Druckluft oder mit Wasser

118. Wie sind Schleifvliese und Schleifpads gekennzeichnet?

Es gibt keine einheitliche Bezeichnung oder Färbung, nach der die Hersteller die Körnung der Vliese oder Pads kennzeichnen.
Allgemein kann man aber sagen:

- Rot/rötliche/bräunliche Färbung für Vorarbeiten, gröbere Schleifarbeiten; vergleichbar mit Körnung von Schleifpapier: P 120 bis P400
- grau/gräulich bis Schwarz für feine Schleifarbeiten, Anschleifen von Altlack vor der Lackierung, Mattieren; vergleichbar mit Körnung von Schleifpapier: ab P 800

119. Nennen Sie die zwei Arten von Schleifkörpern und erklären sie den Unterschied.

- Aluminiumoxid: blockförmig und gerade Schneidkanten, hohe Härte und sehr zäh
- Siliziumkarbid: lange, freischneidende Kanten, sehr hart, aber auch spröder, weniger verschleißfest

120. Nennen Sie je einen Untergrund, der mit Schleifmittel aus Aluminiumoxid bzw. aus Siliziumkarbid geschliffen werden kann.

- Aluminiumoxid für harten Untergrund wie 2K-Acryllack
- Siliziumkarbidkörner für weichen Untergrund wie Blech, Spachtel, Füller oder thermoplastische Acryllacke

121. Was ist gemeint mit „Körnung der Schleifkörper"?

Korngröße; sie sind in den Standards der FEPA und DIN ISO 6344 festgelegt.

122. Erläutern Sie, was die Kennzeichnung P 120 auf der Rückseite eines Schleifpapiers bedeutet.

Der Buchstabe „P" zeigt an, dass es sich um eine standardisierte, genau festgelegte Körnung handelt, die von allen Schleifmittelherstellern eingehalten wird.
Die Zahl 120 bedeutet, dass auf die Fläche von 1 Quadratzoll (1 Zoll = 25,4 mm) 120 Schleifkörner aufgeklebt sind.
Je größer die Zahl hinter dem P, desto feiner ist die Körnung des Schleifpapiers.

123. Listen Sie die Schleifkörper der P-Reihe nach FEPA auf, mit denen in einer Lackierwerkstatt gearbeitet wird.

- P 60
- P 80
- P 100
- P 120
- P 150
- P 180
- P 220
- P 240
- P 280
- P 320
- P 360
- P 400
- P 500
- P 600
- P 800
- P 1000
- P 1200
- P 1500
- P 2000
- P 3000
- P 5000

124. Wie viele Korngrößen sollte man maximal überspringen, wenn vom groben zum feinen Schleifpapier hin gearbeitet wird?

maximal zwei Körnungen, also: Wenn ein Untergrund mit P 400 geschliffen wurde, sollte höchstens P 800 folgen.

125. Wie nennt man die zwei Binder, mit denen das Schleifkorn auf dem Schleifkornträger verklebt ist?

- Grundbinder, damit werden die Schleifkörper fixiert
- Deckbinder; verbindet die Schleifkörper mit dem Schleifkornträger endgültig

126. Was bewirkt der Zusatzüberzug bei Schleifmitteln?

- erleichtert die Spanbildung
- vermindert Reibungswärme
- schützt das Schleifkorn vor dem Verschweißen mit dem Metall (Werkstück)
- vermindert das „Verglasen"

127. Bei welchen Arbeiten wird Schleifpapier mit Zusatzüberzug verwendet?

- Lack
- „schmierende Werkstoffe", z. B. harzhaltiges Holz
- schwer zerspanbare Materialien wie INOX oder andere hochlegierte Stähle

128. Machen Sie zwei Vorschläge, mit welcher Körnung metallisch blanker Stahluntergrund vor der Grundierung geschliffen werden sollte.

- P 80 … P 120
- Exzenterschleifscheibe Korn P 150

129. Womit kann weiches bis mittelhartes Aluminium vor der Grundierung geschliffen werden.

- Schleifpapier mit Körnung P 180
- Schleifscheibe mit Korn P 150
- rotes Schleifpad

130. Welche Schleifmittel empfehlen Sie für ein elektrolytisch (galvanisch) verzinktes Blech?

- Trockenschleifpapier bis Körnung P 320
- Schleifpad

131. Was sind Schleifscheiben?	Schleifscheiben sind Schleifmittel, die fast immer ohne Schleifträger auskommen. Der Schleifkörper (Korn) ist direkt mit dem Bindemittel vermischt und in die gewünschte Form gebracht.
132. Nennen Sie zwei Arten von Schleifscheiben, die für Arbeiten z. B. mit der Flex angeboten werden.	• Trennscheiben: zum Durchtrennen von Metallen und Kunststoffen • Schruppscheiben: zum Glätten von Schweißnähten und Schnittkanten an Blechen, zur Entrostung
133. Erklären Sie den Aufbau einer Vlies-Schleifscheibe.	Auf einem (flexiblen) Vlies ist mittels eines Kunstharzes Siliziumkarbid aufgebracht. Die Scheibe ist ca. 2 cm dick und wird in den Durchmessern von 100 mm bis etwa 125 mm angeboten. Sie ist beim Schleifvorgang leicht flexibel.
134. Welche Arbeiten werden mit einer Vlies-Schleifscheibe durchgeführt?	Rost, Altlack oder Dichtungsmasse entfernen
135. Erläutern Sie den Begriff „Schleifblüte".	Schleifmittel, mit denen Fehlstellen in frischer Decklackierung beseitigt werden (z. B. Staubeinschlüsse).
136. Nennen Sie fünf verschiedene Körnungen, die für Schleifblüten verwendet werden.	P 1500 P 2000 P 2500 P 3000 P 5000

1.3.3 Metallische Untergründe entrosten

137. Was versteht man unter dem Begriff „Rost"?	Oxidation von Stahl oder Eisen
138. Warum müssen Oberflächen vor dem Lackieren entrostet werden?	• sonst entstehen Lackierungsfehler • durch die Oxidation wird das Ionengitter des Metalls zerstört und es verliert an Stabilität
139. Was heißt „Entrostung" auf Englisch?	rust removal
140. Nennen Sie die drei Verfahren, mit denen Rost entfernt werden kann.	• mechanisch Entrosten • thermisch Entrosten • chemisch Entrosten

141. Wonach richtet sich die Wahl des Entrostungsverfahrens?

- nach dem Zustand der Metallfläche vor der Bearbeitung
- nach dem gewünschten Reinheitsgrad nach der Bearbeitung

142. Erklären Sie den Begriff „Rostgrad".

Der Rostgrad erfasst das Ausmaß der Korrosion.

143. Mit welchem Verfahren wird der Rostgrad von Stahloberflächen ermittelt?

Mit dem optischen Prüfverfahren, die einfachste Form der Prüfung, bei der ausschließlich auf sichtbare Eigenschaften geachtet wird. Auch Sichtprüfung oder auch visuelle Prüfung genannt.

144. Nennen Sie die rostbedeckte Fläche in Prozent zur Gesamtfläche bei beschichteten Stahlflächen nach DIN EN ISO 4628-3.

Rostgrad nach DIN EN ISO 4628-3	Von Rost bedeckte Fläche
Ri 0	rostfrei
Ri 1	ca. 0,05 %
Ri 2	ca. 0,5 %
Ri 3	ca. 1 %
Ri 4	ca. 8 %
Ri 5	ca. 40 % ... 50 %

145. Ergänzen Sie den Zustand der von Rost bedeckten Fläche bei unbeschichteten Stahlflächen in der Tabelle nach der DIN EN ISO 12 944.

Rostgrad

- A: die gesamte Fläche ist mit fest haftendem Zunder bedeckt – keine Rostbildung
- B: beginnende Bildung von Rost und Zunder
- C: weggerosteter oder abschabbarer Zunder – wenig sichtbare Rostnarben
- D: abgerosteter Zunder – zahlreiche, sichtbare Rostnarben

146. Erklären Sie die Normreinheitsgrade nach DIN EN ISO 12 944.

Normreinheitsgrad (Reinigungsverfahren)
- Sa 1 (Sandstrahlen): loser Zunder, Walzhaut, Rost und lose Beschichtungen sind entfernt
- Sa 2 (Sandstrahlen): nahezu der komplette Zunder, die Walzhaut, aller Rost und nahezu alle artfremden Beschichtungen sind entfernt; alle verbleibenden Rückstände müssen fest haften
- Sa 2 1/2 (Sandstrahlen): Walzhaut, Zunder, Rost und alle fremden Verunreinigungen sind entfernt; verbleibende Spuren sind allenfalls noch als leichte Schattierungen zu erkennen
- Sa 3 (Sandstrahlen): Walzhaut, Zunder, Rost, alle Beschichtungen sind komplett entfernt; die Oberfläche muss ein einheitliches metallisches Aussehen besitzen
- St 2 (maschinell oder manuell): loser Zunder, lose Walzhaut, loser Rost, lose Beschichtungen sind entfernt
- St 3 (maschinell oder manuell): loser Zunder, lose Walzhaut, loser Rost, lose Beschichtungen sind entfernt; die Oberfläche muss gründlicher bearbeitet sein als bei St 2, sodass ein vom Metall herrührender Glanz zu sehen ist
- Fl (Flammstrahlen): Walzhaut, Zunder, Rost, Beschichtungen sind entfernt; verbleibende Verunreinigungen dürfen sich als Verfärbungen (Schattierungen in verschiedenen Farben) in den Poren der Oberfläche abzeichnen
- Be (Beizen): Walzhaut, Zunder, Rost und alle Beschichtungen sind vollständig entfernt

1.3.4 Metallische Untergründe entschichten

147. Erklären Sie den Begriff „Entschichten".

nicht gewünschte Schichten (zu hohe Schichtdicke, nicht tragfähig) oder Transportgrundierungen entfernen

148. Nennen Sie drei Möglichkeiten, metallische Untergründe zu entschichten?

- mechanisch Entschichten
- Abbeizen, chemisch Entschichten
- Abbrennen, thermisch Entschichten

149. Nennen Sie zwei Möglichkeiten, mechanisch zu entschichten.	• Schleifen • Sandstrahlen
150. Mit welchen Schleifmaschinen wird mechanisch entschichtet? Zählen sie mindestens drei auf.	• Exzenterschleifer • Bandschleifer • Winkelschleifer • Schwingschleifer
151. Welche Körnung sollte zum mechanischen Entschichten gewählt werden?	P 60 … P 120
152. Erklären Sie das Sandstrahlverfahren.	Beim Sandstrahlen wird ein Gemisch aus einem Strahlmittel und Luft mit hohem Druck regelrecht auf die Oberfläche geschossen. Das Strahlmittel schabt lose Schichten und Verunreinigungen ab.
153. Übersetzen Sie ins Englische: Sandstrahlen.	sandblasting oder abrasive blasting
154. Warum sollte dieses Verfahren heute eigentlich nicht mehr „Sandstrahlen“ heißen?	Als Strahlmittel wird z. B. Korund, Kunststoff, Glasperlen, Keramik oder Trockeneis verwendet. Siliziumhaltige Strahlmittel (Quarzsand) sind grundsätzlich verboten, da sie eine Lungenkrankheit, die Silikose, verursachen können.
155. Welche Form haben die Strahlmittel?	• rund • zylindrisch • kantig • scharfkantig
156. Welches scharfkantige Strahlmittel eignet sich besonders zur Entfernung von Rost und Lack?	Korund: es ist zusammengesetzt aus einem hohen Anteil an Aluminiumoxid und einem kleinen Anteil Titandioxid
157. Welche Teile eines Fahrzeugs sind besonders für das Sandstrahlen geeignet?	• komplette Fahrzeuge, z. B. Oldtimer • sperrige Teile wie Motorhaube, Tür, Motorradrahmen, Fahrradrahmen, Felgen
158. Nennen Sie zwei Maßnahmen, durch die ein umweltschonendes Sandstrahlen möglich ist.	• Strahlmittel automatisch rückführen • Strahlmittel aufbereiten
159. Zählen Sie auf, welche persönliche Schutzausrüstung beim Sandstrahlen getragen werden muss.	• hinterlüftete Sandstrahlmaske oder Sandstrahlhelm • Sandstrahloverall • Leder oder Gummihandschuhe • Gehörschutz

160. Nennen Sie die zwei verschiedenen Abbeizmittel.

- lösende Abbeizer (lösemittelhaltig)
- alkalische Abbeizer (Laugen)

161. Nennen Sie die gesetzlichen Bestimmungen für Abbeizer, die Dichlormethan enthalten.

Dichlormethanhaltige Abbeizer sind stark giftig, besonders beim Einatmen (Nervengift). Sie dürfen nicht mehr von gewerblichen Verwendern benutzt werden.

162. Nennen Sie zwei Nachteile für die Umwelt, die sich aus der Verwendung von lösemittelhaltigen Abbeizern ergeben.

- problematisches Abwasser nach dem Reinigen der Oberfläche zum Entfernen von Abbeizerresten; Abwasser kann nur nach aufwendiger Vorbehandlung in die kommunale Kläranlage eingeleitet werden
- erhebliche Luftbelastung durch Lösemittelemission

163. Für welche Altbeschichtungen sind alkalische Abbeizer geeignet?

für ölhaltige Lacke wie Alkydharzlack, 1K-Decklack

164. Nennen Sie das Gerät, mit dem Altbeschichtungen mittels Wärme entfernt werden können.

Heißluftgebläse, auch als Heißluftfön oder Abbrenngerät bezeichnet

165. Auf welche Temperatur kann der metallische Untergrund mithilfe des Heißluftgebläses erwärmt werden?

Temperaturen von 20 °C bis 650 °C, am Heißluftgebläse stufenlos regulierbar

1.4 Werkzeuge zum Bearbeiten metallischer Untergründe

1.4.1 Werkzeuge zum Reinigen

166. Nennen Sie fünf Werkzeuge zum Reinigen metallischer Untergründe.

- Spezialbürsten
- Industriestaubsauger
- Ausblaspistole
- Tücher
- Druckpumpzerstäuber

167. Wofür werden Spezialbürsten verwendet?

grobe und hartnäckige Verschmutzungen beseitigen

168. Wofür kann ein Industriestaubsauger verwendet werden?

- als Staubabsaugung beim Schleifen
- Kfz-Innenräume säubern
- Arbeitsplatz in der Werkstatt säubern
- Flüssigkeiten vom Boden aufnehmen

169. Erklären Sie die Funktion eines Schleiftisches mit integrierter Staubabsaugung.

Die Platte des Schleiftisches besteht aus einem Rost, auf das die zu schleifenden Werkstücke gelegt werden. Unter diesem Rost befindet sich die Filtermatte, die bei hochwertigen Tischen sogar automatisch gereinigt werden kann.
Die mit Schleifstaub verunreinigte Luft wird durch die Filtermatte angesaugt, gereinigt und anschließend wieder abgegeben.

170. Erklären Sie den Begriff „Ausblaspistole".

Aus dieser Pistole kommt ausschließlich Druckluft; damit wird der Staub weggeblasen.

171. Für welche Arbeiten wird eine Ausblaspistole verwendet?

- Flächen entstauben
- Hohlräume ausblasen, auch an schwer zugänglichen Stellen
- verschmutzte Arbeitsgeräte reinigen
- verschmutzte Kleidung reinigen

172. Nennen Sie zwei Tücher, die vor einer Beschichtung zum Entstauben von Oberflächen eingesetzt werden.

- Staubbindetuch, auch Honigtuch oder Reinigungsvlies genannt
- Mikrofasertuch

173. Wann wird ein Staubbindetuch verwendet?

als letzter Arbeitsschritt vor dem Auftragen von flüssigen Materialien

174. Erklären Sie, woraus Staubbindetücher bestehen.

aus Mullgewebe, das mit einem klebrigen Kunstharz imprägniert ist

175. Listen Sie acht besondere Eigenschaften von Staubbindetüchern auf.

Staubbindetücher

- sind extrem weich
- sind sehr saugfähig
- sind mit allen Lacken verträglich
- enthalten keine Stoffe wie Silikon oder Wachs
- hinterlassen keine Fusseln und Schlieren beim Abwischen von Polierresten auf der Oberfläche
- können Schmutz-, Staub- und Fettrückständen gut aufnehmen; ohne weitere Reinigungsmittel
- halten Staub im Tuch fest; dieser fällt beim weiteren Gebrauch nicht wieder heraus
- sind sehr lange haltbar (trocknen nicht aus)

176. Erklären Sie, warum Mikrofasertücher besonders gut reinigen.

Diese Tücher bestehen aus feinem Polyester-Kunststoffgarn, das z. T. nur halb so dick ist wie Baumwollfasern. Dadurch können viel mehr Fasern den Schmutz aufnehmen.

177. Nennen Sie drei Eigenschaften, die ein Druckpumpzerstäuber für Silikonentferner haben sollte.

- aus stabilem, lösemittelbeständigem Kunststoff
- silikonfrei
- spezielle Dichtungen, für Löse- und Verdünnungsmittel geeignet

1.4.2 Werkzeuge zum Schleifen

178. In welche Gruppen können Werkzeuge zum Schleifen eingeteilt werden?

- Schleifmaschinen
- manuelle Schleifwerkzeuge

Schleifmaschinen

179. Erklären Sie den Begriff „Schleifmaschine".

Eine Maschine, die druckluftbetrieben oder elektrisch zum Glätten von Oberflächen oder zum Abtragen von Materialschichten verwendet wird.

180. Nennen Sie Schleifmaschinen, mit denen der Fahrzeuglackierer arbeitet.

- Exzenterschleifer
- Winkelschleifer
- Schwingschleifer
- Deltaschleifer

181. Erklären Sie den Begriff „Exzenterschleifer".

Eine mit Druckluft oder elektrisch betriebene Maschine mit einer runden Schleifscheibe. Diese Schleifscheibe dreht sich im Kreis und pendelt gleichzeitig hin und her. Man nennt dieses eine oszillierende, also schwingende, Bewegung.

182. Nennen Sie sechs Angaben, die Sie aus dem technischen Merkblatt eines Exzenterschleifers entnehmen können.

Beispiel:
- 150/3: Durchmesser des Schleiftellers und Hub in mm
- 6 bar: Betriebsdruck
- 390 l / min: Luftverbrauch
- 16 000 Hübe / min: Arbeitshübe
- ∅ 150 mm: Durchmesser des Schleiftellers
- 1,2 kg: Masse des Geräts

183. Was wird bei Exzenterschleifern als der Hub bezeichnet?

Der Hub bezeichnet den Ausschlag des Schleiftellers aus dem Zentrum (ex Zentrum = aus dem Zentrum) bei den Schleifbewegungen.

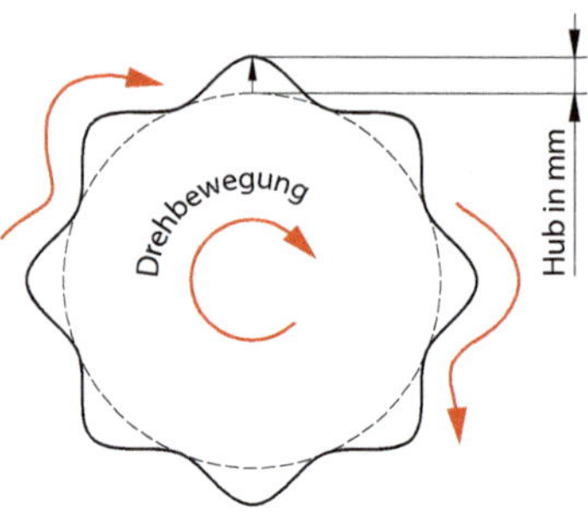

184. Geben Sie von Exzenterschleifern den Hub bei groben und feinen Schleifarbeiten an.

Schleifarbeit
- grob: großer Hub = 5 mm bis 11 mm
- fein: geringer Hub = 1,5 mm bis 5 mm

185. Welche Eigenschaften sollte ein Exzenterschleifer haben, der in einem Fahrzeuglackierbetrieb verwendet wird?

- Vibrationsdämpfer (für schonendes und ermüdungsarmes Arbeiten)
- ausgewuchteter Antrieb
- Reduzierventil (zur stufenlosen Drehzahlregelung)
- Lamellenmotor (lange Lebensdauer)
- möglichst ölfreier Betrieb
- hohe Absaugleistung (längere Haltbarkeit der Schleifscheiben)
- geringer Geräuschpegel (Gesundheitsschutz)

186. Warum muss der Anschlussschlauch für Exzenterschleifer nach der DIN IEC 312 antistatisch sein?

Damit sich Schleifstaub nicht durch statische Aufladung entzünden kann.

187. Erklären Sie den Begriff „Winkelschleifer".

Eine elektrisch betriebene Maschine mit einem runden Schleifteller, der seitlich angebracht ist und über ein Winkelgetriebe angetrieben wird.

188. Nennen Sie drei weitere Bezeichnungen für die Winkelschleifmaschine.

- Flex
- Rotationsschleifer
- Poliermaschine

189. Nennen Sie Arbeiten, für die Einhand-Winkelschleifer und Zweihand-Winkelschleifer eingesetzt werden.	• Einhand-Winkelschleifer für Schrupp-, Trenn- und Oberflächenschliffe • Zweihand-Winkelschleifer für Polierarbeiten, aber auch für grobe Trennschnitte für Schweller
190. Warum sollte eine Winkelschleifmaschine eine elektronische Drehzahlregelung haben?	Damit die Drehzahl der Maschine den Aufgaben (Trennen, Schleifen, Polieren, ...) und dem Untergrund (Altlack, Reparaturlack, ...) angepasst werden kann.
191. Nennen Sie den üblichen Drehzahlbereich *n* für einen Winkelschleifer.	$n = 800\ ^1/_{min} \ldots 10\,000\ ^1/_{min}$
192. Erklären Sie den Begriff „Schwingschleifer".	Werkzeug mit einem rechteckigen Schleifteller, der oszillierende Schleifbewegungen ausführt
193. Nennen Sie zwei weitere Namen für den Schwingschleifer.	• Vibrationsschleifer • Rutscher
194. Welche Flächen werden mit dem Schwingschleifer bearbeitet?	große Flächen
195. Erklären Sie den Begriff „Schleifteller".	Gummischleifplatte an Schleifmaschinen, an denen mit Klett das Schleifmittel befestigt wird
196. Nennen Sie die Formen der Schleifteller an diesen Schleifmaschinen.	• Exzenterschleifer: rund • Winkelschleifer: rund • Schwingschleifer: rechteckig • Deltaschleifer: dreieckig
197. Zählen Sie drei besondere Merkmale auf, die der Schleifteller eines Exzenterschleifers haben sollte.	• aus verschleißarmen Kunststoff • Löcher zur Staubabsaugung • mit Klettaufnahme
198. Erklären Sie in Stichworten, warum der Schleifteller Löcher für die Staubabsaugung haben sollte.	• Gesundheitsschutz: weniger Staub wird eingeatmet • umweltfreundlich: weniger Staub in der Umgebungsluft

Manuelle Schleifwerkzeuge

199. Erklären Sie den Begriff „manuelle Schleifwerkzeuge".

Schleifwerkzeuge zum Schleifen mit der Hand; nicht elektrisch oder pneumatisch betrieben

200. Nennen Sie sieben manuelle Schleifwerkzeuge, die der Fahrzeuglackierer verwendet.

- Korkschleifklotz
- Gummischleifklotz
- Handschleifer mit Klemmen
- Handschleifklotz mit Griff
- Handschleiffeile
- Profilschleifer
- Konturenschleifer

201. Beschreiben Sie den Korkschleifklotz und seine Verwendung.

Beschreibung:
- aus reinem Naturkork
- grifffest
- Größe: ca. 105 mm × 60 mm × 40 mm

Verwendung:
- mit Kanten an der Unterseite für das Schleifen in Ecken
- mit abgerundeten Ecken an der Oberseite für Schleifen in Rundungen und Sicken

202. Beschreiben Sie den Gummischleifklotz und seine Verwendung.

Beschreibung:
- aus flexibler Kunststoffmischung
- Größe ca.: 125 mm × 65 mm × 40 mm
- Schleifpapier wird an den innen liegenden Metallspitzen befestigt

Verwendung:
- für alle Handschleifarbeiten
- für tiefe, abgerundete Sicken und Kanten
- für größere Rundungen

203. Beschreiben Sie den Handschleifer mit Klemmen und seine Verwendung.

Beschreibung:
- aus Kunststoff
- ergonomisch geformter Griff
- ca. 200 mm × 100 mm große Schleifplatte aus elastischem Gummibelag
- seitliche Klemmen zum Befestigen des Schleifpapieres

Verwendung:
- für Grund- und Zwischenschliff
- für mittlere und größere Oberflächen
- auch für das Nassschleifen

204. Beschreiben Sie den Handschleifklotz mit Griff und seine Verwendung.

Beschreibung:
- aus starrem Kunststoff
- mit ergonomischem Handgriff, verhindert Blasenbildung an den Händen
- Schleifplatte mit verschiedenen Größen
- auch runde Schleifplatten
- mit Klettaufnahme für das Schleifpier

Verwendung:
- für Außen- und Innenkanten
- für kleine bis mittlere Flächen oder Rundungen
- für das Nassschleifen

205. Beschreiben Sie die Handschleiffeile und ihre Verwendung.

Beschreibung:
- Schleifplatte mit Klettaufnahme für das Schleifpapier
- Maße für die Schleifplatte: ca. 400 mm × 70 mm
- Löcher im Schleifteller für die Staubabsaugung
- mit Adapter für die Staubabsaugung
- speziell für den Trockenschliff

Auch elektrisch oder pneumatisch betrieben:
- Drehzahl bis 10 000 $^1/_{min}$
- Drehzahlregulierung
- Saugkraftregulierung
- Betriebsdruck: ca. 6 bar
- Luftverbrauch: 300 l / min bis 400 l / min
- Exzenterhub: bis 5 mm

Verwendung:
- für großflächiges Planschleifen
- für Spachtelstellen aus Polyester oder beim Vorschliff von Füllermaterialien

206. Beschreiben Sie den Profilschleifer und seine Verwendung.

Beschreibung:
- mit starrem oder einstellbarem Profil

Verwendung:
- für innen und außen liegende Wölbungen, z. B. bei Kotflügeln
- Nachstellen von Konturen möglich

207. Beschreiben Sie den Konturenschleifer und seine Verwendung.

Beschreibung:
- stufenlos einstellbare Schleifplatte
- mit Klettaufnahme

Verwendung:
- für die Nachbildung von Konturen

1.4.3 Werkzeuge zum Entrosten

208. Nennen Sie fünf Werkzeuge, die zum Entrosten eingesetzt werden.

- Drahtbürste
- Entrostungsspachtel
- Entrostungsschaber
- Nadelpistole
- Sandstrahlgerät mit Strahlpistole

209. Nennen Sie Bezeichnungen für Drahtbürsten, die als runder Aufsatz auf Bohrmaschinen verwendet werden.

- Scheibendrahtbürste
- Topfdrahtbürste
- Zopfrundbürste
- Kegeldrahtbürste

210. Welches Borstenmaterial wird für Aluminiumuntergrund empfohlen?

Eine Bürste mit Edelstahlborsten, um Kontaktkorrosion zu vermeiden.

211. Wie wird die Drahtbürste genannt, mit der von Hand gearbeitet wird?

Handdrahtbürste

212. Zählen Sie Arbeiten auf, für die eine Nadelpistole verwendet werden kann.

- Rost, Farbe, Zunder abklopfen
- Entschichten, z. B. Felgen

213. Kann auch ein dünnes Blech mit der Nadelpistole bearbeitet werden?

Nein, weil das Blech Dellen bekäme.

214. Erklären Sie die Funktion einer Nadelpistole.

Locker gelagerte Stahlstifte (10 bis 30 Nadeln) schwingen im Pistolengehäuse hin und her. Die Nadelspitzen treffen auf den Untergrund und schlagen dadurch die Beschichtung des Untergrunds ab.

215. Nennen Sie sieben technische Daten von Nadelpistolen.

- Durchmesser der Nadeln: ca. 2 mm bis 4 mm
- bis zu 400 Schläge pro Minute
- Luftverbrauch: bis 240 Liter pro Minute
- maximaler Druck: ca. 6 bar
- Luftverbrauch durchschnittlich: 120 l / min
- Luftverbrauch kontinuierlich: 180 l / min
- Geräuschpegel: bis 88 dB(A)

216. Wo ist der Einsatz einer Sandstrahlpistole sinnvoll?

Beim Entfernen von Rost oder Lackresten auf kleiner Fläche oder schwer zugänglichen Stellen (Fragen zum Entschichten siehe Kap. 1.3.4).

217. Nennen Sie drei verschiedene Sandstrahlpistolenarten.

- einfache Druckluft-Sandstrahlpistole
- Druckluft-Sandstrahlpistole mit Strahlgutrückgewinnung
- Druckluft-Sandstrahlpistole mit Direktansaugung

218. Erklären Sie die Funktionsweise der einfachen Druckluft-Sandstrahlpistole.

In einem Saugbecher (Volumen ca. 1 Liter) unterhalb der Pistole befindet sich das Strahlgut. Es wird in den Luftstrom gesaugt und auf die Oberfläche geschleudert. Das Strahlgut verteilt sich danach in der Umgebung.

219. Erklären Sie die Funktionsweise der Sandstrahlpistole mit Strahlgut-Rückgewinnung

Sie ist aufgebaut, wie die einfache Druckluft-Strahlpistole. Zusätzlich befindet sich unterhalb/seitlich der Düse ein Beutel, in dem das Strahlgut wieder eingesammelt wird (Strahlgut-Rückgewinnung). Spezialdüsen verhindern durch einen Kranz aus flexiblen Kunststoffhärchen (Düsenbürste), dass sich das Strahlmittel in der Umgebung verteilt. Die Düsen können auch mit aufsetzbarer Gummitülle zur Rückgewinnung ausgestattet sein. Das Strahlmittel kann über die Düse wieder dem Auffangbeutel zugeführt werden.

220. Erklären Sie die Funktionsweise der Sandstrahlpistole mit Direktansaugung.

Das Strahlgut wird über einen Schlauch direkt aus einem Großgebinde (Sackware) zur Pistole geführt.

221. Nennen Sie die Werkzeuge und Maschinen, die zu einem mobilen Sandstrahlgerät gehören.

- Druckkessel (tragbar oder rollbar)
- Strahlpistole mit diversen Düsenarten
- Sandstrahlschlauch

222. In welchen Fällen ist der Einsatz eines mobilen Strahlgeräts sinnvoll?

- auf großen Flächen, z. B. Omnibus, Lkw
- bei regelmäßigem Einsatz, sonst ist die Anschaffung nicht wirtschaftlich

1.4.4 Werkzeuge zum Entschichten

223. Nennen Sie acht Werkzeuge, die der Fahrzeuglackierer zum Entschichten verwendet.

- Exzenterschleifer
- Winkelschleifer
- Ringpinsel
- Heißluftgebläse
- Schaber
- Malerspachtel
- Flächenspachtel
- Drahtbürste

224. Was ist ein „Schaber“?

Ein manuelles Werkzeug aus Stahl mit einem Griff und einer stabilen Klinge, die messerscharf ist.

225. Erklären Sie, wie mit einem Schaber Altbeschichtungen (Lacke, Kleber) entfernt werden.

Die Altbeschichtung wird mit dem Heißluftgebläse heiß und somit weich gemacht. Dann wird mit der scharfen Kante des Schabers die Altbeschichtung abgeschabt.

226. Bei welchen Arbeiten wird der Malerspachtel eingesetzt?

- zum Abschaben von Altbeschichtungen
- zum Entrosten

227. Wie ist das Blatt am Malerspachtel geformt?

konisch geschliffen, befestigt an einem Holzheft

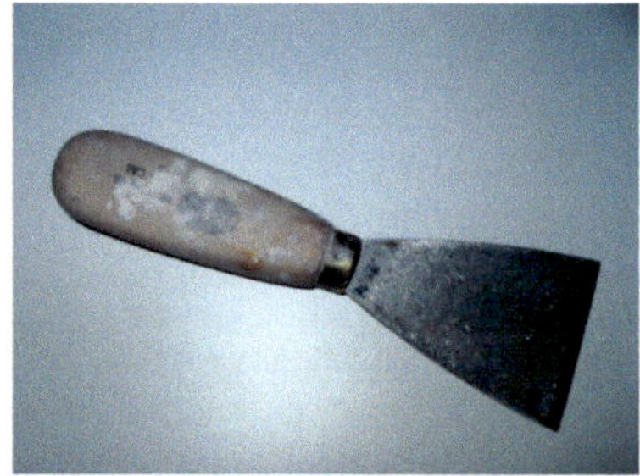

228. Bei welchen Arbeiten wird ein Flächenspachtel eingesetzt?

wenn sehr große und ebene Flächen bearbeitet werden müssen

229. Zählen Sie Eigenschaften von Flächenspachteln auf.

- große Blattbreite
- Blatt aus ca. 0,3 mm dickem Edelstahl
- Griff aus Holz oder Kunststoff, manchmal leicht schräg gestellt
- säurebeständig

1.5 Kennzeichnung von Werkzeugen und Geräten

230. Was bedeutet es, wenn ein Gerät mit dem GS-Zeichen (Geprüfte Sicherheit) ausgezeichnet ist?

Dieses Gerät ist durch das seit 2011 gültige Produktsicherheitsgesetz (ProdSG) zum Gebrauch zugelassen. Es erfüllt alle Anforderungen an die Sicherheit, den Arbeitsschutz, die Unfallverhütung und alle Normen.

231. Ist es in Deutschland gesetzliche Pflicht, dass Geräte das GS-Zeichen tragen müssen?

Nein, es ist eine freiwillige Leistung des Herstellers, der dieses Zeichen zum Marketing nutzt. Der Nutzer hat dadurch nur den Nachweis, dass eine vom Hersteller unabhängige Stelle das Gerät geprüft hat.

232. Erklären Sie den Unterschied zwischen einem Prüfzeichen und einem Gütesiegel.

Grundsätzlich gibt es dazu keine gesetzlichen Regelungen, jeder darf also ein Gütesiegel erfinden.
Ein Prüfzeichen gibt aber Hinweise auf die Einhaltung von sicherheitsrelevanten Eigenschaften und ein Gütesiegel soll dem Verbraucher Hinweise über die besondere Qualität oder Beschaffenheit eines Produktes liefern.

233. Welche Anforderungen erfüllt eine Maschine oder ein Gerät, wenn es mit dem CE-Zeichen gekennzeichnet ist?

Das Produkt darf erst dann in den Verkehr gebracht und in Betrieb genommen werden, wenn es

- den grundlegenden Anforderungen sämtlicher anwendbarer EU-Richtlinien erfüllt
- mit den Vorgaben der Maschinenrichtlinie Richtlinie (2006/42/EG, Maschinenrichtlinie) übereinstimmt.

234. Ist die Kennzeichnung mit dem CE-Zeichen gesetzlich vorgeschrieben?

Ja, durch geltende EU-Verordnungen.

235. Erklären Sie die Bedeutung von Kennzeichen auf elektrisch betriebenen Geräten. Nennen Sie sieben Beispiele.

keine Staubablagerung

kein Staubeintritt

Tropfwasser (schräg, Regen), Sprühwasser

Spritzwasser

Strahlwasser

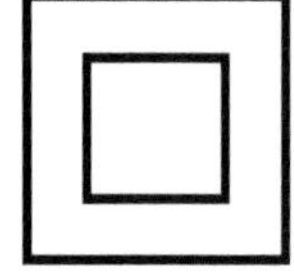

schutzisoliert

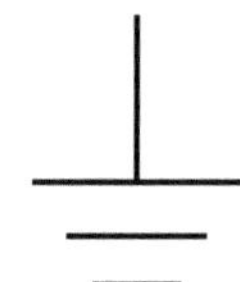

geerdet

236. Erklären Sie die Bedeutung des „Ex im Hexagon".

spezielle Explosionsschutzkennzeichnung für Geräte zum Einsatz in explosionsgefährdeten Bereichen nach EG-Richtlinie 94/9/EG.

237. Beschreiben Sie das Aussehen (Farbe und Form) von Rettungszeichen.

Diese Piktogramme sind weiß und befinden sich auf einem rechteckigen Schild mit grünem Hintergrund und weißem Rand.
Grün: RAL 6032, Signalgrün
Beispiel:

Notausgang, Rettung

238. Welche Kennzeichnung ist für eine Lackierkabine als feuergefährdeter Bereich vorgeschrieben?

- Brandschutzzeichen
- Verbotszeichen
- Warnzeichen
- Explosionsschutzzeichen
- Rettungsweg

239. Erklären Sie den Begriff „Rettungszeichen".

Piktogramme, die auf Einrichtungen, Geräte oder Rettungswege hinweisen, die für die Rettung von Personen von Wichtigkeit sind

240. Nennen Sie die englische Fachbezeichnung für „Rettungszeichen".

rescue sign

241. Erklären Sie den Begriff „Brandschutzzeichen".

Sicherheitszeichen, die auf Einrichtungen bzw. Geräte hinweisen, die für den Brandschutz von Wichtigkeit sind, hauptsächlich auf Brandmelder oder Brandbekämpfungsmittel

242. Nennen Sie die englische Fachbezeichnung für „Brandschutzzeichen".

fire safety sign

243. Beschreiben Sie die Form und die Farben, mit den RAL-Farbnummern, der Brandschutzzeichen.

Die Piktogramme sind nach DIN 4844-2 weiß und befinden sich auf einem rechteckigen Schild mit rotem Hintergrund und weißem Rand.
Rot: RAL 3001, Signalrot
Beispiel:

Feuerlöscher

1.6 Technische Zeichnungen

244. Warum muss ein Fahrzeuglackierer auch technische Zeichnungen lesen können?

Wenn der Fahrzeuglackierer Objekte lackieren muss, die nicht alltäglich sind, erhält er eine technische Zeichnung, um z. B. die Beschichtungsfläche und den Materialverbrauch berechnen zu können, z. B. für Lkw-Aufbauten, Anhänger, Anhängeraufbauten.

245. Erklären Sie, was gemeint ist, wenn der Handwerker vom „Aufmaß" spricht.

- das Vermessen und Aufnehmen der tatsächlichen Maße eines Objektes in einen Plan/eine Zeichnung
- die ausführliche, schriftliche Darstellung aller Berechnungen zum Auftrag in einem schriftlichen Plan (genormte „Aufmaß-Schreibweise")
- der so ermittelte Umfang der erbrachten Leistungen dient im Rahmen eines Angebots als Grundlage zur Rechnungserstellung

246. An welcher Stelle der Gleichung für das Aufmaß werden die Maßeinheiten geschrieben (z. B. m oder l)?

Die Maßeinheiten werden nur im Ergebnis geschrieben.

247. An welcher Stelle der Gleichung für das Aufmaß wird der Faktor für die Seitenanzahl eines Objekts geschrieben?

Für die Flächen der Vorder- und Rückseite steht der Faktor „2" am Ende der Gleichung.

248. An welcher Stelle der Gleichung wird die Stückzahl geschrieben?

Die Stückzahl wird am Anfang der Gleichung geschrieben:
Aufmaß = Stückzahl · Fläche · Seitenanzahl

249. Fünf rechteckige Metallbleche mit den Maßen 0,6 m × 0,4 m sollen lackiert werden. Berechnen Sie die zu beschichtende Fläche, wenn Vorder- und Rückseiten zu beschichten sind.

geg.: *Stückzahl* = 5
Fläche = 0,4 m × 0,6 m
Seitenanzahl = 2
ges.: *Aufmaß*

$$\textit{Aufmaß} = \textit{Stückzahl} \cdot \textit{Fläche} \cdot \textit{Seitenanzahl}$$
$$= 5 \cdot 0{,}4\,\text{m} \cdot 0{,}6\,\text{m} \cdot 2$$
$$\underline{\underline{\textit{Aufmaß} = 2{,}4\,\text{m}^2}}$$

250. Nennen Sie die drei Elemente einer technischen Zeichnung.

- Linien
- Bemaßung
- Schriftfeld

251. Nennen Sie die drei Linienbreiten in technischen Zeichnungen.

- 0,35 mm
- 0,5 mm
- 0,7 mm

252. Zählen Sie fünf Linienarten auf, die in technischen Zeichnungen verwendet werden können.

- Volllinie ————————
- Strichlinie – – – – – –
- Strich-Punkt-Linie –·–·–·–·–·
- Strich-Zweipunkt-Linie –··–··–··–··
- Freihandlinie

253. In welcher Maßeinheit werden Maße in technischen Zeichnungen für den Fahrzeugbau angegeben?

in Millimeter (mm)

254. Welche fünf Elemente gehören zur Bemaßung?

- Maßlinie
- Maßhilfslinie
- Maßlinienbegrenzung
- Maßzahl
- Maßeinheit, wenn das Maß **nicht** in mm angegeben ist

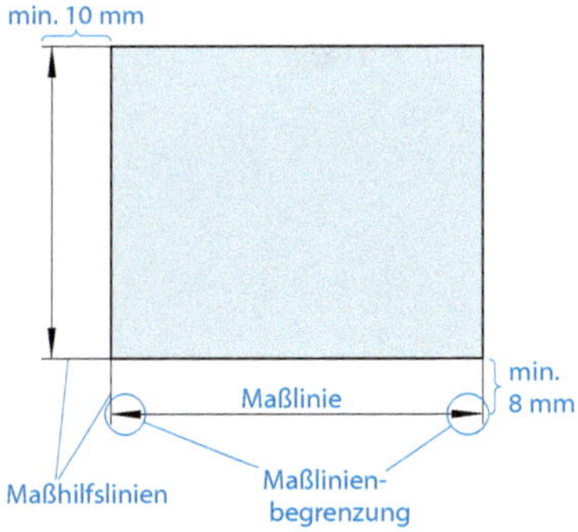

255. Erklären Sie den Begriff „Maßlinie".

Linie, die die Länge des Objekts angibt; sie wird parallel zur Objektkante gezeichnet

256. Was befindet sich an beiden Enden dieser Linie, um die genaue Länge des Objekts anzuzeigen?

Pfeilköpfe

257. Was ist die Maßhilfslinie?

Verbindungslinie zwischen dem Objekt und der dazugehörenden Maßlinie.

258. Was geben die Maßzahlen an?

Sie zeigen das genaue Längen- oder Winkelmaß an.

259. Warum wird der Maßstab auf technischen Zeichnungen angegeben?

Technische Zeichnungen können nicht immer in Originalgröße angefertigt werden. Normalerweise sind Objekte in Wirklichkeit größer als auf einer Zeichnung. Um die Größen ermitteln zu können, wird der Maßstab auf einer Zeichnung angegeben.

2 Nichtmetallische Untergründe bearbeiten

2.1 Nichtmetalle

2.1.1 Nichtmetalle allgemein

1. Erklären Sie den Begriff „Nichtmetall".

Stoffe, denen die charakteristischen metallischen Eigenschaften fehlen. Sie bestehen aus organischem und anorganischem Material. Sie werden zum Beispiel aus Erdöl synthetisiert, oder direkt der Natur entnommen.

2. Zählen sie sechs chemische Elemente auf, die zu den Nichtmetallen gezählt werden und nennen Sie das jeweilige Elementsymbol.

- Wasserstoff (H)
- Kohlenstoff (C)
- Sauerstoff (O)
- Stickstoff (N)
- Phosphor (P)
- Schwefel (S)

3. Erklären Sie den Begriff „nichtmetallischer Untergrund".

Untergrund, der aus einem Nichtmetall besteht und vom Fahrzeuglackierer bearbeitet wird.

4. Beschreiben Sie, woran ein nichtmetallischer Untergrund zu erkennen ist.

Werkstoffen aus Nichtmetall fehlt der metallische Glanz und sie sind im Allgemeinen nicht elektrisch leitfähig.

5. In welche drei große Bereiche können nichtmetallische Werkstoffe eingeteilt werden?

- natürliche Werkstoffe
- Kunststoffe
- Betriebsstoffe

2.1.2 Natürliche Werkstoffe

6. Zählen Sie fünf natürliche Werkstoffe auf, mit denen der Fahrzeuglackierer zu tun hat.

- Holz
- Leder
- Wolle und Naturfasern
- Glas
- Gummi

2.1.2.1 Holz

7. Was ist Holz?

Holz ist das von Bäumen und Sträuchern produzierte Stamm- und Astholz.

8. Nennen Sie von „Holz" die Übersetzung ins Englische.

wood

9. Welche positiven Eigenschaften hat Holz, die für den Fahrzeugbau wichtig sind? Nennen Sie fünf.

- chemisch beständig
- biologisch abbaubar
- sehr stabil
- geringe Masse
- in alle drei Grundrichtungen (axial, radial, tangential) formbar

10. Zählen Sie drei Eigenschaften von Holz auf, die für den Fahrzeugbau negativ sind, sodass Holz in Fahrzeugen nur selten verbaut wird.

- anfällig für pflanzliche und tierische Schädlinge
- enthält Stoffe wie Harze, Säuren, Lignin, Feuchtigkeit
- es „arbeitet", d. h., es kann Feuchtigkeit aufnehmen und auch wieder abgeben (quellen und schwinden)

11. Nennen Sie vier Mängel, die an Holz entstehen können.

- Holzfehler, z. B. Wuchs- und Schwundrisse, Drehwuchs, faule Äste, lose Äste
- Befall (Holzschädlinge, Verwitterung)
- Verarbeitungsfehler wie Verfahrensfehler, falscher Einsatz, Fertigungsfehler, Schwindmaße nicht beachtet
- Abnutzung

12. Ein Geselle schafft es, die Holzteile des Hängers in 1,5 Stunden zu schleifen. Wie viele Stunden werden zum Schleifen benötigt, wenn ihm der Auszubildende hilft, und sie zu zweit arbeiten? Hinweis: Beide arbeiten gleich schnell.

1 Person $\triangleq$ 1,5 Stunden
2 Personen $\triangleq x$

Umgekehrter Dreisatz

$$1 \cdot 1{,}5\,\text{h} = 2 \cdot x$$

$$x = \frac{1 \cdot 1{,}5\,\text{h}}{2}$$

$$\underline{\underline{x = 0{,}75\,\text{h}}}$$

13. Rechnen Sie die Zeit 0,75 Stunden in Minuten um.

1 Stunde $\triangleq$ 60 Minuten
0,75 Stunden $\triangleq$ x

Dreisatz

$$1\,\text{h} : 60\,\text{min} = 0{,}75\,\text{h} : x$$

$$x = \frac{0{,}75\,\text{h} \cdot 60\,\text{min}}{1\,\text{h}}$$

$$\underline{\underline{x = 45\,\text{min}}}$$

14. Was ist mit dem Begriff „Holzwerkstoff" gemeint?

Werkstoffe, die aus Vollholzteilen, Holzspänen, Holzwolle oder Holzfasern hergestellt werden; meist auch in Verbindung mit Klebstoff oder anderem Bindemittel

15. Nennen Sie die Übersetzung von „Holzwerkstoff“ ins Englische.	wood materials
16. Zählen Sie zwei Holzwerkstoffe auf, die im Fahrzeugbau verwendet werden.	• Furnierholz • Plattenwerkstoff wie Furnierplatte, Tischlerplatte, Spanplatte
17. Was ist Furnierholz?	Holz, aus dem sehr dünne Schichten (Holzfurnier) hergestellt werden; mit dem Holzfurnier werden weniger wertvolle Materialien belegt, damit sie edel aussehen.
18. Welche Bauteile im Fahrzeug werden mit Holzfurnier beschichtet?	Verkleidungen und Armaturenbrett in Pkws der Ober- und Luxusklasse
19. Erklären Sie den Begriff „Furnierplatte“.	Stücke von Holzfurnier werden in Schichten quer zur Faserrichtung gestapelt und unter Druck verleimt

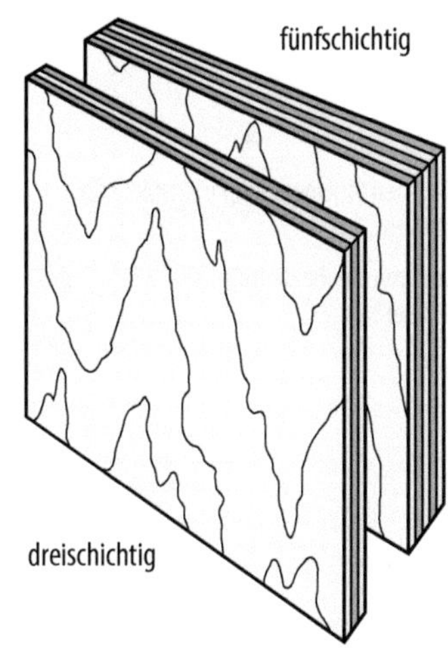

20. Nennen Sie vier Anwendungsgebiete für Furnierplatten.	• Innenausbau von Fußboden und Wände in Koffer-, Kasten- und Containeraufbauten • Innenausbau von Verkaufswagen • Pritschenfußboden • Aufbau von Pkw-Anhängern

21. Erklären Sie den Begriff „Tischlerplatte".

Platten aus Sperrholz, d. h., Holzstäbe sind miteinander verleimt.

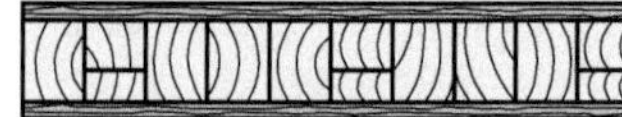

Stabsperrholz

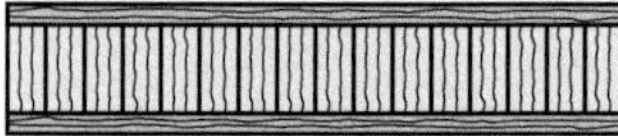

Stäbchensperrholz

22. Nennen Sie Anwendungsbeispiele für Tischlerplatten.

Möbel, Innenausbau Stabsperrholz Stäbchensperrholz

23. Erklären Sie den Begriff „Spanplatte".

Platten aus Holzfasern, aber auch aus Pflanzen mit holzähnlicher Struktur wie Flachs oder Hanf hergestellt. Dabei beruht die Festigkeit zum überwiegenden Teil darauf, dass die Holzfasern ohne weiteres Bindemittel miteinander verfilzen.

24. Nennen Sie Anwendungsbeispiele für Spanplatten.

Innenausbau

25. Erklären Sie die Begriffe „MDF-Platte" und „HDF-Platte".

Spanplatten, die eine feine Oberfläche aufweisen und eine besonders hohe Dichte besitzen, weil sie aus feinen Holzfasern bestehen, die mit Kunstharz verklebt sind.

- MDF-Platten: mitteldichte Faserplatten
- HDF-Platten: hochdichte Faserplatten

2.1.2.2 Leder

26. Was ist „Leder"?

Tierhaut, die gegerbt und gefärbt wurde

27. Nennen Sie die englische Übersetzung für „Leder".

leather

28. Was ist „Veloursleder"?

Leder mit rauer Oberfläche, bei dem sogar die Lederfasern aufgerichtet werden, sodass eine raue, matte und weiche Oberfläche entsteht. Es wird auch Wildleder genannt.

29. Nennen Sie Vor- und Nachteile von Leder bei der Verwendung in Fahrzeugen.

Vorteile:
- widerstandsfähig gegen mechanische Belastungen
- zäh, reißfest
- angenehme Haptik
- atmungsaktiv
- feuchtigkeitsregulierend
- in vielen Farbtönen färbbar
- Oberfläche kann veredelt werden; mit Kunstharzlack kombinierbar

Nachteile: Leder
- ist biologisches Material und unterliegt einem natürlichen Alterungsprozess, der nur durch regelmäßige Pflege aufgehalten werden kann
- ist schwerer (besitzt höhere Dichte) als z. B. Textilien, erhöht somit die Masse des Fahrzeugs und den Kraftstoffverbrauch
- wird aus Tierhäuten hergestellt, die oft aus Massentierhaltung stammen; bei der Herstellung werden giftige Stoffe eingesetzt, die die Umwelt schädigen
- ist teuer

2.1.2.3 Wolle und Naturfasern

30. Nennen Sie zwei Arten von Wolle, die in Fahrzeugen eingesetzt sind.

Wolle
- von Tieren, meist Schafwolle
- aus Pflanzen wie Baumwolle

31. Nennen Sie zwei Naturfasern, die im Fahrzeugbau verwendet werden.

- Hanf
- Flachs

32. In welchen Bereichen des Fahrzeugbaus werden Wolle und Naturfasern verwendet?

- Innenausstattung
- in Karosserieteilen aus naturfaserverstärktem Kunststoff (NFK)
- Dämmmaterial

2.1.2.4 Glas

33. Erklären Sie, was man unter „Glas" versteht.	Schmelze aus Siliziumdioxid, die erstarrt ist, ohne Kristalle zu bilden
34. Zählen Sie positive Eigenschaften von Glas auf.	• formbar und trotzdem formstabil • elastisch • hohe Druckfestigkeit • aus natürlichen Rohstoffen • chemisch neutral • hält sehr hohe und auch niedrige Temperaturen aus • geht keine Wechselwirkung mit anderen Materialien ein • recycelbar
35. Nennen Sie zwei Beispiele, wie Glas in Fahrzeugen verwendet wird.	• Fensterscheiben • Karosserieteile aus glasfaserverstärktem Kunststoff (GFK)
36. Was muss der Fahrzeuglackierer beim Einbau von Scheiben in Autokarosserien beachten?	Glas ist zwar relativ elastisch, es gibt aber einen Punkt, an dem es unvermittelt zerspringt. Scheiben dürfen also beim Einbau nicht zu sehr gedehnt oder gebogen werden.
37. Warum werden auf Fahrzeugscheiben Metallbeschichtungen aufgebracht?	Fahrzeugscheiben werden auf diese Weise für Infrarotlicht undurchlässig, ohne dass die Durchsichtigkeit wesentlich beeinträchtigt wird. Die Wärmestrahlung wird reflektiert, dadurch • heizt sich im Sommer der Innenraum weniger auf • werden im Winter die Wärmeverluste verringert
38. Beschreiben Sie das Einscheiben-Sicherheitsglas.	Einscheiben-Sicherheitsglas ist vorgespanntes Glas: • an der Oberfläche sind hohe Druckspannungen • im Innern Zugspannung Bei der Herstellung wird das Glas auf der Vorderseite gekühlt, auf der Rückseite erhitzt. Dadurch zerspringt dieses Glas bei Beschädigung in sehr viele, ungefährliche, kleine Teile.

39. Beschreiben Sie das Verbundsicherheitsglas.

Verbundsicherheitsglas besteht aus zwei oder mehreren übereinanderliegenden Glasscheiben, die in der Mitte durch eine durchsichtige Kunststofffolie aus PVB (Polyvinylbutyral) verklebt sind.
Wenn dieses Glas zerspringt, bleiben die Splitter an der Folie kleben.
Es kann sogar durchschusssicheres Glas („Panzerglas“) hergestellt werden.

2.1.2.5 Gummi

40. Erklären Sie den Begriff „Gummi“.

Gummi ist ein Werkstoff, der aus dem Milchsaft tropischer Pflanzen (Naturkautschuk oder Latex) oder synthetisch (Synthesekautschuk) hergestellt wurde.

41. Nennen Sie die englische Übersetzung von „Gummi“.

rubber

42. Nennen Sie sechs Eigenschaften von Gummi.

Gummi
- leitet schlecht Elektrizität und Wärme
- wird spröde beim Abkühlen unter 3 °C
- wird beim Erhitzen klebrig und verbrennt mit rußender Flamme
- ist lösbar in Benzol oder Benzin
- ist beständig gegen verdünnte Säuren und Laugen
- altert relativ schnell

43. Nennen Sie vier Teile im Arbeitsbereich eines Fahrzeuglackierers, die aus Gummi sind.

- Reifen
- Dichtungen = seal
- Handschuhe = glove
- Schläuche = hose

2.1.3 Kunststoffe

2.1.3.1 Kunststoff allgemein

44. Erklären Sie den Begriff „Kunststoff".

Kunststoffe sind Stoffe, die künstlich hergestellt (synthetisiert) werden. Sie können also nicht der belebten Umwelt (Tiere, Pflanzen) oder unbelebten Umwelt (Steine) entnommen werden. Kunststoffe werden zurzeit noch (mit wenigen Ausnahmen) nicht aus lebenden Pflanzen oder tierischen Grundstoffen produziert.

45. Nennen Sie die Übersetzung von „Kunststoff" ins Englische.

plastic

46. Erläutern Sie, warum Kunststoffe für die Umwelt problematisch sind?

Alles, was die Natur produziert, ist recycelbar und wieder in den natürlichen Kreislauf zurückzuführen.
Kunststoffe können jedoch nicht so einfach in den natürlichen Kreislauf zurückgeführt werden, weil die Natur nicht „weiß, was damit zu tun ist".
Es gibt kaum Lebewesen, die Kunststoffe verdauen können, viele Kunststoffe wirken im Gegenteil sogar toxisch (giftig) auf Lebewesen. So dauert es „unnatürlich lange", bis Kunststoffe aus der Umwelt verschwunden sind, das können mehrere tausend Jahre sein. Bei der Verbrennung von Kunststoffen können zudem giftige Spaltprodukte entstehen.

47. Welche Kunststoffe werden als „Blends" bezeichnet?

Blends bestehen aus mindestens zwei unterschiedlichen Kunststoffen, die miteinander verschmolzen sind. So können Eigenschaften von unterschiedlichen Kunststoffen in einem Bauteil vereinigt werden.
Bei Metallen heißt das „Legierung".

48. Nennen Sie den Grund, warum Kunststoff häufig im Automobilbau verwendet wird.

Außergewöhnlich sind seine technischen Eigenschaften:
- chemische Beständigkeit
- Elastizität
- Formbarkeit
- Härte
- geringe Masse
- Bruchfestigkeit
- Temperaturbeständigkeit
- Wärmeformvermögen
- preiswert
- nicht elektrisch leitend
- glatte Oberfläche
- vielfältige Designmöglichkeiten

Diese Eigenschaften können, je nach Anforderung oder Wunsch, durch die Wahl des Ausgangsmaterials, des Herstellungsprozesses und der Beimischung von Additiven, jederzeit beeinflusst und entsprechend verändert werden.

49. Welche negativen Eigenschaften haben Kunststoffe für den Fahrzeuglackierer? Nennen Sie sechs.

- oft nicht kratzfest
- elektrostatisch aufladbar
- brennbar
- nicht sehr hitzebeständig
- nicht abbaubar
- bei der Produktion wird Erdöl verbraucht

50. Zählen Sie zehn Teile am Fahrzeug auf, die aus Kunststoff bestehen, und geben Sie die englische Bezeichnung dafür an.

- Spiegelkappen = mirror cap
- Kotflügel = fender
- Heckklappen = tailgate
- Radhauskästen = wheelhouse box
- Armaturenbretter = dashboard
- Zierleisten = molding oder trim
- Heckfensterscheiben = rear window
- Stoßfänger = bumper
- Benzintanks = petrol tank
- Bindemittel (von Lackmaterialien) = paint binder
- Klebstoffe = glue/adhesive
- Polsterungen = padding
- Isolierung = insulation
- Gehäuse = housing

51. Was sind Monomere?

kleine Moleküle, die aus wenigen Atomen bestehen, die mit Doppelbindungen verbunden und daher sehr reaktionsfreudig sind

Beispiele:

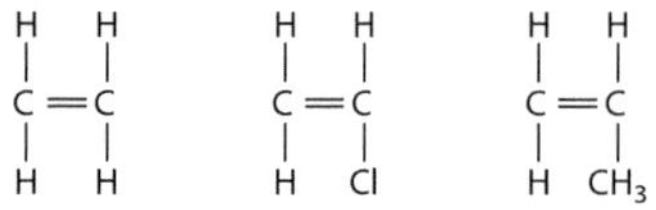

$$\underset{\text{Ethen}}{H_2C{=}CH_2} \qquad \underset{\text{Chlorethen}}{H_2C{=}CHCl} \qquad \underset{\text{Propen}}{H_2C{=}CH{-}CH_3}$$

2.1.3.2 Polymere Kunststoffe herstellen

52. Was versteht man unter dem Begriff „polymere Kunststoffe"?

Kunststoffe, bestehend aus langen Molekülketten, die entstanden sind aus der Reaktion von Monomeren. Die langen Molekülketten werden auch Riesenmoleküle oder Makromoleküle genannt.

53. Nennen Sie die drei Verfahren, mit denen Kunststoffe hergestellt werden.

- Polyaddition
- Polymerisation
- Polykondensation

54. Erklären Sie, was bei der Polyaddition geschieht.

Unterschiedliche Monomere verbinden sich zu Makromolekülen; es entstehen Ketten oder netzförmige Strukturen allerdings, ohne dass ein Spaltprodukt entsteht.
Beispiel:

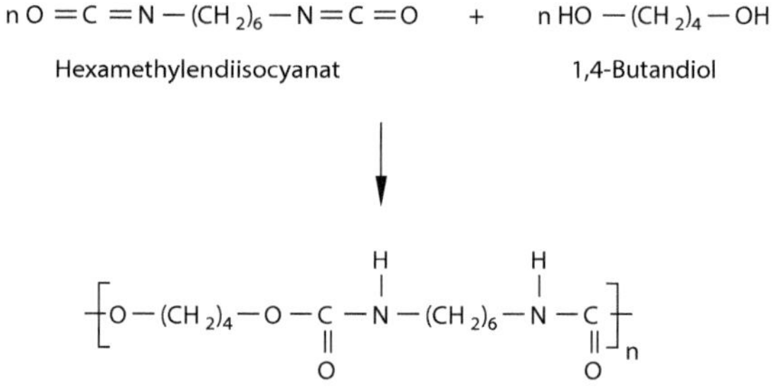

$$n\,O{=}C{=}N{-}(CH_2)_6{-}N{=}C{=}O \quad + \quad n\,HO{-}(CH_2)_4{-}OH$$

Hexamethylendiisocyanat 1,4-Butandiol

$$\downarrow$$

$$\left[O{-}(CH_2)_4{-}O{-}\underset{\substack{\|\\O}}{C}{-}\overset{\substack{H\\|}}{N}{-}(CH_2)_6{-}\overset{\substack{H\\|}}{N}{-}\underset{\substack{\|\\O}}{C}\right]_n$$

Polyurethan

55. Nennen Sie zwei Kunststoffe, die durch Polyaddition entstehen.

- Polyurethan (PU), Ausgangsstoffe: Isocyanate + Alkohol
- Epoxidharz (EP), Ausgangsstoffe: Epichlorhydrin + Alkohol

56. In welcher Form wird Polyurethan (PU) im Fahrzeugbau hauptsächlich verwendet? Nennen Sie drei Möglichkeiten und Beispiele dazu.

- Hartschaum zum Ausschäumen von Hohlräumen in der A-, B- oder C-Säule; Weichschaum für Sitzpolster, Kunstlederoberflächen
- Flüssigkeit als flüssiges Bindemittel für Deck- und Klarlack
- fester Kunststoff für Stoßfänger, Spoiler, Kotflügel, Innenraumteile wie Sitzschalen, Knöpfe, Instrumententafeln

57. Nennen Sie vier Beispiele, wo Polyvinylchlorid (PVC) an Fahrzeugen eingesetzt wird und übersetzen Sie ins Englische.

- Lenkrad = steering wheel
- Dach- und Seitenverkleidungen = side cladding
- Sonnenblenden = lens hood
- Bezugsstoff oder Kunstleder = upholstery fabric

58. Erläutern Sie die sogenannte „Weichmacherwanderung" bei PVC-Bauteilen.

Der Weichmacher im PVC entweicht besonders bei großer Wärme aus dem Kunststoff, und dessen Geruch führt oftmals zum Unwohlsein oder beschädigt angrenzende Kunststoffe, indem diese weich werden.

59. Was passiert bei der Polymerisation? Erklären Sie anschaulich.

Moleküle eines einzigen Monomeres liegen mit Doppelbindungen vor; sie sind also ungesättigt. Die Doppelbindungen spalten sich während der chemischen Reaktion auf und so können sich Polymere bilden, die zu Ketten oder einer Knäuelstruktur reagieren.
Dabei lagern sich die Monomere am bestehenden Kettenende mit der dort vorhandenen Doppelbindung an.
Für den Start der Reaktion und den weiteren Verlauf wird zum Teil auch ein Katalysator benötigt (Wärme, Druck, ...). Bei der Reaktion entsteht kein weiteres Spaltprodukt.

$$n\,H_2C{=}\underset{\displaystyle COOR}{\underset{|}{CH}} \xrightarrow{+\text{ Initiator}} \left[CH_2{-}\underset{\displaystyle COOR}{\underset{|}{CH}}\right]_n$$

Acrylsäureester — Polyacrylat

60. Erklären Sie den Begriff „Copolymere".

Copolymere sind Kunststoffe, die bei der Polymerisation aus zwei unterschiedlichen Ausgangs-Monomeren hergestellt werden.

61. Nennen Sie sechs Kunststoffe, die durch Polymerisation entstehen.	• Polyethylen (PE) • Polypropylen (PP) • Polymethylmethacrylat (PMMA) • Acrylnitril-Butadien-Styrol (ABS), dieser Kunststoff ist ein Copolymer • Polystyrol (PS) • Polyvenylchlorid (PVC)
62. Nennen Sie drei Bauteile, die aus Polypropylen (PP) und Polyethylen (PE) bestehen.	• Kotflügel • Batteriekästen • Scheiben vor Instrumenten
63. Was bedeutet das Kürzel „PP-EPDM"?	PP: Polypropylen EPDM: Ethylen-Propylen-Dien-Kautschuk
64. Zählen Sie fünf Bauteile eines Fahrzeugs auf, die aus PP-EPDM hergestellt sind.	• Stoßfänger • Spoiler • Radhausverkleidung • Abdeckungen • seitliche Leisten
65. Was bedeutet das Kürzel „PMMA"?	PMMA: Polymethylmethacrylat, auch bekannt unter den Namen Plexiglas oder Polycarbonat
66. Nennen Sie eine Verwendungsmöglichkeit für PMMA im Fahrzeugbau.	Heck- und Seitenscheiben
67. Vergleichen Sie die technischen Eigenschaften von PMMA mit Glas.	PMMA wiegt nur halb so viel wie Glas, ist aber kratzempfindlich.
68. Erklären Sie, was Acrylnitril-Butadien-Styrol (ABS) für ein Kunststoff ist.	ABS ist ein Copolymer auf der Basis von Styrol, dem bei der Herstellung Acryl-Verbindungen und Butadien zugemischt werden. Er ist ein thermoplastischer Kunststoff.
69. Welche Eigenschaften hat ABS, dass er im Fahrzeugbau besonders oft verwendet wird?	• hohe Schlagfestigkeit • gute Kratzfestigkeit • gute Beständigkeit gegen Chemikalien • matt glänzende Oberfläche
70. Zählen Sie sechs Fahrzeugbauteile auf, die aus ABS gefertigt werden und übersetzen Sie diese ins Englische.	• Spoiler = spoiler • Radkappen = hubcap • Konsolen = console • Instrumentengehäuse = instrument housing • Innen- und Außenspiegelverkleidungen = exterior mirror cap
71. Warum wird für verchromte Kühlergrills und verchromte Zierleisten ABS verwendet?	Dieser Kunststoff lässt sich leicht galvanisieren, also verchromen.

72. Nennen Sie drei Verwendungsmöglichkeiten von Polyamid (PA).

- Spoiler
- Radkappen
- Kühlergrill (engl.: radiator grill)

73. Erklären Sie, wie eine Polykondensation abläuft.

Bei der Polykondensation entsteht ein neuer Stoff durch die Bindung von gleichen oder unterschiedlichen Monomeren.

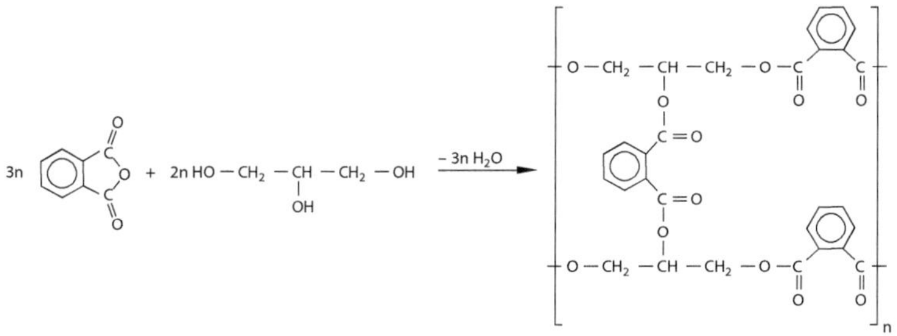

3n Phthalsäureanhydrid + $2n\ HO-CH_2-CH(OH)-CH_2-OH \xrightarrow{-3n\ H_2O}$ Polyester

Phthalsäure-anhydrid Glycerin Polyester

74. Nennen Sie einen bekannten Kunststoff, der mit Polykondensation hergestellt wird.

- Polyester
- Polyamid

75. Wo werden Kunststoffe aus ungesättigtem Polyester (UPE) eingesetzt?

Kunststoffverbundwerkstoffe mit Fasermaterialien aus Glas oder Kohle wie:

- Spoiler
- Stoßfänger
- Heckklappe

76. Nennen Sie zwei Nachteile, die Kunststoffe aus ungesättigtem Polyester haben.

- kaum glatte Oberflächen möglich
- viele Poren
- Lunkerstellen
- schwer zu schleifen durch Glasfasern an der Oberfläche

77. Erklären Sie, was mit dem Fachbegriff „Lunker" gemeint ist.

Lunker sind Lufteinschlüsse in der Kunststoffschicht, die nicht schön aussehen und unter Umständen die Stabilität des Bauteils negativ beeinflussen.

2.1.3.3 Einteilung der polymeren Kunststoffe

78. Wonach werden polymere Kunststoffe beurteilt?

Polymere Kunststoffe werden danach beurteilt, wie sie sich bei Erwärmung verhalten.

79. Nennen Sie die drei Gruppen von polymeren Kunststoffen.

- Thermoplaste (auch Plastomere)
- Duroplaste (auch Duromere)
- Elaste (auch Elastomere)

80. Was versteht man unter dem Begriff „Thermoplaste"?

Kunststoffe, die durch Erwärmung weich oder flüssig werden und sich dann verformen lassen. Nach der Erkaltung bleibt die neue Form stabil. Dieser Vorgang ist wiederholbar.

81. Zählen Sie fünf Eigenschaften auf, die Thermoplaste haben.

- durch Energiezufuhr erst formbar und dann verflüssigbar, ohne dass sie zerstört werden (= thermisch verformbar)
- in einem bestimmten Temperaturbereich schweißbar
- durch verschiedene Verfahren (Spritzen, Gießen, ...) verarbeitbar
- nach dem Abkühlen behält das Bauteil seine neue Form
- Prozess ist umkehrbar, mehrfach wiederholbar (reversibel)

82. Erklären Sie den „Memory-Effekt" bei Thermoplaste.

„Memory" heißt übersetzt: Gedächtnis. Ein Bauteil aus Thermoplast, das nach dem Abkühlen eine neue Form erhalten hat, nimmt nach Erwärmung seine ursprüngliche Form wieder ein. So kann ein verformtes Bauteil rückgeformt werden, indem es einfach erwärmt wird.

83. Erläutern Sie die Eigenschaft der Makromoleküle, die Thermoplaste thermisch verformbar macht.

Die langen Molekülketten lassen sich kaum dreidimensional miteinander verbinden; deswegen sind sie beliebig oft neu ausrichtbar, also formbar.

84. Nennen Sie fünf Beispiele für Thermoplaste.

- Polyethylen (PE)
- Polypropylen (PP)
- Polyvinylchlorid (PVC)
- Polystyrol (PS)
- Polyamid (PA)

85. Was versteht man unter dem Begriff „Duroplaste"?

Duroplaste sind nach der Aushärtung nicht wieder thermisch verformbar; sie sind hart und keramikartig.

86. Erklären Sie anhand der Molekülstruktur, warum Duroplaste nicht wieder geschmolzen werden können.

Duroplaste bilden bei der Aushärtung eine stark vernetzte, dreidimensionale Struktur ihrer Makromoleküle. Die Molekülketten sind mit vielen Knotenpunkten untereinander verbunden. Deswegen können sie nicht wieder gelöst werden, ohne sie zu zerstören.

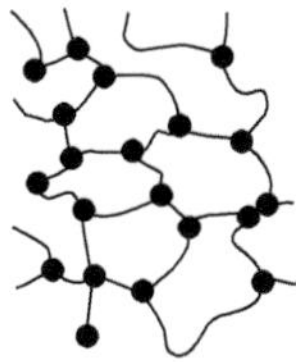

87. Nennen Sie vier Beispiele für Duroplaste.

- Epoxidharze (EP)
- Polyesterharze (PE)
- Polyurethanharze (PU) für Lacke
- Bakelit

88. Nennen Sie Bauteile aus Duroplast, die im Fahrzeugbau verwendet werden.

In Verstärkung mit Fasern (Glas-, Kohlefaser) werden aus Duroplast gefertigt:

- Hauben, Kotflügel, Heckklappen
- Scheinwerfer, Fensterheber, Reflektoren, Motorelemente wie Schutzhauben

89. Nennen Sie den Hauptgrund, warum immer mehr Duroplaste im Fahrzeugbau verwendet werden.

Duroplaste haben eine geringe Dichte, aber dennoch eine sehr hohe mechanische und thermische Stabilität; dadurch sind sie gut geeignet für den Leichtbau.

90. Erklären Sie den Begriff „Elastomere".

Elastische Stoffe, die nach Zug- oder Druckbelastung ihre Ursprungsform wieder einnehmen.

91. Wie kann die Vernetzung der Moleküle von Elaste beschrieben werden?

Ihre Makromoleküle sind nur schwach vernetzt, sodass sie besonders flexibel sind.

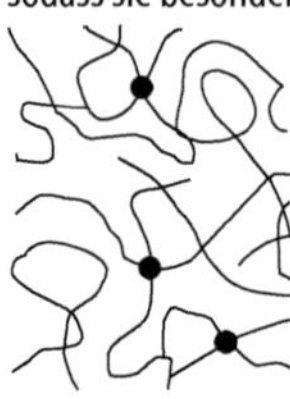

92. Nennen Sie Fachbezeichnungen für Elaste, die in Fahrzeugen eingesetzt werden.

- Styrol-Butadien-Kautschuk (SBR)
- Butadien-Kautschuk (BR) Ethylen
- Propylen-Dien-Kautschuk (EPDM)
- Acrylnitril-Butadien-Kautschuk (NBR)
- Gummimischung von Autoreifen

93. Zählen Sie vier Eigenschaften von Elaste auf, die im Fahrzeugbau benötigt werden.

- ohne Erwärmung mechanisch verformbar
- biegsam und dehnbar
- gehen wegen der schwachen Vernetzung immer wieder in den Ursprungszustand zurück
- werden bei Erwärmung nicht plastisch

94. Nennen Sie Bereiche im Fahrzeugbau, wo Elaste eingesetzt werden.

- Dichtungen an Türen, Heckklappen
- Zusatzfedern im Fahrwerk, Dämpferlager, Stahlfederunterlagen, Anschlagpuffer
- Kabelummantelungen
- Additive in Autoreifen

2.1.3.4 Ökologische Kunststoffe

95. Erklären Sie, was ökologische Kunststoffe sind.

Sie sind zu 100 % aus natürlichen Materialien hergestellt, oder aus einer Kombination von Materialien auf Pflanzen- und Erdölbasis.

96. Nennen Sie zwei Vorteile für die Umwelt, die sich aus dem Einsatz von ökologischen Kunststoffen ergeben.

- Erdölverbrauch wird verringert.
- Je höher der Anteil von organischem Pflanzenmaterial ist, desto weniger CO_2 entsteht bei der Entsorgung der Kunststoffe.

2.1.4 Betriebsstoffe

97. Erklären Sie den Begriff „Betriebsstoffe".

Betriebsstoffe sind notwendig, um Maschinen und Motoren zu betreiben und um Bauteile zu bearbeiten. Sie sind nicht Bestandteil des Endprodukts.

98. Zählen Sie fünf Betriebsstoffe auf, mit den der Fahrzeuglackierer arbeitet.

- Schmierstoffe
- Kühlschmierstoffe
- Schleifmittel
- Flussmittel
- Trennmittel
- Reinigungsmittel

99. Erklären Sie den Begriff „Schmierstoffe".

Schmierschicht zwischen gleitenden Bauteilen, um Reibung und Verschleiß zu vermindern; in Kraftfahrzeugen ist das vor allem das Motoröl.

100. Was versteht man unter dem Begriff „Kühlschmierstoffe"?

- Werkzeug und Werkstück bei der spanabhebenden Bearbeitung kühlen
- gleichzeitig schmieren, vgl. Schmierstoff

101. Erklären Sie den Begriff „Flussmittel".

Zusatzstoff beim Löten, um das Schmelzen der Werkstoffe zu erleichtern und die geschmolzenen Stoffe besser handhaben zu können

102. Erklären Sie den Begriff „Trennmittel".

flüssige Wachse (engl.: wax) und Silikonöle (engl.: silicone oil), die bei der Kunststoff-Formteilherstellung als trennende Schicht zwischen der Werkzeugoberfläche und dem Kunststoff aufgebracht werden

2.2 Verbundwerkstoffe

103. Erklären Sie, was ein Verbundwerkstoff ist.

Werkstoff, der aus mindestens zwei verschiedenen Materialien mit unterschiedlichen Eigenschaften besteht

104. Nennen Sie zwei Beispiele für Verbundwerkstoffe, die im Fahrzeugbau verwendet werden.

- Holz-Verbundwerkstoffe
- faserverstärkte Verbundwerkstoffe

105. Was versteht man unter „Holz-Verbundwerkstoff"?

Platten aus Holz mit Kunststoffbeschichtung

106. Für welche Bauteile an Fahrzeugen wird Holz-Verbundwerkstoff verwendet?

- Kofferaufbauten
- Anhängerboden
- Innenverkleidungen z. B. in Werkstattwagen

107. Erklären Sie den Begriff „faserverstärkter Verbundwerkstoff".

In einem Grundstoff sind Fasern eingelagert; sie verbessern die mechanischen Eigenschaften des Grundstoffs. Besteht der Grundstoff aus Kunststoff, spricht man vom faserverstärkten Kunststoff.

108. Erklären Sie, warum im Fahrzeugbau Stahl immer mehr durch faserverstärkte Kunststoffe ersetzt wird.

Faserverstärkte Kunststoffe

- sind bei ähnlichen mechanischen Eigenschaften leichter als Stahl; somit sind sie sehr gut geeignet zum Leichtbau.
- schonen die natürlichen (endlichen) Ressourcen an Eisenerz

109. Nennen Sie vier faserverstärkte Kunststoffe.

- glasfaserverstärkter Kunststoff (GFK)
- kohlenstofffaserverstärkter Kunststoff (CFK)
- (NFK)
- aramidfaserverstärkter Kunststoff (AFK)

110. Nennen Sie drei Beispiele, bei denen der Fahrzeuglackierer mit GFK zu tun hat.

- als Bindemittel in Spachtelmassen und Klebern
- Karosserieteile, z. B. Stoßfänger und Spoiler
- zum Löcherschließen, Löcherüberbrücken

111. Nennen Sie zwei wesentliche Nachteile, die verhindern, dass CFK noch häufiger im Fahrzeugbau verwendet wird?

- CFK ist sehr aufwendig herzustellen, derzeit gibt es keine automatisierten Prozesse
- sehr hohe Kosten für die Herstellung der Kohlefasermatten
- lange Trocknungs- und Aushärtezeiten
- schlecht recyclingfähig
- schwer zu entsorgen

112. Für welche Bauteile am Fahrzeug wird CFK eingesetzt?

Karosserien oder Karosserieteile, wegen der Nachteile aber derzeit nur in hochpreisigen Pkws, in Rennwagen oder im Sportwagen-Prototypenbau

113. Welche Fasern werden in naturfaserverstärkten Verbundwerkstoffen (NFK) eingelagert?

- Baumwollfasern
- Hanffasern
- Flachsfasern

114. Für welche Bauteile am Fahrzeug werden NFK eingesetzt? Nennen sie drei Beispiele.

- Fahrerkabinen von Lkws
- Innenverkleidungen
- Ersatzradmulde

2.3 Textilien

115. Erklären Sie den Begriff „Textil".

Das Wort „Textil" stammt aus dem Lateinischen und bedeutet so viel wie: geflochten, gewebt (lat.: textilis). Textilien sind also Materialien, die aus gewebten und geflochtenen Fasern oder Fäden bestehen. Die verwendeten Fäden können natürlichen Ursprungs sein (Schafs- oder Baumwolle) oder aus Kunststoffen (Acryl, Nylon) bestehen.

116. Nennen Sie den englischen Begriff für „Textil".

textiles

117. Nennen Sie vier Textilien, die im Fahrzeugbau verwendet werden.

- Fasern für faserverstärkte Verbundwerkstoffe
- Gewebe
- Vlies
- Kunstleder

2.3.1 Gewebe

118. Erklären Sie den Begriff „Gewebe".

Alle gewebten Untergründe, die zweidimensional sind und ein stoffartiges Aussehen haben, also Stoffe, die aus langen Fäden miteinander verwoben sind und an Kleidungstücke erinnern.

119. In welchen Bereichen des Fahrzeugs hat der Fahrzeuglackierer hauptsächlich mit Gewebe zu tun?

- im Innenraum: Boden, Sitze
- außen: Dach von Cabriolets, Planen von Anhängern und Lkws

120. Nennen Sie drei verschiedene Gewebearten.

Gaze, Velours, Vlies

121. Erklären Sie den Begriff „Gaze".

Ein leichtes Gewebe mit sehr weiten Maschen.

122. Wo wird Gaze bei der Fahrzeugreparatur verwendet?

- Bei der Reparatur eines Risses in einem Kunststoffbauteil, damit die reparierte Stelle nicht wieder reißt.
- Kleben: In den 2K-Kunststoffkleber wird ein Streifen Gaze aus Glas hineingelegt.
- Schweißen: In den heißen und flüssigen Kunststoff wird Gaze aus Edelstahl gepresst.

123. Nennen Sie drei Formen von Glasfasern, wie sie zur Reparaturlackierung verwendet werden.

- Matte
- Vließ oder
- Gewebe

124. Kann man das Glasfasergewebe alleine verarbeiten?

Nein, es wird immer in Verbindung mit flüssigem Harz und der Härterkomponente verarbeitet.

125. Nennen Sie zwei Verwendungszwecke für die mit Glasfasern verstärkten Kunststoffe.

- zur Überbrückung von Durchrostungen
- bei der Anpassung an bestehende Karosserieformen

126. Erklären Sie den Begriff „Velours".

Stoff, bei dem feine Härchen vom Trägermaterial senkrecht nach oben stehen; diese Härchen werden auch Flor genannt. Je feiner die Härchen sind, desto samtiger erscheint die Oberfläche.

127. Erklären Sie den Begriff „Mikrofaserstoff".

Velours, der mit mikroskopisch kleinen Härchen aus Kunststoff besetzt ist.

128. Erklären Sie, warum Mikrofaserstoffe relativ pflegeleicht sind.

Mikrofasern sind dünn; so können sehr viele Fasern auf einer bestimmten Fläche aufgebracht werden. Das ergibt eine große Oberfläche, die Flüssigkeiten aufnehmen kann, aber an der fester Schmutz und Staub nicht haften.

129. Was ist ein Alcantara®?

Alcantara® ist der geschützte Name für ein Mikrofasergewebe aus Polyurethan und Polyester.

130. Durch welche neun Eigenschaften ist Mikrofaserstoff als Belagsstoff in Fahrzeugen gut geeignet?

- große Farbvariationen möglich
- antistatisch
- gute Haptik (sehr weich und anschmiegsam)
- strapazierfähig
- gut zu reinigen
- atmungsaktiv
- elastisch
- nicht allergieauslösend
- faltenfreie Verarbeitung

2.3.2 Vlies

131. Erklären Sie den Begriff „Vlies".

Vlies besteht aus einzelnen kurzen Fasern, die ohne Richtung, also wirr, übereinandergelegt und dann miteinander verfilzt sind.
Die Fasern können Naturfasern (Wolle, Tierhaare, Seide, Baumwolle usw.) sein oder Kunststofffasern (PVC, PP, PE usw.).

132. Nennen Sie den bekanntesten Vlies.

Filz

133. Zählen Sie vier Bereiche auf, in denen Vlies im Fahrzeug verwendet wird.

- Fahrzeuginnenausstattung
- Bodenbelag
- Zwischenmaterial in Kfz-Sitzen
- Innenschicht für Teppiche

2.3.3 Kunstleder

134. Erläutern Sie den Begriff „Kunstleder".

Kunstleder besteht aus einem Gewebe, das mit einer Schicht aus weichem, geschäumtem Kunststoff überzogen ist. Das Gewebe kann aus Kunstfasern oder Naturfasern bestehen.
Die Kunststoffschicht besteht meist aus weichem PVC; hochwertige Kunstleder bestehen aus Polyurethan.

135. Übersetzen Sie ins Englische: Kunstleder.

leatherette

136. Zählen Sie sechs nützliche Eigenschaften von Kunstleder auf.

- lange haltbar
- täuschend echte, lederähnliche Oberfläche
- gut verarbeitbar (nähen, kleben, schweißen)
- dehnbar
- abriebfest
- pflegeleicht

137. Nennen Sie Bereiche im Fahrzeug, in denen Kunstleder verarbeitet wird.

Bereiche, die u. U. mit Wasser in Berührung kommen wie der Überzug von Armaturenbrettern, Motorradsitzbänke

138. Nennen Sie vier Nachteile, die Kunstleder hat.

- Kunstleder aus PVC enthält viele Weichmacher; sie können unangenehm riechen.
- Die Weichmacher wandern mit der Zeit aus und der Kunststoff wird hart und spröde, diese Schäden kann man nicht reparieren.
- Farbe, z. B. von einem Kugelschreiber, kann aus Kunstleder nicht wieder entfernt werden.
- Für die Herstellung von Kunstleder wird Erdöl verbraucht.

2.4 Bezugsstoffe

139. Erklären sie den Begriff „Bezugsstoff".

Bezugsstoffe sind feste Materialien, mit denen Oberflächen eines Fahrzeugs bezogen oder beklebt werden. Sie unterscheiden sich durch ihr Material, ihre Herstellung und die Schichtdicke von den flüssigen Lackierungsmaterialien.

140. Erklären Sie, warum Oberflächen in Fahrzeugen mit Stoffen bezogen werden sollten.

Überall dort, wo Oberflächen starken mechanischen Kräften ausgesetzt sind, müssen die Flächen geschützt werden, weil sie sonst Schaden nehmen würden. Beispiele: Boden, Sitzpolster, seitliche Türflächen.
Viele Teile in modernen Fahrzeugen bestehen aus unansehnlichen Kunststoffen.
Diese Materialien werden mit Bezugsstoff bezogen, damit der Eindruck eines sehr hochwertigen Teils oder Materials entsteht.

141. Warum muss der Fahrzeuglackierer Kenntnisse über Bezugsstoffe haben?

Um am Markt bestehen zu können, sollte der Fahrzeuglackierer sein Angebot ständig der Nachfrage anpassen und zurzeit wächst der Markt der Fahrzeugaufbereitung stetig.
Wenn das Kundenfahrzeug schon zum Lackieren in die Werkstatt kommt, dann sollte der Fahrzeuglackierer die Gelegenheit nutzen, auch gleich Fahrzeugpflege und Fahrzeugaufbereitung anzubieten, um seine Situation im Wettbewerb zu verbessern.

142. Nennen Sie drei unterschiedliche Gruppen von Bezugsstoffen.

- Gewebe: natürliche Stoffe, künstliche Stoffe, Kunstleder
- geknüpfte Textilien, Fußboden
- Leder: natürliches Leder,
- Kunststoffe: Folien aus PVC, PUR

2.5 Gesetze, Verordnungen und Richtlinien

2.5.1 Gesetze, Normen und Verordnungen

143. Welches deutsche Gesetz zum Arbeitsschutz setzt geltende EU-Richtlinien um? Nennen Sie auch die Abkürzung für das Gesetz.

das Arbeitsschutzgesetz (ArbSchG)

144. Erklären Sie den Begriff „Verordnungen".

Verordnungen werden nicht vom Parlament, der Judikative, sondern von der jeweils zuständigen Exekutive erlassen, z. B. von den entsprechenden Behörden. Deswegen spricht man bei Verordnungen auch von „exekutivem Recht".

145. Nennen Sie fünf gültige Verordnungen, die auf Grundlage des ArbSchG erlassen wurden.

- Arbeitsstättenverordnung
- Gefahrstoffverordnung
- PSA-Benutzungsverordnung
- Lärmarbeitsschutzverordnung
- Betriebssicherheitsverordnung (BetrSichV)

146. Nennen Sie die zwei Institutionen, die in Deutschland den Arbeitsschutz überwachen.

- die Aufsichtsbehörden der Bundesländer wie Gewerbeaufsichtsämter, Landesämter für Arbeitsschutz
- die Träger der gesetzlichen Unfallversicherung (Berufsgenossenschaften)

147. Erklären Sie, was eine gewerbliche Berufsgenossenschaft ist.

gesetzliche Sozialversicherung, die für die gesetzliche Unfallversicherung im Handwerk zuständig ist; sie ist eine sogenannte „Körperschaft des öffentlichen Rechts"

148. Nennen Sie drei wesentliche Ziele bzw. Aufgaben der gewerblichen Berufsgenossenschaft.

- berufsbedingte Gesundheitsgefahren und Unfälle im Handwerk verhüten
- Berufskrankheiten vermeiden
- nach einem Arbeitsunfall medizinische Hilfe leisten und Betroffene in das Berufsleben zurückführen
- Unfall- und Krankheitsfolgen finanziell ausgleichen

149. Nennen Sie zwei Maßnahmen, mit denen die Berufsgenossenschaft diese Ziele zu erreichen sucht.

Die Berufsgenossenschaft

- gibt verbindliche Unfallverhütungsvorschriften (UVV) für die entsprechenden Gewerke heraus
- erstellt Betriebsanweisungen

150. Erklären Sie, wie sich die Berufsgenossenschaften finanzieren.

Für alle Unternehmen in Deutschland besteht eine Pflichtmitgliedschaft, je nach Wirtschaftszweig (gewerblich oder landwirtschaftlich).

151. Wie werden die Empfehlungen und technischen Vorschläge genannt, die die Einhaltung des Arbeitsschutzgesetzes unterstützen?

Technische Regeln (TR); sie sind keine gesetzlichen Vorschriften, können jedoch gleichsam Gesetzeskraft erhalten.

152. Nennen Sie zwei technische Regeln, die im Bereich des Fahrzeuglackierers gelten und auch die entsprechende Abkürzung für diese Regel.

- TRGS – Technische Regeln für Gefahrstoffe
- TRBS – Technische Regeln für Betriebssicherheit

153. Erklären Sie den Unterschied zwischen einer EU-Richtlinie und einer EU-Verordnung, die durch die Europäische Union zum Arbeitsschutz erlassen werden.

- EU-Richtlinie: Zu ihrer Umsetzung ist nach deutschem Recht ein Gesetz oder eine nationale Verordnung notwendig; zum Arbeitsschutz gibt es zzt. nur EU-Richtlinien.
- EU-Verordnungen sind unmittelbar wirksam und verbindlich und müssen nicht durch nationale Gesetzgebung umgesetzt werden. Zum Arbeitsschutz gibt es zurzeit keine international geltenden EU-Verordnungen.

154. Erklären Sie, was Normen sind.

Normen sind Regelungen, die der Vereinheitlichung und der Einhaltung von gleichen Standards dienen. Sie können national oder international Gültigkeit haben.

155. Erklären Sie, was die Abkürzung für „ISO" bedeutet und welche Organisation dahinter steht.

ISO = internationale Organisation für Normung (engl.: International Organization for Standardization)
Sie ist die internationale Vereinigung von nationalen Normungsorganisationen. Sie erarbeitet seit 1946 internationale Normen in allen Bereichen (Ausnahmen: Elektrik, Elektronik und Telekommunikation). In Deutschland arbeitet das Deutsche Institut für Normung e. V. (DIN) mit der ISO zusammen.

156. Erklären Sie, was es allgemein für einen Handwerksbetrieb bedeutet, wenn er nach „DIN EN ISO 9000" zertifiziert ist.

Dieser Betrieb hält sich an eine Reihe von internationalen Normen für Qualitätsmanagementsysteme aus eben dieser Norm DIN EN ISO 9000.

157. Nennen Sie sechs Grundregeln für Qualitätsmanagement innerhalb eines Betriebs.

- Kundenorientierung
- Verantwortlichkeit der Betriebsleitung
- Einbinden der Arbeitnehmer in die Betriebsabläufe
- prozessorientiertes Arbeiten
- kontinuierliche Verbesserung
- gute Beziehungen zu Lieferanten zum gegenseitigen Nutzen

158. Was ist der Nutzen einer solchen Zertifizierung?

Sie soll das gegenseitige Verständnis auf nationaler und internationaler Ebene erleichtern, wenn Betriebe nach vergleichbaren Qualitätsstandards arbeiten.

2.5.2 Gesetze zum Umweltschutz

159. Warum sollten organische Lösemittel in Flüssigkeiten reduziert werden?

Damit Mensch und Umwelt vor diesen Stoffen geschützt werden.

160. Nennen Sie zwei Möglichkeiten, organische Lösemittel in einer Flüssigkeit zu reduzieren.

- die organischen Löse- oder Verdünnungsmittel durch Wasser ersetzen
- den Festkörperanteil erhöhen, z. B. High-Solid-Lacke (HS-Lacke)

2.5.3 Verordnung zum Schutz vor Gefahrstoffen

161. Nennen Sie die vier allgemeinen Maßnahmen, die der Begriff „Gesundheitsschutz" bezeichnet.

Er bezeichnet alle rechtlichen, technischen, medizinischen und organisatorischen Maßnahmen, um die Gesundheit von Arbeitnehmern zu schützen.

162. Nennen Sie vier Einflüsse, die die Gesundheit des Menschen am Arbeitsplatz beeinträchtigen können, und geben sie je ein Beispiel an.

- raumspezifische Einflüsse: Größe des Raums, Lüftung, Sonnenschutz
- chemische Einflüsse: organische Lösemittel, Ausdünstungen
- mikrobielle Einflüsse: Belastungen aus Klimaanlagen, z. B. Bakterien
- physikalische Einflüsse: Licht, Luftfeuchtigkeit, Temperatur, Lärm

163. Nennen Sie Gebinde, in denen organische Löse- und Verdünnungsmittel gelagert werden dürfen.

Organische Löse- und Verdünnungsmittel müssen im geschlossenen Zustand gelagert werden, z. B. in einem Spezialgebinde aus Metall oder Kunststoff.

164. Wie werden organische Lösemittel nach ihrer Gefahr für Mensch und Umwelt eingeteilt?

Sie sind in Gefahrenklassen nach der Betriebssicherheitsverordnung (BetrSichV) eingeordnet, ehemals: Verordnung für brennbare Flüssigkeiten VbF

165. Wo kann der Fahrzeuglackierer nachlesen, ob ein Stoff gefährlich ist?

Gefahrstoffverordnung (GefStoffV); sie hat die alte Arbeitsstoffverordnung (ArbStoffVO) abgelöst.

166. Nennen Sie die zwei Gesetze, die als Grundlage für die GefStoffV dienen, und nennen Sie die jeweilige Abkürzung dafür.

- Arbeitsschutzgesetz (ArbSchG)
- Chemikaliengesetz (ChemG)

167. Nennen Sie die englische Bezeichnung und die deutsche Übersetzung für die neuen Sicherheitshinweise.

P-Hinweise, bedeutet: precautionary statements (engl.): Sicherheitshinweise

168. Was beschreiben diese Hinweise?

empfohlene Maßnahmen, um schädliche Wirkungen eines Stoffes oder eines Stoffgemisches bei seiner Verwendung oder Beseitigung zu vermeiden und zu begrenzen

169. Was setzen die Technischen Regeln für Gefahrstoffe (TRGS 900) fest?

Arbeitsplatzgrenzwert (AGW)

170. Erklären Sie den Begriff „Arbeitsplatzgrenzwert".

Die AGW sind Mittelwerte für die Konzentration eines Stoffes als Gas, Dampf oder Schwebstoff in der Luft am Arbeitsplatz, bei welcher akute oder chronische Schäden an der Gesundheit nicht zu erwarten sind.
Damit ersetzt der AGW den lange bekannten und verwendeten MAK-Wert.

171. Wie lang ist die Dauer der Tätigkeit an einem Tag und an wie vielen Tagen in der Woche gelten diese Werte?

- für eine achtstündige Tätigkeit
- an fünf Tagen in der Woche

172. Nennen Sie die Maßeinheit, in der die Konzentration eines Stoffes angegeben wird.

- in mg/m^3 oder in ml/m^3
- statt ml/m^3 auch: ppm möglich

ppm = parts per million (Teile pro Million)

173. Nennen Sie zwei Arbeiten während einer Reparaturlackierung, bei denen die AGW überschritten werden können.

- Schleifarbeiten
- Lackierarbeiten
- Spritzarbeiten

174. Was bedeutet folgender Hinweis in einem technischen Merkblatt eines Lackherstellers?

Mischung enthält > 0,15 % Blei

175. Nennen Sie drei Räume, in denen **nicht** gelagert werden dürfen.

- in Arbeitsräumen
- in Durchgängen
- in Treppenhäusern

176. Erklären Sie die Bedeutung des Begriffs „Lösemittelemission"?

Luftverunreinigungen, Verunreinigungen der Luft durch organische Lösemitteldämpfe
Emission = emittere (lat.): herausschicken

177. Erläutern Sie, was die „VOC-Norm" ist und was sie bewirken soll.

EU-Richtlinie, mit der die Lösemittelemissionen, die zum Entstehen des schädlichen Ozons beitragen, europaweit spürbar reduziert werden sollen; die sogenannte „EU-Lösemittel-Richtlinie".

178. Zeigen Sie auf, warum von dieser Regelung alle Fahrzeugreparaturlackierbetriebe in Deutschland betroffen sind.

Sie mussten bis 2007 ihre Arbeitsweisen, Produkte und technischen Einrichtungen umstellen, um die VOC-Richtlinien erfüllen zu können.

179. Erklären Sie kurz, was in der „EU-Lösemittel-Richtlinie" steht.

Sie legt die Reduzierung von Lösemittelemissionen in der industriellen und gewerblichen Fahrzeuglackierung fest. In mehreren Schritten müssen bis November 2007 alle Lackieranlagen die VOC-Richtlinien erfüllen. Sie entspricht der VOC-Richtlinie der Europäischen Union vom März 1999.

180. Welche Kennzeichnung ist ab 2015 europaweit bzw. sogar weltweit vorgeschrieben?

Es muss die von den Vereinten Nationen (UN) erarbeitete, weltweit harmonisierte Kennzeichnung verwendet werden. Ausnahmen nur für Lagerbestände.

181. Nennen Sie die englische Bezeichnung, die Abkürzung und die deutsche Übersetzung für dieses Kennzeichnugssystem.

Globally Harmonized System of Classification and Labelling of Chemicals, kurz: GHS.
Übersetzt heißt das: weltweit harmonisiertes System zur Einstufung und Kennzeichnung von Chemikalien (GHS)

182. Nennen Sie die zwei Kennzeichen, die ein Stoff oder ein Stoffgemisch nach der GHS haben muss.

- Gefahrensymbole (Piktogramm)
- Gefahr- und Sicherheitshinweise

Beispiele:

Ätzend: Kontakt vermeiden; Schutzbrille und Handschuhe tragen. Bei Kontakt Augen und Haut mit Wasser spülen.

Gesundheitsgefährdend: Vor der Arbeit mit solchen Stoffen muss man sich gut informieren; Schutzkleidung und Handschuhe, Augen- und Mundschutz oder Atemschutz tragen.

2.5.4 Richtlinien zur Unfallverhütung

2.5.4.1 Allgemeines zu Richtlinien zur Unfallverhütung

183. Nennen Sie vier Maßnahmen, welche die Gesundheit der Arbeitnehmer schützt.

- Arbeitnehmer unterweisen
- Persönlicher Schutzausrüstung (PSA) tragen
- Gefahrenzeichen/Sicherheitshinweisen im Werkstattbereich anbringen
- Freisetzung von gefährlichen Stoffen vermeiden, z. B. indem wasserverdünnbare Materialien verwendet werden
- bauliche Maßnahmen; z. B. Absaugung von verschmutzter Luft, Tageslichtlampen

184. Nennen Sie sechs Bereiche oder Inhalte, zu denen Unterweisungen durchgeführt werden müssen.

- Unfallverhütungsvorschriften
- Sicherheitsdatenblätter
- technische Merkblätter
- Betriebsanweisungen
- Bedienungsanleitungen
- persönliche Schutzausrüstung

185. Muss ein Nachweis über eine Unterweisung geführt werden?

Ja, eine Teilnahme muss
- schriftlich dokumentiert (durch Unterschrift) und
- zwei Jahre aufbewahrt werden.

186. Erklären Sie, was eine Betriebsanweisung ist?

schriftliche Anweisung, die ausschließlich aus den Gefahren erstellt wird, die von Materialien, Maschinen und technischen Anlagen ausgeht.

187. Nennen Sie fünf Inhalte, die diese Betriebsanweisung enthalten sollte.

- Gefahren für Menschen und Umwelt
- Schutzmaßnahmen und Verhaltensregeln
- Verhalten bei Unfällen
- Erste-Hilfe-Maßnahmen
- sachgerechte Entsorgung
- Folgen der Nichtbeachtung

188. Wer muss eine Betriebsanweisung erstellen?

der Betriebsinhaber

189. Erklären Sie, was technische Merkblätter sind.

schriftliche Informationen des Herstellers für den Verarbeiter

190. Nennen Sie sieben Inhalte von technischen Merkblättern.

spezifische, anwendungstechnische Informationen zu:
- Untergrund
- Auftragsart
- Verarbeitungszeit
- Schichtdicke
- Trocknung
- Verträglichkeit mit anderen Materialien
- Kenndaten (Festkörperanteil, ...)

191. Zählen Sie auf, was ein Sicherheitsdatenblatt (SDB) ist?

Informationsblatt
- über einen gefährlichen Stoff (Chemikalie)
- mit kurzen und übersichtlichen Informationen über den Stoff (das Produkt)
- über die gesamte Lieferkette hinweg soll es vorhanden sein

192. Übersetzen Sie „Sicherheitsdatenblatt" ins Englische.

Material Safety Data Sheets (MSDS)

193. Nennen Sie zwölf Angaben, die im Sicherheitsdatenblatt aufgeführt sein müssen.

- Stoffbezeichnung
- Zubereitungsbezeichnung
- Firmenbezeichnung
- mögliche Gefahren
- Zusammensetzung
- Angaben von Bestandteilen
- persönliche Schutzausrüstungen
- Erste-Hilfe-Maßnahmen
- Maßnahmen zur Brandbekämpfung
- physikalisch-chemische Eigenschaften
- Angaben zur Toxikologie
- Angaben zur Ökologie, Transport, Entsorgung

194. Wie bekommt man ein Sicherheitsdatenblatt?

- Berufsmäßige Verwender erhalten es bei der ersten Lieferung kostenlos und in deutscher Sprache vom Lieferanten.
- Privatpersonen erhalten es kostenlos bei Nachfrage vom Verkaufspersonal.

2.5.4.2 Unfallverhütung beim Umgang mit elektrischem Strom

195. Worauf muss der Betriebsbesitzer achten, damit der Arbeitsplatz den Vorschriften für den Umgang mit elektrischen Anlagen und Betriebsmitteln entspricht?

- Die Anlagen dürfen nur von einer Elektrofachkraft oder unter Leitung und Aufsicht einer Elektrofachkraft den elektrotechnischen Regeln entsprechend errichtet, geändert und instand gehalten werden.
- Die elektrischen Anlagen müssen den elektrotechnischen Regeln entsprechend betrieben werden.
- Sie müssen sich in sicherem Zustand befinden und sind in diesem Zustand zu erhalten.

196. Welche zwei Gefährdungen entstehen beim Umgang mit elektrischem Strom?

Gefährdung durch:
- elektrischen Schlag
- Störlichtbogen, Lichtbogen

197. Beschreiben Sie, was die „Erdung" an stromführenden Geräten/Einrichtungen ist?

die durchgehende elektrische Verbindung aller nicht zum Stromkreis gehörenden Metallteile mit der Erde

198. Warum muss geerdet werden?

Die Erdung verhindert hohe Berührungsspannungen an den elektrisch leitfähigen Geräteteilen (z. B. Gehäusen) im Fehlerfall.

199. Was muss man machen, wenn ein Mangel an einem elektrischen Gerät oder an einer elektrischen Maschine festgestellt wird?

- Gerät/Maschine muss sofort vom Stromnetz getrennt werden.
- Der Betriebsinhaber muss unverzüglich dafür sorgen, dass keine Gefahr mehr davon ausgehen kann.
- Der Schaden muss sofort behoben werden.

200. Wann muss der elektrisch betriebene Exzenterschleifer geprüft werden?

immer vor Arbeitsbeginn

201. Wer ist verpflichtet, Erste Hilfe zu leisten?

jeder Mensch, der bei Unglücksfällen anwesend ist und es ihm zuzumuten ist, aber nur, wenn keine eigene Gefährdung der Ersthelfer besteht

202. Nennen Sie zwei Maßnahmen, die im ArbSchG § 10 (Arbeitsschutzgesetz) stehen, zu denen der Arbeitgeber verpflichtet ist.

Maßnahmen treffen zur:
- Erste Hilfe
- Brandbekämpfung
- Evakuierung

203. Wovon hängt der Umfang dieser Maßnahmen ab?

- Art der Arbeitsstätte
- Art der Tätigkeiten
- Anzahl der Beschäftigten

204. Was ist bei einem Notfall zu tun?

Zuerst einen Überblick über die Unfallsituation verschaffen.
Besonders bei einem Unfall durch elektrischen Strom hilft man nicht, wenn man sich selbst in Gefahr bringt.

205. Zählen Sie vier Fragen auf, die zunächst zur allgemeinen Klärung einer Gefahrensituation nach einem Unfall beantwortet werden sollten.

- Welche Gefahren haben zum Unfall geführt (elektrischer Strom, Gefahrstoffe, Brand, Explosion)?
- Sind die Gefahrenquellen noch aktiv (elektrischer Strom!)?
- Wie groß ist die Gefahrenzone?
- Wer befindet sich noch in der Gefahrenzone?

206. Nennen Sie die Schritte, die für die Erste Hilfe notwendig sind.

- Ruhe bewahren
- Unfallstelle sichern
- eigene Sicherheit beachten
- Betroffenen aus dem Gefahrenbereich retten (nicht bei Unfall durch elektrischen Strom)
- Gefahrenbereich absperren, sodass keine weiteren Personen gefährdet werden

207. Nennen Sie die Angaben bei einem Notruf in ihrer richtigen Reihenfolge.

1. WER meldet?
2. WO ist der Unfall geschehen? Ort, Straße mit Hausnummer, Firma, Betriebsteil, Gebäude, Etage, Raum
3. WAS ist geschehen? Verletzungen durch elektrischen Strom, Vergiftung, Unfall, Feuer, Explosion, eingeklemmte Personen, besondere Gefahren usw.
4. WIE VIELE Verletzte gibt es?
5. WELCHE ART von Verletzungen? Bewusstlosigkeit, Atemstillstand, Herz-Kreislauf-Stillstand, starke Blutungen, Verbrennungen usw.

208. Zählen Sie Maßnahmen auf, die schon als Erste-Hilfe-Maßnahmen ausreichend sind.

Den/die Verletzten:

- vor Wärmeverlust schützen (Decke)
- ihn betreuen und sich ihm zuwenden
- ständig die Atmung und den Kreislauf kontrollieren
- Feuerwehr oder Krankenwagen einweisen
- Schaulustige abweisen

209. Nennen Sie Verhaltensweisen, die bei Unfällen mit elektrischem Strom zu beachten sind.

- sich selbst schützen
- den Strom unterbrechen
- Sicherheitsabstand von mindestens 5 Metern einhalten

210. Was sind erste Maßnahmen, die bei einem Unfall mit elektrischem Strom sofort eingeleitet werden müssen?

- Stromkreis unterbrechen oder Verletzten mit einem nicht leitenden Gegenstand (Holzstiel) von der Spannung trennen
- brennende Kleider löschen
- Rettungsdienst benachrichtigen
- Erste-Hilfe-Maßnahmen einleiten

2.5.4.3 Unfallverhütung beim Arbeiten auf Leitern und Tritten

211. Bei welchen Arbeiten in der Lackierwerkstatt werden Leitern oder Tritte verwendet?

allgemein bei Arbeiten in größerer Höhe, also bei der Bearbeitung von Dächern und Seitenwänden
- bei Bussen
- an Lkws
- an Kleintransportern

212. Übersetzen Sie „Leiter" ins Englische.

ladder

213. Zählen Sie auf, was bei der Arbeit mit Leitern allgemein zu beachten ist.

- Informationen aus Piktogrammen und zusätzlichen Hinweisen des Herstellers müssen beachtet werden
- Leitern nur dafür verwenden, wofür sie vorgesehen sind
- Leitern auswählen nach den Arbeits- und Umgebungsbedingungen, der Bauart, der Stabilität, der Traglast und der Standsicherheit
- Leiter in der richtigen Körperhaltung tragen und bedienen (rückenschonend)

214. Nennen Sie sechs Maßnahmen, um sicher mit Leitern zu arbeiten und Unfälle zu vermeiden.

- gegen Umstürzen sichern
- gegen Umstoßen sichern (an Wegen z. B. mit Absperrungen oder Warnposten)
- gegen Verrutschen sichern (gummierter Holmfuß)
- während der Benutzung standsicher und sicher begehbar
- auf einem tragfähigen, unbeweglichen und angemessen dimensionierten Untergrund aufstellen
- die Sprossen müssen in horizontaler Stellung bleiben

215. Müssen die Beschäftigten beim Umgang mit Leitern eingewiesen sein? Erläutern Sie.

Ja, sie müssen in „angemessener Weise" mit dem Umgang mit den Leitern unterwiesen sein.
Es sind die an der Leiter angebrachten oder die mit der Leiter zur Verfügung gestellten Benutzungsanleitungen und ggf. Betriebsanweisungen zu berücksichtigen.

216. Welche Maßnahmen muss der Arbeitgeber treffen, damit der sichere Umgang mit Leitern gewährleistet ist?

Der Arbeitgeber
- hat sicherzustellen, dass die Leitern in einem ordnungsgemäßen Zustand sind
- muss die Beschäftigten darüber informieren, dass Beschädigungen der Leitern vor der Benutzung zu melden sind
- muss dafür sorgen, dass beschädigte Leitern sofort entfernt werden

2.5.4.4 Unfallverhütung beim Arbeiten auf Gerüsten

217. Zählen Sie auf, wann es sinnvoll ist, mit Gerüsten zu arbeiten?

Allgemein bei Arbeiten in größerer Höhe, also bei der Bearbeitung von Dächern und Seitenwänden bei Bussen, an Lkws und Kleintransportern, wenn
- mehrere Mitarbeiter gleichzeitig arbeiten müssen
- in der Höhe die Arbeiten für einen längeren Zeitraum an einem festen Platz ausgeführt werden

218. Nennen Sie sieben Anforderungen, die ein fahrbares Gerüst erfüllen muss.

- von Hand auf fester, ebener Aufstellfläche fahrbar
- dreiteiliger Seitenschutz
- vorgeschriebene Maße dürfen nicht überschritten sein
- freistehend nutzbar
- eine oder mehrere Belagflächen
- sichere Zugang zur Arbeitsfläche (innenliegend)
- mindestens vier Fahrrollen

2.5.4.5 Zeichen zur Unfallverhütung

219. Nennen Sie vier Arten von Zeichen, die Unfälle verhüten sollen.

- Gebotszeichen
- Verbotszeichen
- Gefahrensymbole
- Warnzeichen

220. Was sind Gebotszeichen?

Sicherheitszeichen, die auf ein Gebot hinweisen

221. Übersetzen Sie ins Englische: Gebotszeichen.

commanded sign

222. Wo müssen diese Gebotszeichen angebracht sein?

an Gefahrenstellen, dabei müssen sie:
- gut sichtbar sein
- deutlich einsehbar sein, auch wenn die Sicht auf die Zeichen kurzfristig eingeschränkt ist

223. Beschreiben Sie das Aussehen von Gebotszeichen in Farbe und Form.

- rund
- blauer Hintergrund
- weiße Umrandung
- eindeutiges, weißes Symbol

Beispiel:

Atemschutz benutzen

224. Was ist ein Verbotszeichen?

Sicherheitszeichen, das ein Verhalten verbietet, wenn dadurch eine Gefahr entstehen kann, z. B. „Rauchen verboten"

225. Übersetzen Sie ins Englische: Verbotszeichen.

prohibition sign

226. Beschreiben Sie die Verbotszeichen, wie sie nach Form und Farben festgelegt sind.

Die Piktogramme sind schwarz und befinden sich auf einem runden Schild mit weißem Hintergrund. Ein dicker roter Querbalken (von links oben nach rechts unten) durchstreicht das Piktogramm.
Beispiel:

Keine offene Flamme; Feuer, offene Zündquelle und Rauchen verboten

227. Erklären Sie, was Gefahrensymbole sind.

Piktogramme, die gut sichtbar auf einem Stoff (oder dessen Behältnis) angebracht sein müssen, und auf Gefahren hinweisen, die von diesem Stoff ausgehen können.

228. Übersetzen Sie ins Englische: Gefahrensymbol.

danger symbols

229. Beschreiben Sie das Aussehen (Farbe und Form) der Gefahrensymbole des neuen GHS-Systems.

Sie sind rautenförmig, rot umrandet, auf weißem Grund. Die Zeichnung in der Mitte ist schwarz. Ein Signalwort gibt einen Hinweis auf die dargestellte Gefahr.
Beispiel:

leicht- oder hochentzündlich (Gefahr)

230. Erläutern Sie, was Warnzeichen bewirken sollen.

Warnzeichen sollen vor möglichen Gefahren warnen.

231. Übersetzen Sie ins Englische: Warnzeichen.

warning sign

232. Wie sehen Warnzeichen aus?

Warnzeichen sind stehende Dreiecke, die gelb mit einer schwarzen Umrandung sind. In der Mitte befindet sich ein schwarzes Piktogramm mit dem Warnhinweis.
Beispiel:

Warnung vor giftigen Stoffen

3 Oberflächen und Objekte herstellen

3.1 Abdecken und Abkleben

1. Warum müssen Teile der Karosserie vor der Reparaturarbeit abgedeckt werden?

Sie sollen nicht beschädigt und nicht beschmutzt werden.

2. Welche Karosserieteile werden abgedeckt?

- Flächen, die nicht demontiert werden können oder müssen, z. B. Dach, Räder
- Spalten, Kanten, Bohrungen, Gewinde

3. Nennen Sie Materialien, mit denen abgedeckt werden kann.

- Papier
- Kunststofffolie
- flüssige Abdeckfolie
- wiederverwendbare Abdeckhauben

4. Nennen Sie Eigenschaften, die Abdeckpapier haben muss.

- dichte Oberfläche (Poren versiegelt)
- Oberflächenveredelung auf beiden Seiten
- keine losen Fasern
- Geschmeidigkeit
- hohe Nassfestigkeit

5. Warum muss Kunststofffolie zum Abdecken von Karosserieteilen lösemittelresistent sein?

damit die Lösemittel aus den Lackmaterialien die Folie nicht lösen

6. Zählen Sie sechs besondere Eigenschaften von Abdeckfolie aus Kunststoff auf.

- schützt vor Staub
- Material haftet nicht an
- spezielle Faltung möglich
- leicht
- nicht umweltfreundlich
- nur bedingt hitzebeständig

7. Welche Teile des Fahrzeugs werden mit wiederverwendbaren Abdeckhauben abgedeckt?

Reifen und Felgen

8. Welchen Vorteil haben diese Abdeckhauben?

Sie sind sehr haltbar und immer wieder verwendbar.

9. Erklären Sie, was flüssige Abdeckfolie ist.

flüssiger, wasserlöslicher, farbloser Schutzfilm für alle Lackiervorgänge, der mittels einer Lackierpistole aufgebracht wird

10. Wo wird flüssige Abdeckfolie verwendet?

- Schutz vor Lacknebel, Polierspritzern und Schweißfunken auf der Karosserie
- Schutz von Spritzkabinenwänden vor Farbnebel
- Untergründe mit Rundungen (Helme, ...)

11. Mit welchem Werkzeug wird flüssige Abdeckfolie aufgetragen?	HVLP Pistole, Düsensatz 1,7 mm bis 1,9 mm
12. Nennen Sie vier Vorteile, die für den Einsatz der flüssigen Abdeckfolie sprechen.	• direkt aus der Spritzpistole auftragen • bindet Staub • ist biologisch abbaubar • nach längerer Zeit rückstandslos mit Wasser entfernbar
13. Wozu benötigt der Lackierer Klebebänder? Listen Sie auf.	• zum Abkleben von Karosserieteilen mit Papier oder Kunststofffolie, die nicht verschmutzt werden sollen • zum Abdecken von größeren Spalten in der Karosserie (Türspalte, ...) • zum Abkleben von Teilflächen, die lackiert werden sollen (in der Designlackierung: Zierlinien oder Buchstaben)
14. Nennen Sie drei unterschiedliche Klebebänder.	• Abdeckband • Schaumband • Zierlinienband, auch Konturenband
15. Muss für Pulverbeschichtungen ein spezielles Klebeband verwendet werden?	Ja, weil die Temperatur beim Trocknen bis zu 200 °C betragen kann.
16. Was wird mit Schaumstoffband abgedeckt?	Türspalte

3.2 Beschädigung festlegen und markieren

17. Erklären Sie, warum das zu reparierende Teil sorgfältig gereinigt werden muss.	Erst auf einer gereinigten Fläche können alle Beschädigungen erkannt werden. Rückstände von Aufklebern in der Nähe der Reparaturstelle müssen entfernt werden.
18. Zählen Sie Beschädigungen auf.	Dellen, Beulen, Kratzer, Löcher, Abplatzungen
19. Womit sprüht der Lackierer die gereinigte Fläche ein, damit sich Beschädigungen deutlich abzeichnen?	Silikonentferner
20. Warum wird das ganze Fahrzeug gereinigt?	• organischen Schmutz, Sand usw. abwaschen • Schmutz darf sich beim weiteren Bearbeiten nicht in der Werkstatt/Lackierkabine verteilen

3.3 Grundieren

3.3.1 Grundieren vorbereiten

21. Nennen Sie die grundsätzlichen Arbeitsschritte, die notwendig sind, um Grundiermaterial spritzfertig einzustellen.

Das Grundiermaterial
- gründlich aufrühren
- nach Herstellerangaben mit Verdünnung und/oder Härter und/oder Elastifizierungszusatz mischen
- Spritzviskosität messen

22. Welche hauptsächliche Aufgabe hat das Verdünnungsmittel, wenn es zu einer Grundierung dazugegeben wird?

Verarbeitungsviskosität herstellen

3.3.2 Arten von Grundierungen

23. Nennen Sie die wesentlichen Aufgaben, die eine Grundierung im Lackierungsaufbau erfüllen soll.

Die Grundierung bewirkt, dass auf dem Untergrund die nachfolgenden Lackschichten gut haften (besonders bei Metallen und Kunststoffen).
Zusätzlich wird der Untergrund geschützt vor:
- Korrosion bei Stahl und Eisen
- Schädlingen (Insekten und Pilze) bei Holz

24. Erklären Sie, warum Grundierungen auch als „Primer" bezeichnet werden.

Die Grundierung ist die erste Schicht einer Lackierung; Primus (lat.): der Erste

25. Wie wird der Primer genannt, der bereits Füllstoffe enthält?

Füllerprimer, auch gefüllerter Primer, Grundierfüller, gefüllerter Wash-Primer, Wash-Filler, Fill-Saeler

26. Was unterscheidet den Füllerprimer vom reinen Primer?

- Füllerprimer: sorgt für Haftung/Korrosionsschutz und gleichzeitig für hohe Schichtdicke in einem Arbeitsgang
- reiner Primer: erreicht nur sehr dünne Schicht ohne füllende Eigenschaften

Grundierungen auf Metall

27. Nennen Sie Grundierungen für metallischen Untergrund.

- Zink-Phosphat-Grundierung
- Elektrotauchgrundierung (KTL)
- Rostschutzgrundierung: Acryl- und Epoxidbindemittel
- Acryl-Grundierung
- Epoxidharz-Grundierung
- hitzebeständiger Korrosionsschutz
- säurehärtende Grundierung (Wash-Primer)
- UV-härtende Grundierung

28. Erklären Sie den Begriff „Zink-Phosphatierung".

Die Zink-Phosphatierung ist eine Tauchgrundierung, die ausschließlich im Automobilwerk durchgeführt wird. Sie schützt in hohem Maß vor Korrosion und ist gleichzeitig ein sehr guter Haftvermittler für die folgenden Lackierungsschichten.

29. Erklären Sie in Stichworten, wie das Verfahren die Zink-Phosphatierung funktioniert.

Die Zink-Phosphatierung erfolgt in zwei Schritten:

- In einem chemischen Verfahren wird der Untergrund mit Phosphorsäure leicht angeätzt.
- In einer Zink-Phosphat-Lösung bildet sich auf der Stahloberfläche eine Zink-Phosphat-Schicht.

30. Wie dick ist die Zink-Phosphat-Schicht auf einem Karosserieblech?

5 µm bis 7 µm

31. Erklären Sie den Begriff „Rostschutzgrundierung".

Als Rostschutzgrundierung bezeichnet der Lackierer die Grundierung, die im Handwerksbetrieb aufgetragen wird. Sie gibt es als eigenständiges Material (Primer) oder in Kombination mit dem Füller (Füllerprimer).

32. Nennen Sie vier Bindemittel, die überwiegend für Rostschutzgrundierungen verwendet werden, und beurteilen Sie diese nach ihrer Qualität.

- Acrylharz: für geringe Belastung bzw. für mittlere Dauer
- Epoxidharz: für höhere Belastung bzw. für lange Dauer
- Polyurethanharz: für sehr starke Belastung und sehr lange Haltbarkeit
- Nitrozellulose-Kombinationsharz: hat nur Baumarktqualität

33. Erklären Sie, warum Rostschutzgrundierungen aktive Pigmente für Rostschutz enthalten.

Aktive Pigmente für Rostschutz schirmen den Untergrund nicht nur passiv ab, sondern schützen ihn auch aktiv, indem sie:
- bei Feuchtigkeitszutritt alkalisch werden
- durch eine chemische Reaktion einen kathodischen Schutz der Metalloberfläche bewirken
- schädliche Chlorid- und Sulfat-Ionen inaktivieren, indem schwerlösliche Salze gebildet werden
- den pH-Wert der Anstrichschicht neutral halten

34. Nennen Sie fünf Metalle, die als aktive Pigmente für Rostschutzgrundierungen verwendet werden.

- Zink
- Blei
- Cadmium
- Quecksilber
- Chrom

35. Erklären Sie, warum Rostschutzgrundierungen zum Teil das aktive Rostschutzpigment Zinkchromat enthalten.

Zinkchromat ist ein besonders gutes Rostschutzpigment.

36. Nennen Sie Maßnahmen, wie sich der Fahrzeuglackierer vor den gesundheitsschädlichen Metallen schützt, die in den aktiven Pigmenten enthalten sind.

PSA:
- Atemschutzmaske beim Schleifen und Lackieren tragen
- Handschuhe überziehen
- Augenschutz aufsetzen
- Lackieroverall anziehen
- verschmutzte Kleidung gesondert lagern

UVV:
- Betriebsanweisung erstellen und auslegen
- Personen, die mit diesen Stoffen umgehen, unterweisen
- nass schleifen oder
- Trockenschliff mit Staubabsaugung

37. Erklären Sie den Begriff „Acryl-Grundierung".

Dies ist eine Grundierung, die das Bindemittel Acryl enthält.

38. Gibt es Acryl-Grundierungen auch aus der Sprühdose?

Ja

39. Nennen Sie den speziellen Verwendungszweck, für die 1K-Grundierung aus der Sprühdose entwickelt wurde.

zum Nachgrundieren von Durchschliffstellen bis zum blanken Metall

40. Wie dick sollte die Trockenschicht einer 1K-Acryl-Grundierung sein?

ca. 15 µm bis 20 µm

41. Was bedeuten folgende Piktogramme im technischen Merkblatt einer Acrylgrundierung?

1

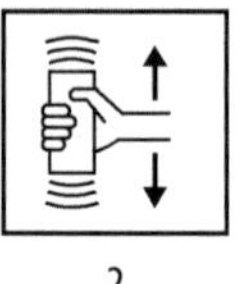

2

1 Spraydose
2 Spraydose vor Gebrauch schütteln

42. Erklären Sie den Begriff „Epoxidharz-Grundierung".

Dies ist eine Grundierung, die das Bindemittel Epoxidharz enthält.

43. Wie dick sollte die empfohlene Trockenschicht einer Epoxidharz-Grundierung bei maximal zwei Spritzgängen sein?

ca. 60 µm bis 80 µm

44. Erklären Sie den Begriff „säurehärtende Grundierung".

Diese auf Metallen verwendete Grundierung enthält Säure (Phosphorsäure), die den Untergrund ätzt. Das Metall wird dadurch rau und lässt die Grundierung seht gut haften (siehe: Adhäsionskräfte). Während der chemischen Reaktion der Säure mit dem Metall entsteht zusätzlich eine dünne wasserdampfundurchlässige Schutzschicht aus Metallsalzen.

45. Erklären Sie: Wie wirkt ein Wash-Primer im Vergleich zu einer „einfachen" Rostschutzgrundierung?

- Er enthält Phosphorsäure als Ätzmittel.
- Er verändert die Metalloberfläche chemisch.
- Es entstehen wasserunlösliche Phosphorsalze.
- Er bildet eine wasserundurchlässige Oberfläche aus.

46. Übersetzen Sie Wash-Primer ins Deutsche.

Haftgrundierung

47. Wie werden säurehärtende Wash-Primer noch bezeichnet?

Haftgrundierung für Metalle, Haftgrund, Reaktiv-Primer, Haftprimer

48. Nennen Sie sechs Untergründe, für die der Einsatz eines säurehärtenden Wash-Primers geeignet ist.

- gereinigte und geschliffene Untergründe
- galvanisch/elektrolytisch verzinkte Stahlbleche
- Weichaluminium
- angeschliffene Werksgrundierung
- gut erhaltene und angeschliffene Werks- oder Altlackierung
- Edelstahl

49. Ein säurehärtender Wash-Primer kann unterschiedliche Kunstharze als Bindemittel haben. Nennen Sie zwei mögliche Harze.

- Polyvinylbutyral (PVB)
- Polyurethan (PUR)-Acryl

50. Wie lange muss ein säurehärtender 2K-Wash-Primer vor einem zweiten Spritzgang ablüften?

bei +20 °C etwa 5 min bis 10 min

51. Wann ist ein säurehärtender 2K-Wash-Primer in der Regel überlackierbar?

nach etwa 20 min bis 30 min bei +20 °C

52. Wie hoch ist die Trocken-Schichtdicke bei säurehärtenden Wash-Primern bei einem Spritzgang?

ca. 10 µm bis 15 µm (und kleiner)

53. Nennen Sie drei besondere Verarbeitungshinweise beim Arbeiten mit säurehärtendem Wash-Primer.

- nicht mit Polyester-Produkten überarbeiten
- nicht mit Epoxidharz-Produkten überarbeiten
- nicht auf thermoplastischen (TPA) Lackierungen einsetzen

54. Nennen Sie drei technische Einstellungen an der Spritzpistole, die die Hersteller beim Verarbeiten von Wash-Primer vorgeben.

- Düsendurchmesser: 1,3 mm bis 1,4 mm
- Eingangsdruck an der Pistole: 1,5 bar bis 1,8 bar
- ca. 0,7 bar Düsenausgangsdruck, auch Zerstäuberdruck genannt

55. Nennen Sie Maßnahmen zum persönlichen Schutz beim Umgang mit diesen säurehärtenden Materialien.

Schutzbrille, Handschuhe und Atemschutzmaske tragen

56. Erklären Sie den Begriff „UV-härtender Primer".

Dieses Material härtet durch die Zugabe von energiereichen, ultravioletten (UV) Strahlen. Eine spezielle Lampe sendet UV-Strahlen aus, wird in geringem Abstand über die flüssige Grundierung gehalten und bewirkt dadurch, dass das flüssige Grundiermaterial aushärtet, sich also die Moleküle vernetzen.

57. Wie lange dauert es, bis der UV-härtende Primer getrocknet ist?

Die UV-Lampe muss nur kurz (15 s bis 2 min) auf die Grundierung gehalten werden (Herstellerangaben beachten!)

58. Wie viele Spritzgänge UV-härtender Primer werden für eine senkrechte Fläche empfohlen?

vier bis sechs dünn aufgetragene Spritzgänge

59. Nennen Sie Maßnahmen zum Gesundheitsschutz, die beim Umgang mit der UV-Lampe unbedingt beachtet werden müssen.

- spezielle Schutzbrille mit UV-Filter tragen
- alle freiliegenden Hautteile mit spezieller UV-Strahlenschutzkleidung (Overall) abdecken
- UV-undurchlässige Handschuhe tragen
- Sicherheitsabstand anderer Mitarbeiter zur Lampe einhalten

Grundierungen auf Kunststoff

60. Welche Besonderheiten haben Grundierungen für Kunststoff?

- farblos
- in sehr dünner Schicht auftragen

61. Nennen Sie weitere Bezeichnungen für Kunststoffgrundierungen.

- Kunststoff-Primer
- Kunststoff-Haftgrund

62. Beurteilen Sie die Viskosität einer Kunststoffgrundierung, wenn die Durchlaufgeschwindigkeit 16 s bis 18 s mit einer 4-mm-Düse bei 20 °C beträgt.

Das Material ist dünnflüssig, also niedrigviskos.

63. Nennen Sie Kunstharze, aus denen Kunststoffgrundierungen bestehen.

Polyolefine, dies sind Polymere, die mittels Polymerisation aus Ethylen, Propylen o. Ä. hergestellt wurden, also (Kunst-)Stoffgemische.

64. Kann ein wasserverdünnbarer, zweikomponentiger Epoxidprimer (2K-EP-Primer) auch auf Kunststoffen eingesetzt werden?

Ja, weil dieser Primer
- bei lösemittelempfindlichen Untergründen gut absperrt,
- direkt als Haftvermittler auf PPE und PS einsetzbar ist.

Grundierungen auf Holz

65. Was ist das Besondere an Grundierungen auf Holz?

Sie schützen vor Bläue-, Schimmel- und Fäulnispilzen sowie tierischen Schädlingen des Holzes (Insekten).

66. Wann kann man die Holzschutzgrundierung überlackieren?

nach 24 Stunden

67. Wie müssen flüssige Reste einer Holzschutzgrundierung entsorgt werden?

als Sonderabfall (Abfallschlüssel gemäß europäischem Abfallverzeichnis: 030202)

68. Erklären Sie, was folgende Angabe auf dem Gebinde bedeutet:
Wassergefährdungsklasse: WGK 3, stark wassergefährdend

Die Holzschutzgrundierung ist giftig für Fische und Fischnährtiere. Eine Anwendung des Mittels in unmittelbarer Gewässernähe ist verboten und das damit behandelte Holz darf nicht in Gewässer gelangen.

3.3.3 Spritzpistole

69. Nach welchen Gesichtspunkten können Spritzpistolen für die Fahrzeuglackierung eingeteilt werden?

Spritzpistolen nach
- dem Spritzmaterial
- der Zufuhr des Spritzmaterials
- dem Düsen-Innendruck

Spritzpistolen nach dem Spritzmaterial

70. Wie unterscheiden sich die Spritzpistolen nach dem Spritzmaterial?

im Düseneinsatz; so beträgt der Durchmesser d der Düse für:
- dünnflüssigen Primer, Basis- und Klarlack: $d = 1{,}2$ mm bis 1,4 mm
- Füllprimer und Füller: $d = 1{,}6$ mm bis 1,9 mm
- Polyester-Spritzspachtel, bzw. Dickschicht-materialien: $d = 2{,}0$ mm bis 3,0 mm

71. Welche Teile werden als der „Düsensatz" bezeichnet?

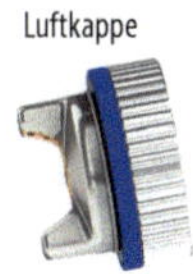

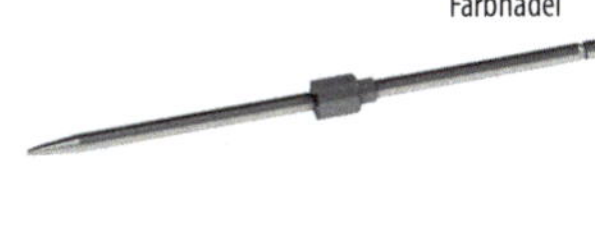

72. Erklären Sie, warum für Füller und Dickschichtmaterialien ein Düseneinsatz mit größerer Düsenöffnung verwendet werden sollte?

- Diese Materialien enthalten Rostschutz-pigmente, Schleifhilfsmittel und Füllstoffe und sind deswegen relativ grobkörnig.
- Sie können den hochwertigen Düsensatz einer Lackierpistole zerstören.

Spritzpistolen nach der Zufuhr des Spritzmaterials

73. Wie wird das Spritzmaterial der Spritzpistole zugeführt?

- von oben: Fließbecher
- von unten: Druckbecher und Saugbecher
- aus einem Druckkessel

74. Erklären Sie den Begriff „Fließbecherspritzpistole".

Spritzpistole, bei der das Spritzmaterial aus einem Fließbecher zur Düse fließt.

75. Nennen Sie den englischen Begriff für „Fließbecherspritzpistole".

gravity feed spray gun

76. Zählen Sie die Teile einer Fließbecherpistole auf.

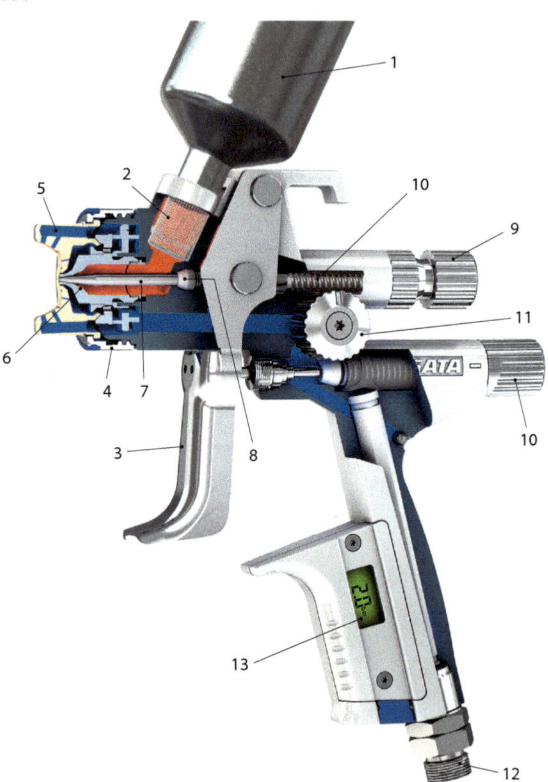

1 Materialbehälter („Becher")
2 Materialfilter („Lackfilter")
3 Abzugsbügel
4 Haltering für die Luftkappe
5 Luftkappe (auch: Luftdüse)
6 Materialdüse
7 Farbnadel und Farbnadelfeder
8 Farbnadeldichtung
9 Materialmengenregulierung (stufenlos)
10 Luftmengenregulierung (stufenlos)
11 stufenlose Rund- und Breitstrahlregulierung
12 Luftanschluss (drehbar)
13 integrierte, digitale Druckluftanzeige im Griff

77. Welche Bedeutung hat der Lufteinlass an der Oberseite des Deckels einer Fließbecherpistole?

Es handelt sich um einen „Deckel mit „Tropfsperre“: Das Loch des Lufteinlasses muss beim Spritzen immer offen sein, weil sonst ein Unterdruck im Becher entsteht. Das führt zum „Tropfen“ der Pistole.

78. Nennen Sie die Bedeutung für folgendes Piktogramm.

mit einer Fließbecherpistole auftragen

79. Erklären Sie den Begriff „Saugbecher“.

Der Luftstrom an der Luftdüse erzeugt Unterdruck, sodass das Spritzmaterial aus dem Saugbecher nach oben zur Düse angesaugt wird.

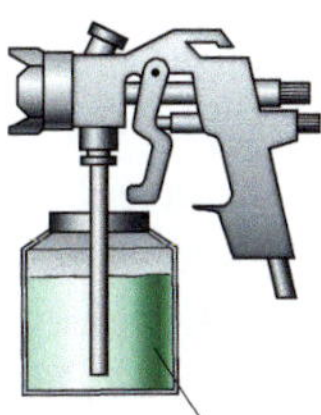

80. Nennen Sie den englischen Begriff für „Saugbecherspritzpistole“.

suction feed spray gun

81. Welche Bezeichnung hat die Saugbecherpistole auch noch?

Unterbecherpistole

82. Nennen Sie die Materialien, für die sich eine Saugbecherpistole besonders gut eignet.

Unterbodenschutz, Steinschlagschutz, Grundierung, Füller

83. Erklären Sie, warum gerade diese Materialien mit einer Saugbecherpistole verarbeitet werden.

Eine Saugbecherpistole ist besonders gut für Lackierarbeiten über Kopf geeignet, weil der Lack dabei nicht aus dem Becher fließen kann, also für Arbeiten unter dem Fahrzeug.

84. Erklären Sie den Begriff „Druckbecher-spritzpistole".

Bei der Druckbecherpistole wird das Material im Behälter der Pistole unter Druck gesetzt, herausgedrückt und dabei mit einem weiteren Luftstrom mitgerissen. Dazu besitzt eine Druckbecherpistole zwei Druckpunkte. Beim ersten Punkt wird nur Luft freigeben, während beim zweiten dem Luftstrom das Material beigemischt wird.

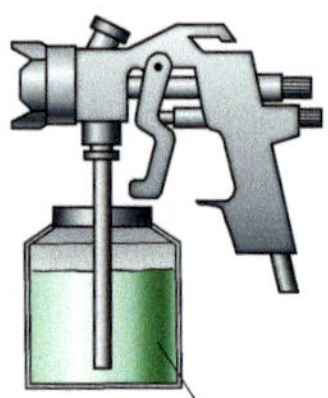

85. Nennen Sie Materialien, die mit einer Druckbecherpistole verarbeitet werden.

- Steinschlag- und Unterbodenschutz
- Hohlraumkonservierung (Wachs)

86. Wie hoch sind Betriebsdruck und Luftbedarf für Druckbecherpistolen?

- Betriebsdruck: 2 bar bis 8 bar
- Luftbedarf: ca. 150 l/min bis 180 l/min

87. Druckbecherpistolen mit Kartuschen sind vor allem für zähes Material geeignet, welches relativ dick und zum Teil mit Struktur aufgetragen wird. Warum ist das so?

Die Druckbecherpistolen können relativ viel Material auf einmal fördern.

88. Erklären Sie, wie Unterbodenschutz, Hohlraumkonservierungsmittel und Steinschlagschutz aus Kartuschen an der Druckbecherpistole befestigt werden.

Die Kartuschen werden direkt an das Anschlussgewinde der Saugbecherpistole geschraubt.

89. Mit welcher Düse wird Hohlraumversiegelung aufgetragen?

- mit der Hohlraumsprüh- oder der Hakensonde
- auch mit der Flachstrahldüse

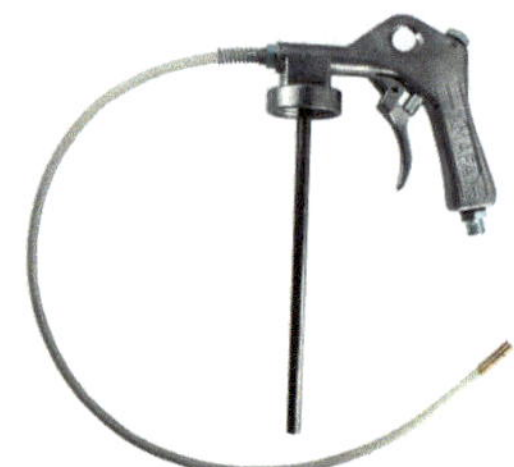

90. Nennen Sie vier Bechersysteme, mit denen der Fahrzeuglackierer arbeitet.

- RPS-Bechersystem
- PPS-Bechersystem
- DeKUPS-Bechersystem
- LVS-Deckelsystem

91. Erklären Sie den Umgang mit dem RPS-Bechersystem.

In demselben Becher, der auch auf die Pistole gesetzt wird, wird schon der Lack angemischt. Dafür hat der Becher eine gut sichtbare Skalierung. Theoretisch kann sogar überschüssiger Lack (1K-Material) darin gelagert werden.
Nach Ende der Arbeiten wird der Becher entsorgt („Einweg").

92. Zählen Sie vier Vorteile und drei Nachteile des RPS-Bechersystems auf.

Vorteile:
- keine Reinigungs- und Lösemittel zur Reinigung des Bechers notwendig
- schneller Farbwechsel, auch in der Kabine
- einfaches Nachfüllen von Material durch Schraubverschluss
- bei vielen Pistolen Verwendung ohne Adapter

Nachteile:
- viel Müll durch das Einwegsystem
- regelmäßige Anschaffungskosten
- bei zu schräger Pistole kann bei geöffnetem Stopfen Material aus dem Becher tropfen

93. Erklären Sie den Umgang mit dem PPS-Bechersystem.

Das Material befindet sich in einem Kunststoffbeutel, der dann in einen Hartplastikbecher gesteckt wird.
Der Beutel wird mit einem Schraubring gesichert.

94. Zählen Sie vier Vorteile und vier Nachteile des PPS-Bechersystems auf.

Vorteile:
- kein extra Mischbecher zum Anrühren
- durch das entstehende Vakuum im Becher ist ein Lackieren über Kopf möglich
- schneller Farbwechsel in der Kabine
- geringer Reinigungsaufwand

Nachteile:
- für jede Pistole wird ein Adapter benötigt
- schlechte Lagerungsmöglichkeiten, da die Beutel sehr wabbelig sind
- regelmäßige Anschaffungskosten
- viel Müll durch Einwegsystem

95. Wie funktioniert das DeKUPS-Bechersystem.

Der Einsatz ist ein sehr weicher Kunststoffbecher, der in den Hartplastikbecher gesteckt wird. Auch dieser Einsatz wird nach einmaligem Gebrauch entsorgt.

96. Was zeichnet das LVS-Bechersystem aus?

Nach dem Anmischen des Materials im Becher kann der Becher durch den patentierten Becherdeckel hindurch belüftet werden; dadurch entfällt das manuelle Öffnen und Schließen des Luftventils.

Spritzpistolen nach dem Düsen-Innendruck

97. Wie viel Overspray darf eine moderne Spritzpistole nach der Richtlinie VDI 3456 haben?

max. 35 %; sie muss also mindestens 65 % Spritzmaterial auf die Oberfläche bringen

98. Mit welchen Spritzpistolen arbeitet der Fahrzeuglackierer?

- Niederdruck-Spritzpistole (HVLP-Spritzpistole)
- Spritzpistole mit optimiertem Hochdruck (RP-, LVLP-, Mitteldruck-Spritzpistole)

99. Nennen Sie technische Bedingungen für die HVLP-Spritzpistole beim Niederdruckspritzverfahren mit geringem Druck.

- Eingangsdruck = 2 bar bis 3 bar
- Luftverbrauch: bis 450 l/min
- Übertragungsrate: mehr als 65 %
- Spritzabstand: sehr gering, 10 cm bis 15 cm

100. Wie hoch sollte der Düseninnendruck bei einer HVLP-Pistole maximal sein?

Düseninnendruck = 0,7 bar

101. Nennen Sie zwei weitere Bezeichnungen für HVLP-Pistolen.

- nebelreduzierte Spritzpistole
- Compliant-Spritzpistole

102. Vergleichen Sie die Arbeitsgeschwindigkeit von nebelreduzierten Pistolen mit der konventioneller Pistolen?

Wegen des hohen Luftdurchsatzes ist die Arbeitsgeschwindigkeit, im Vergleich zur konventionellen Hochdruckpistole, geringer.

103. Nennen Sie technische Bedingungen für RP-Spritzpistolen beim Niederdruckspritzverfahren mit reduziertem Druck.

- Eingangsdruck: 2 bar bis 3 bar
- Luftverbrauch: 250 l/min bis 300 l/min
- Übertragungsrate: mehr als 65 %
- Spritzabstand: ca. 18 cm bis 25 cm

104. Wie hoch ist der Düseninnendruck bei RP-Pistolen?

Düseninnendruck = ca. 1,5 bar bis 2 bar

105. Nennen Sie technische Bedingungen für die LVLP-Spritzpistole beim Niederdruckspritzverfahren mit geringem Druck.

- Eingangsdruck: bis 2,5 bar
- Luftverbrauch: 240 l/min bis 260 l/min
- Düseninnendruck = ca. 0,7 bar
- Übertragungsrate: mehr als 65 %

Spritzbild

106. Ordnen Sie den Grafiken den entsprechenden Fehler im Spritzbild zu.

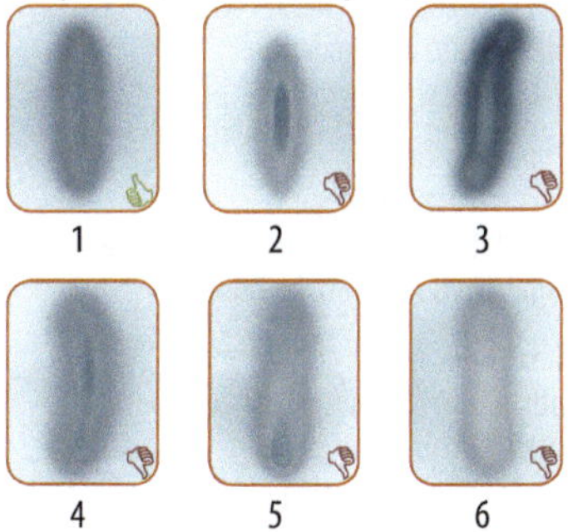

Der Spritzstrahl ist:
1. in Ordnung
2. zu klein
3. schräg bzw. s-förmig
4. gekrümmt, sichelförmig
5. einseitig
6. gespalten

107. Nennen Sie Ursachen für Spritzbild 4 und Maßnahmen zum Beheben des Fehlers.

Mögliche Ursachen:
- verschmutzte Luftkappe
- durch unsachgemäßes Reinigen ausgeweitete Bohrung in der Luftkappe

Abhilfe:
- Luftkappe in Lösemittel einlegen und von hinten durchblasen
- defekte Luftkappe austauschen

Achtung:
Zum Reinigen von Bohrungen keine Metallteile benutzen

108. Nennen Sie die Ursachen für zu starken Farbauftrag in der Mitte des Spritzbildes. Wie kann der Fehler behoben werden?

Mögliche Ursachen
- Zerstäuberdruck zu niedrig
- Lackmenge zu groß
- Strahlbreite zu schmal
- Viskosität zu hoch

Abhilfe:
- Zerstäuberdruck erhöhen
- Lackmenge an der Farbnadelstellschraube regulieren
- kleinere Düse verwenden
- Viskosität erniedrigen

109. Wenn der Spritzstrahl gespalten ist, hat das folgende Ursachen und wird so behoben.

Mögliche Ursachen:
- Zerstäuberdruck zu hoch
- Lackmenge zu gering
- Strahlbreite zu groß

Abhilfe:
- den Zerstäuberdruck reduzieren
- größere Düse verwenden
- Strahlbreite verringern

110. Nennen Sie Ursachen für einen Spritzstrahl, der oben oder unten zu stark (einseitig) ist und machen Sie Vorschläge zur Behebung des Fehlers.

Mögliche Ursachen:
- verschmutzte Luftkappe
- zugesetzte Bohrungen an der Luftkappe
- ausgehärteter Lack an der Düse

Abhilfe:
- Luftkappe in Lösemittel einlegen und von hinten durchblasen
- Düse in Lösemittel einlegen und reinigen
- defekte Düse oder Luftkappe ersetzen

111. Der Materialstrahl flattert. Mögliche Ursachen können sein:
- lose Düse
- Farbnadelpackung trocken oder defekt
- Entlüftungsbohrung des Fließbechers verstopft

Machen Sie vier Vorschläge zum Beheben des Fehlers.

Abhilfe:
- Düse mit geeignetem Schlüssel handfest anziehen
- Öl auf den Nadelschaft zwischen Abzug und Packungsschraube geben
- Packungsschraube so nachziehen, dass die Packung dichtet, die Farbnadel sich aber noch frei bewegt
- Entlüftungsbohrung reinigen

112. Im Materialbecher sprudelt es. Woran kann das liegen und wie wird dieser Mangel behoben?

Mögliche Ursachen
- Farbdüse nicht angezogen, Luft gelangt aus der Düse in den Becher
- verunreinigte Bohrung
- beschädigter Düsensatz

Abhilfe:
- Teile fest anziehen
- Düse reinigen
- Düse wechseln

3.3.4 Spritzstand

113. Wo dürfen Spritzarbeiten nur durchgeführt werden?

Spritzarbeiten dürfen nur ausgeführt werden:
- an mobilen oder stationären Spritzwänden
- an mobilen oder stationären Spritzständen
- in Spritzkabinen

114. Womit müssen alle diese Anlagen ausgestattet sein, damit schädlicher Overspray nicht in die Umwelt gelangt?

mit einer Farbnebelabsaugung

115. Welche Lackierarbeiten können am Spritzstand ausgeführt werden?

Kleinteile werden am Spritzstand gespritzt; somit wird die Lackierkabine nicht blockiert.

116. Erklären Sie die Besonderheiten eines Spritzstandes.

Spritzstand ist eingehaust. Es wird Frischluft aus der Umgebung angesaugt, erwärmt und von oben an den Spritzstand geführt. Die verschmutzte Luft strömt durch ein Gitterrost im Fußboden und durch einen Filter. Dann gelangt die gereinigte Luft ins Freie.

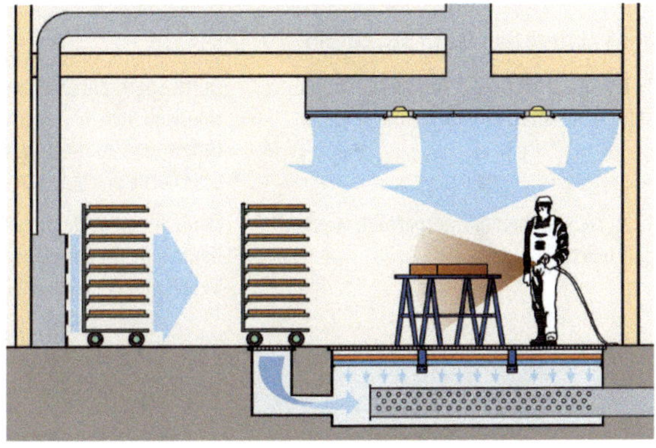

117. Was ist zu beachten, wenn am Spritzstand gearbeitet wird?

- persönliche Schutzausrüstung tragen
- Unterflurabsaugung einschalten
- Filter regelmäßig wechseln

118. Wie viel Abluft strömt durch einen Spritzstand?

bis zu 3000 m^3/h

3.3.5 Destilliermaschinen

119. Wofür werden in der Lackierwerkstatt Destilliermaschinen verwendet?

Es werden Lösungsmittel recycelt, damit sie wiederverwendet werden können.

120. Beschreiben Sie den Destilliervorgang von verschmutzten Löse- und Verdünnungsmittel-Gemischen.

Das Flüssigkeitsgemisch wird erhitzt, sodass Löse- und Verdünnungsmittel verdampfen. Die Dämpfe gelangen in einen Kondensator und die kondensierten Löse- und Verdünnungsmittel werden zur Wiederverwendung in einem Fass aufgefangen.
Es entsteht eine „Waschverdünnung", eine Mischung aus verschiedenen Löse- und Verdünnungsmitteln.
Feste Verschmutzungen werden aufgefangen (z. B. in einem Kunststoffbeutel).
Die Schmutzreste werden dann entsprechend entsorgt.

3.4 Spachteln

3.4.1 Vorgehen beim Spachteln

121. Nennen Sie die wesentlichen Aufgaben der Spachtelmasse im Lackierungsaufbau.

Durch Spachtelmassen werden grobe Unebenheiten, Löcher und Dellen im Untergrund ausgefüllt und somit eine glatte Oberfläche erzeugt.

122. Müssen Neuteile gespachtelt werden? Beurteilen Sie.

Neuteile sind in der Regel ohne Dellen oder Beulen. Deswegen müssen Neuteile ohne Dellen und Beulen nicht gespachtelt werden.

123. Stellen Sie den Teil des Arbeitsablaufs beim Spachteln stichwortartig dar, der bei allen Spachtelarbeiten gleich ist.

Spachtelmasse
- anrühren
- großzügig auftragen, d. h., es wird mehr Spachtelmasse aufgetragen, als nötig ist, denn sie schwindet beim Härten
- trocknen (auch beschleunigt)
- schleifen
- feinspachteln

124. Was bedeuten diese beiden Piktogramme?

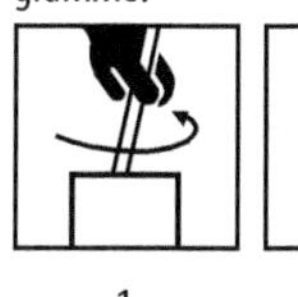

1 2

1 Aufrühren
2 Aufrühren in der Mischmaschine

3.4.2 Materialien zum Spachteln

Spachtelhärter

125. Erklären Sie den Begriff „Spachtelhärter".

Spachtelhärter ist ein Additiv, das für die Härtung der Spachtelmasse verantwortlich ist. Spachtelhärter setzt die chemische Reaktion in Gang und bewirkt, dass die Spachtelmasse vollständig aushärtet.

126. Woraus besteht Spachtelhärter?

- organische Peroxide
- Isocyanate und Weichmacher

127. Nennen Sie zwei Eigenschaften, die Peroxide im Spachtelhärter haben.

- sehr reaktionsfreudig
- wirken ätzend auf Haut und Schleimhäute

128. Erklären Sie die Folgen, wenn zu viel Spachtelhärter zur Spachtelmasse dazugegeben wird.

Die Härtermoleküle, die nicht chemisch ausgehärtet sind, wandern durch alle Anstrichschichten und verfärben und vermatten den Decklack; man spricht vom Durchbluten, sie „bluten durch".

Spachtelmasse

129. Erklären Sie den Begriff „Spachtelmasse".

Spachtelmasse wird verwendet, um Unebenheiten, Kratzer und Schrammen im Untergrund auszufüllen.

130. Wie dick darf Spachtelmasse aufgezogen werden?

Spachtelmasse darf nur in der vom Hersteller empfohlenen Schichtdicke aufgetragen werden.

131. Wo wird Spachtelmasse verwendet?

auf bereits grundierten Flächen

132. Wie sollte Spachtelmasse geschliffen werden?

Trockenschliff: P180 bis P240

133. Zählen Sie fünf Maßnahmen auf, welche die Gesundheit des Fahrzeuglackierers beim Arbeiten mit Spachtelmasse schützen.

- Atemschutz mit A-Filter tragen
- Schutzhandschuhe tragen
- Schutzbrille tragen
- Spritzer auf der Haut sofort abtupfen und mit Wasser und Seife abwaschen
- Spritzer in die Augen mit viel Wasser ausspülen – sofort Arzt aufsuchen

134. Zählen Sie Spachtelmassen auf, mit denen der Fahrzeuglackierer arbeitet.

- Polyesterspachtelmasse
- 2K-glasfaserverstärkte Polyesterspachtelmasse
- 1K-Feinspachtelmasse
- 2K-Spritzspachtelmasse aus der Pistole
- 2K-Metall-Spachtelmasse: Aluminiumspachtelmasse
- Zinkspachtelmasse
- Zinnersatzspachtelmasse
- UV-Spachtelmasse

135. Erklären Sie den Begriff „2K-Polyesterspachtelmasse".

Spachtelmasse, die aus zwei Komponenten besteht:

- Polyesterharz (Bindemittel)
- Spachtelhärter

136. Nennen Sie sieben weitere Bezeichnungen, unter denen 2K-Polyesterspachtelmasse dem Fahrzeuglackierer bekannt ist.

- Universal-Spachtelmasse
- 2K-Spachtelmasse
- Grobspachtelmasse
- Rapid-Spachtelmasse
- Ziehspachtelmasse
- Softspachtelmasse
- Messerspachtelmasse

137. Erklären Sie den Begriff „Polyester-Feinspachtelmasse".

Polyesterspachtelmasse mit mikrofeiner Pigment-Füllstoff-Kombination (anorganisch oder metallisch), Schleifhilfsmittel

138. Nennen Sie fünf Besonderheiten, die zu beachten sind, wenn 2K-Polyester-Feinspachtelmasse verarbeitet wird.

- Spachtelmasse max. 2 mm dick auftragen
- besser zweimal dünn, als einmal dick auftragen
- Spachtelmasse mit max. 3 % Härter vermischen
- mithilfe der roten Farbe des Härters kann kontrolliert werden, ob die beiden Komponenten gleichmäßig vermischt sind
- nur so viel Spachtelmasse anmischen, wie in ca. 5 Minuten verarbeitet werden kann

139. Erklären Sie den Begriff „2K-GFK-Spachtelmasse".

zweikomponentige Polyesterspachtelmasse, in der Glasfasern eingelagert sind

140. Welche Aufgabe haben die Glasfasern in der GFK-Spachtelmasse?

Die Fasern bewirken, dass sich mechanische Kräfte besser verteilen. Wie ein Netz leiten sie mögliche Kräfte in der Spachtelmasse ab, sodass keine Risse in der Trockenschicht entstehen. Die Spachtelmasse ist an mechanisch belasteten Stellen der Karosserie verwendbar (Türen, auf Schweißnähten).

141. Nennen Sie sieben Untergründe, auf denen GFK-Spachtelmasse verwendet werden kann.

- Stahlblech
- Eisen
- verzinntes Karosserieblech
- glasfaserverstärkte Kunststoffe (GFK)
- durchgetrocknete 2K-Altlackierung
- 2K-Füller
- Epoxid-Grundierung

142. Nennen Sie drei Eigenschaften der GfK-Spachtelmasse.

- elastisch
- leicht zu verarbeiten
- sehr leicht zu schleifen

143. Nennen Sie vier Verarbeitungshinweise, die beim Umgang mit GfK-Spachtelmasse beachtet werden müssen.

- max. 3 % Härter beimischen
- Untergrund mit Silikonentferner reinigen
- Spachtelmasse nur trocken schleifen (P80 bis P150)
- geschliffene Spachtelmasse dann nicht mehr mit Silikonentferner reinigen

144. Womit ist GfK-Spachtelmasse überlackierbar?	mit 2K-HS-Füller
145. Erklären Sie den Begriff „Spritzspachtelmasse".	Polyesterspachtelmasse, die mit der Spritzpistole aufgetragen wird
146. Zählen Sie vier Beispiele auf, bei denen der Fahrzeuglackierer Spritzspachtelmasse sinnvoll einsetzt.	• für große Schichtdicke (bis 1000 µm) • um großflächige Beulen und Schweißarbeiten auszugleichen • für die Restaurierung beim Lackieren von Oldtimern und Youngtimern • für allgemeine Karosseriearbeiten und Karosserie-Umbauten
147. Wie hoch ist der VOC-Grenzwert für den Spachtelhärter?	250 g/l
148. Nennen Sie zwei Gründe, warum die Polyester-Spritzspachtelmasse mit 2K-HS-Füller isoliert werden soll?	• Er darf nicht direkt mit säurehaltigen 1K-Produkten in Berührung kommen. • Er ist hygroskopisch (wasseranziehend).
149. Wie lange sollte Spritzspachtelmasse trocknen?	über Nacht, wegen der hohen Schichtdicke
150. Mit welchem Düsensatz sollte die Spritzspachtelmasse aufgetragen werden?	mit Düse 1,8 bis 2,3
151. Erklären Sie den Begriff „Zinkspachtelmasse".	Spachtelmasse für verzinkten, metallischen Untergrund
152. Was ist eine 2K-Zinkspachtelmasse?	Polyester-Universalspachtelmasse mit Spachtelhärter
153. Woraus besteht Zinnersatzspachtelmasse im Wesentlichen?	Polyester-Spachtelmasse mit Aluminiumpigmenten
154. Wo wird Zinnersatzspachtelmasse verwendet?	als Schwemmzinnersatz: zum Ausgleich grober Unebenheiten und Bohrungen
155. Nennen Sie die zwei wesentlichen Bestandteile eines 2K-Aluminiumspachtelmasse.	• Bindemittel: Polyesterharz • Füllstoffe bzw. Pigmente mit Aluminiumteilchen
156. Wo wird 2K-Aluminiumspachtelmasse verwendet?	• auf großen Flächen • um Löcher zu füllen und auszugleichen
157. Erklären Sie den Begriff „UV-Spachtelmasse".	Spachtelmasse, die mithilfe von UV-Strahlung aushärtet

158. Nennen Sie Vorteile, weshalb der Fahrzeuglackierer UV-Spachtelmasse verarbeitet.

- in ca. 30 s getrocknet
- keine Härterkomponente nötig
- Schichten bis 1000 µm möglich
- auf Metallen, Kunststoffen verwendbar
- kaum organische Lösemittel (ca. 3 %)

159. Nennen Sie den Bereich, in dem UV-Spachtelmasse eingesetzt wird.

- Spot-Repair
- kleine Flächen

160. Welche persönliche Schutzausrüstung muss der Fahrzeuglackierer anlegen, wenn er mit UV-Strahlenquelle (Lampe) arbeitet?

UV-Licht absorbierende/reflektierende
- Handschuhe
- Lackieranzug
- Kopfschutz (UV Schutzhaube)
- UV-Schutzbrille

161. Wie groß ist der Mindestabstand, den ungeschützte Mitarbeiter zur UV-Lampe einhalten müssen?

5 m

162. Erklären Sie den Begriff „1K-Feinspachtelmasse".

Spachtelmasse, in der der Spachtelhärter bereits enthalten ist; das Bindemittel ist Nitrokombinationsharz (NitroKombi) oder Acrylharz

163. Nennen Sie die Arten der Gebinde, in denen 1K-Feinspachtelmasse angeboten wird.

- Tube
- Blechdose
- Sprühdose

3.4.3 Werkzeuge zum Spachteln

164. Nennen Sie Werkzeuge und Geräte, die der Fahrzeuglackierer zum Spachteln verwendet.

- Spachtel, z. B. Japanspachtel, Malerspachtel, Flächenspachtel
- Spritzpistole
- Spachteldosieranlage

165. Erklären Sie den Begriff „Japanspachtel".

rechteckiger Flächenspachtel mit einer elastischen Klinge aus Edelstahl und Kunststoffkante (Griff)

166. Warum sollte die Klinge der Spachtel elastisch sein und aus Edelstahl oder Kunststoff bestehen?

- Die elastischen Klinge erleichtert, Spachtelmasse auf flache oder abgerundete Oberflächen aufzutragen.
- Der Spachtelhärter ist ätzend, eine Klinge aus Edelstahl oder Kunststoff rostet nicht.

167. Warum eignet sich der Japanspachtel für die meisten Spachtelarbeiten?

Durch seine Form ist er gut geeignet, um Spachtelmasse auf Flächen aufzuziehen, auch Rundungen können modelliert werden.

168. Für welche Spachtelmassen ist der Japanspachtel gut geeignet?

2K-Polyesterfeinspachtelmasse

169. Erklären Sie den Begriff „Spachtelmasse-Dosieranlage".

Als Handgerät oder mit Druckluft betriebenes Gerät, das in Arbeitshöhe an der Wand montiert ist.
Es wird automatisch aus zwei getrennten Kartuschen Spachtel-Stammmaterial und Härter im richtigen Mischungsverhältnis unten ausgegeben.
Spachtelmasse-Dosieranlagen werden auch Spachtelmasse-Dispenser genannt.

3.5 Füllern

170. Erklären Sie den Begriff „Füllern".

Eine Masse, der Füller, wird in feine Schleifriefen oder Unebenheiten gefüllt, sodass der Untergrund ausgefüllt und ausgeglichen wird und eine glatte Oberfläche entsteht.

171. Nennen Sie Eigenschaften, die ein Füller haben sollte.

- schnell trocknend
- gut schleifbar
- gut füllend
- in hoher Schichtdicke nicht beifallen
- verträglich mit vielen Untergründen, z. B. mit Primern
- mit vielen Materialien überlackierbar

172. Warum sollten Füller als 2K-Produkte verwendet werden?

Füller müssen beständig sein gegen Korrosion und Chemikalien. Dies erlangen sie durch die chemische Trocknung ihres Bindemittels. Dadurch entsteht eine besonders widerstandsfähige Schicht.

173. Wie lange muss ein Füller trocknen, damit er geschliffen werden kann?

- lufttrocknend: über Nacht bei +20 °C
- im Ofen: bei 60 °C, ca. 35 min

174. Wie hoch ist die Trocken-Schichtdicke bei einem Füller nach zwei Spritzgängen?

ca. 60 µm bis 80 µm

175. Wie kann der Füller aufgetragen werden?

- mit der Druckluftspritzpistole (HVLP oder RP) mit dem entsprechenden Düsensatz
- auch aus einer Sprühdose

176. Nennen Sie vier Punkte, die beim Arbeiten mit Füller beachtet werden müssen.

- Untergrund muss sauber und gut vorbereitet sein.
- Nach jedem Spritzgang warten, bis die Fläche matt abgetrocknet ist (Ablüftzeit 5 min bis 10 min bei 20 °C).
- Füllerschicht nur dünn auftragen.
- Blanke, durchgeschliffene Füllerstellen müssen neu grundiert werden.

177. Erklären Sie, welche Aufgaben ein Grundierfüller hat.

Er kombiniert die Eigenschaften von Primer und Füller, d. h., er:

- schützt vor Feuchtigkeit und damit vor Korrosion auf Metallen
- füllt feine Unebenheiten

178. Zählen Sie Eigenschaften auf, die ein Grundierfüller haben sollte.

- gute Füllkraft
- gute Haftfestigkeit auf Stahl, Aluminium, verzinktem Blech und GFK
- schlag- und kratzfest
- hoher Korrosionsschutz
- gute chemische und mechanische Beständigkeit
- gute Schleifbarkeit

179. Nennen Sie weitere Namen für Grundierfüller.

- Fillprimer
- Füllprimer

180. Erläutern Sie zwei Nachteile bei der Verwendung eines Grundierfüllers.

- füllt nicht so gut wie ein reiner Füller, der Untergrund sollte vorher keine Schleifriefen haben
- Spachtelstellen können beifallen, diese sollten vorher gefüllert werden (mit 1K-Füller aus der Dose)

181. Nennen Sie vier Faktoren, die die Trocken- und Ablüftzeiten von Grundierfüllern beeinflussen können.

Sie sind abhängig von:

- Temperatur
- Luftfeuchtigkeit
- Luftsinkgeschwindigkeit in der Spritzkabine
- Anzahl der Spritzgänge

182. Nennen Sie drei Bindemittelarten, aus denen Grundierfüller bestehen können.

- Epoxidharz, zweikomponentig (2K)
- isocyanathärtendes Acrylharz, zweikomponentig (2K)
- Polyvinylbutyral (PVB), einkomponentig (1K)

183. Für welchen Untergrund wird ein 2K-Epoxid-Grundierfüller eingesetzt?

hauptsächlich zum Grundieren von Metall, aber auch auf Kunststoff und Holz

184. Nennen Sie zwei Untergründe, auf denen der 2K-Epoxidfüller nicht eingesetzt werden darf.

Nicht auf:

- PVB (säurehärtenden) Haftgründen, den Wash-Primern
- 1K-Grundierungen (z. B. Kunstharz)

185. Wie dick sollte die Schicht des 2K-Epoxid-Grundierfüllers sein?

als Füller, zwei oder drei Spritzgänge mit Zwischenablüftzeiten: Trockenschicht ca. 60 µm bis 70 µm dick

186. Welchen Düsensatz wählt man bei der Verarbeitung eines 2K-Epoxid-Grundierfüllers mit einer HVLP-Spritzpistole?

1,5 mm bis 1,7 mm

187. Für welche Untergründe wird ein isocyanathärtender 2K-Acrylharz-Grundierfüller eingesetzt?

am Chassis: Eisen, Stahl, Aluminium, verzinkter Stahl

188. Nennen Sie Eigenschaften des 2K-Acrylharz-Grundierüllers.

- gut füllend
- schnell trocknend
- mit aktiven Korrosionsschutzpigmenten

189. Nennen Sie die notwendige Spritzviskosität eines 2K-Acrylharz-Grundierfüllers.

18 s bis 23 s DIN 4 bei 20 °C

190. Wie hoch ist die empfohlene Trockenschichtdicke des 2K-Acrylharz-Grundierfüllers nach zwei Spritzgängen?

60 µm bis 80 µm

191. Geben Sie eine Empfehlung, wie lange die forcierte Trocknung eines 2K-Acrylharz-Grundierfüllers mit einem Infrarotstrahler dauern sollte.

Kurzwelle: 8 min bis 12 min

192. Wie groß ist der Durchmesser des Düsensatzes für den 2K-Acrylharz-Grundierfüller bei der Verwendung einer HVLP-Pistole?

Spritzdüse 1,6 mm bis 1,8 mm

193. Geben Sie den Eingangsdruck und den Düsenausgangsdruck an für den 2K-Acrylharz-Grundierfüller bei der Verwendung einer HVLP-Pistole.	• Spritzdruck/Eingangsdruck: 1,8 bar bis 2,0 bar • Düsenausgangsdruck: 0,7 bar
194. Mit welchem Kürzel werden acrylbasierte Füller gekennzeichnet?	AY (Acryl), z. B.: 2K-AY-Füller
195. Gibt es Grundierfüller auch als UV-härtendes Material?	Ja, sie sind jedoch relativ schwach oder nicht pigmentiert, weil das Material sonst nicht in der ganzen Schicht aushärten kann.
196. Wie wird Grundierfüller mit dem Bindemittel Polyvinylbutyral (PVB) als einkomponentiges (1K) Material verwendet?	meist in Sprühdosen zur Ausbesserung kleiner Durchschliffstellen
197. Was zeichnet einen Wash-Filler aus?	enthält neben der Phosphorsäure auch füllende Stoffe
198. Welche Vorzüge hat ein Wash-Filler gegenüber einem Wash-Primer?	• etwas besser schleifbar • höhere Schichtdicke nach einem Spritzgang
199. Nennen Sie weitere Bezeichnungen für Wash-Filler.	• Rapid-Füller • 1K-Säureprimer
200. Wie hoch ist die Trockenschichtdicke eines Wash-Fillers nach einem Spritzgang?	ca. 20 µm
201. Erklären Sie, was ein Dickschichtfüller ist.	Füller mit hohem Festkörperanteil; damit kann eine vergleichsweise dicke Schichtdicke aufgetragen werden. Sie sind nass schleifbar.
202. Wie werden Dickschichtfüller auch noch genannt?	Schleiffüller
203. Welches Bindemittel wird für die meisten Dickschichtfüller eingesetzt?	Acrylharz
204. Wie hoch sollte die Trockenschichtdicke eines Acryl-Dickschicht-Füllers laut Herstellerangaben sein?	ca. 150 µm bis 300 µm
205. Mit welchem Hub des Exzenterschleifers und welcher Körnung sollte der Dickschichtfüller geschliffen werden?	• 3 mm bis 5 mm Hub • Exzenter-Trockenschliff: Körnung P360 bis P500

206. Beschreiben Sie Nass-in-Nass-Füller und ihren besonderen Vorteil.

In Nass-in-Nass-Füllern ist der Festkörperanteil nicht so groß wie beim Dickschicht-Füller. Sie müssen aber nicht geschliffen werden. Es entfällt ein Schleifgang, sie sind also relativ wirtschaftlich.

207. Wie lauten die englischen Bezeichnungen für den Nass-in-Nass-Füller?

- Non sanding Filler (engl.): nicht zu schleifender Füller; einen Füller, der nicht geschliffen werden muss
- Nonstop-Filler (eng.): Füller ohne Unterbrechung (des Arbeitsgangs)
- Self Levelling Filler (engl.): ein sich selbst in der Höhe regulierender Füller

208. Wie hoch sollte die Verarbeitungsviskosität bei einem Acrylharzfüller sein, der mit einer Düse von 4 mm bei +20 °C aufgetragen wird?

ca. 16 s bis 18 s

209. Nennen Sie den Zeitraum, in dem ein Nass-in-Nass-Füller mit einem Basislack überlackiert werden kann.

bei +20 °C: 15 min bis 20 min, max. 120 min

210. Erklären Sie, was zu tun ist, wenn ein flexibler Kunststoff mit dem Nass-in-Nass-Füller lackiert werden soll.

Das Stammmaterial muss mit einem Elastifizierungsmittel (etwa 30 % zusätzliches Additiv) vermischt werden.

211. Wie hoch ist die Trockenschichtdicke des Nass-in-Nass-Füllers nach zwei Spritzgängen?

ca. 30 µm bis 40 µm

212. Nennen Sie den Zeitraum, auf den sich für die Ablüftzeit eines Nass-in-Nass-Füllers erhöht, wenn Elastifizierungsmittel dazugegeben wird.

etwa 30 min bis 45 min

213. Erklären Sie: Was sind UV-härtende Füller?

Füller, die aushärten, indem sie mit energiereichen ultravioletten Strahlen angestrahlt werden.

214. Nennen Sie technische Vorzüge eines UV-härtenden Füllers.

- dichte Oberfläche mit hohem Glanzgrad
- sehr guter Lackstand
- hohe Beständigkeit gegen Kratzer
- sehr elastisch
- sehr gute Haftung
- härtet bei normalem Tageslicht weiter aus

215. Nennen Sie sechs ökologische und ökonomische Vorteile, die UV-härtende Füller besitzen.

- UV-härtendes Material ist fast lösemittelfrei
- sparsamer Auftrag durch den kleinen Düsensatz (1,2 mm); dadurch Materialeinsparung von ca. 20 %
- Topfzeit von 2 bis 3 Tagen und länger; kaum Material als Abfall
- Einsparung an RPS-Bechern, da diese über mehrere Tage genutzt werden
- Energieeinsparung, da keine Wärmetrocknung
- Entlastung der Spritzkabine, besonders effizient

216. Nennen Sie Nachteile von UV-härtenden Füllern.

- sind nicht deckend, sondern leicht transparent
- Anschaffungskosten der UV-Lampen
- nicht ausgehärtetes Material als Overspray in der Kabine
- nicht immer sind die „Schattenzonen" der dreidimensionalen Automobilkarosserie mit dem UV-Licht zu erreichen

217. Beschreiben Sie, was ein „Fill-Sealer" ist.

ein transparenter Füller, sieht aus wie Klarlack, hat aber nicht dieselben chemischen Eigenschaften (UV-Beständigkeit, Abriebfestigkeit, ...)

218. Übersetzen Sie ins Deutsche: Fill-Sealer.

Füll-Versiegelung

219. Nennen Sie Bereiche, in denen der Fill-Sealer zur Anwendung kommt.

- für die wirtschaftliche Umlackierung
- zur Beilackierung und beim Spot-Repair in der Blendingzone
- in der Praxis auch oft als Ersatz für Klarlack für Motorhauben von innen und Motorräume
- auf ausgehärteten Lackierungen
- als lasierender Füller verwendbar

220. Für welche Zwecke ist es sinnvoll, bei einem Fill-Sealer ein Farben-Additiv zu verwenden?

für die Lackierung von:

- Streifen
- Beschriftungen
- kleinen Flächen

221. Innerhalb welches Zeitraums muss der Fill-Sealer überlackiert werden?

innerhalb von 24 Stunden

222. Wie hoch ist die Trockenschichtdicke eines Fill-Sealers nach einem Spritzgang?

ca. 20 µm bis 30 µm

223. Berechnen Sie den alten Preis für den HS-Füller, der jetzt neu 19,50 € kostet. Es gab eine Preiserhöhung um 3,5 %.

geg.: neuer Preis = 19,50 €
Preiserhöhung = 3,5 % = 0,035
ges.: alter Preis

neuer Preis = alter Preis + Preiserhöhung
Preiserhöhung = 0,035 · alter Preis
neuer Preis = (1 + 0,035) · alter Preis

$$\text{alter Preis} = \frac{\text{neuer Preis}}{1{,}035} = \frac{19{,}50\,€}{1{,}035}$$

$$\underline{\underline{\text{alter Preis} = 18{,}84\,€}}$$

3.6 Kontroll-Lack spritzen

224. Erklären Sie den Begriff „Kontroll-Lack".

meist ein schwarzer Acryl-Lack in einer Spraydose, mit dessen Hilfe Poren, Unebenheiten und Schleifriefen sowie großflächige Unebenheiten erkannt werden

225. Wie können Poren und Unebenheiten erkannt werden?

Es wird Kontroll-Lack auf den nassen Füller gespritzt. Nach dem Trocknen wird geschliffen, bis der Kontroll-Lack verschwunden ist.

226. Weshalb ist es bei einer großflächigen Unebenheit sinnvoll, Kontroll-Lack aufzutragen?

Solche Unebenheiten lassen sich besser erkennen, wenn die Fläche einheitlich gefärbt ist, statt bei Flecken von Spachtelmasse und Füller.

4 Oberflächen gestalten

1. Erklären sie, warum der Fahrzeuglackierer Grundkenntnisse vom Gestalten von Oberflächen haben sollte.

Fahrzeuge werden nach Kundenwünschen farbig gestaltet.

4.1 Licht und Farbe

2. Was ist Licht?

Licht ist elektromagnetische Strahlung, die für den Menschen sichtbar ist.

3. Wie breiten sich Lichtstrahlen aus?

Lichtstrahlen breiten sich immer senkrecht von der Lichtquelle aus – im Vakuum mit Lichtgeschwindigkeit und als Welle. Wellen sind Schwingungen, die sich im Raum ausbreiten.

4. Nennen Sie sechs Arten von Wellen der elektromagnetischen Strahlung.

- Röntgenstrahlen
- ultraviolette Strahlen
- sichtbares Licht
- infrarote Strahlen
- Mikrowellen
- Radiowellen (UKW, KW, MW, LW)

5. Erklären Sie, warum wir überhaupt sehen können.

Von der Sonne wird natürliches weißes Licht ausgestrahlt. Diese Strahlen treffen auf die Oberfläche eines Gegenstands, z. B. eines lackierten Kotflügels, und werden von der Lackoberfläche ins Auge des Menschen zurückgeworfen. Dort treffen sie auf die Netzhaut und lösen einen Nervenimpuls aus, der im Gehirn verarbeitet wird.

6. Nennen Sie eine mögliche Definition von „Farbe".

Der Begriff „Farbe" wird verwendet für:
- Anstrichstoff (ist in diesem Kapitel nicht gemeint)
- den Sinneseindruck, der durch das Auge vermittelt wird, wenn Lichtstrahlen von einer Oberfläche reflektiert werden

7. Nennen Sie je ein Beispiel für eine natürliche und eine künstliche Lichtquelle.

- natürliche Lichtquelle: Sonnenlicht
- künstliche Lichtquelle: elektrische Lampen

8. Erklären Sie den Begriff „Beleuchtungsstärke".

Helligkeit an einem Ort; sie hängt im Wesentlichen ab von:
- der Lichtstärke der Lichtquelle und
- dem Abstand zur Lichtquelle zu diesem Ort

Die Einheit ist Lux (lx)

9. Wie viel Lux hat Sonnenlicht auf der Erdoberfläche und wie viel Lux sollten am Arbeitsplatz herrschen?

- Sonnenlicht: 100 000 lx
- Licht am Arbeitsplatz: ca. 1000 lx

10. Was passiert in unseren Augen, wenn sie beim Schweißen „verblitzt" werden?

Die energiegeladenen Lichtwellen treffen unsere Netzhaut und die Sinneszellen dort werden durch die hohe Energie sehr stark gereizt. Im günstigsten Fall können sich die Netzhautzellen wieder regenerieren (erholen). Wird das Auge zu lange energiereicher Strahlung ausgesetzt, erblindet der Mensch, weil die Sinneszellen zerstört werden. Deshalb gilt: Beim Schweißen niemals in die Flamme schauen.

11. Nennen Sie den sichtbaren Bereich der elektromagnetischen Strahlung in Nanometer!

Sichtbar für den Menschen ist der Bereich etwa von 380 nm bis 760 nm.
Hinweis: 1 nm = 0,000 001 mm

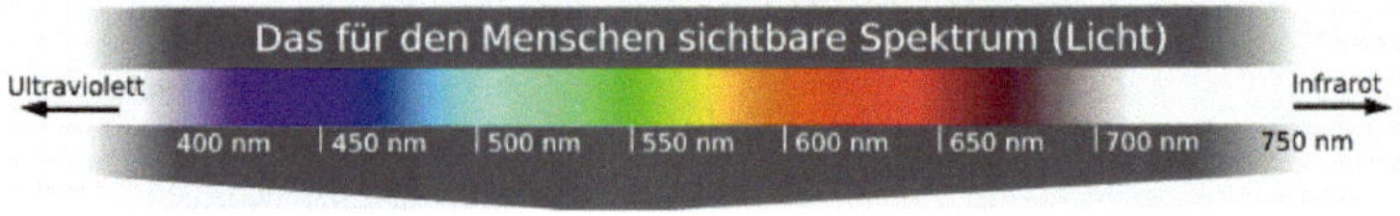

12. Aus welchen Farben besteht sichtbares Licht und wie groß ist die Wellenlänge?

Farbe	Wellenlänge in nm
Rot	630 … 760
Orange	585 … 630
Gelb	570 … 585
Grün	490 … 570
Blau	420 … 490
Violett	380 … 420

13. Wie heißt das Fachwort für die sechs Farben des sichtbaren Lichtes?

Spektralfarben oder auch Lichtfarben

14. Was passiert, wenn alle sechs Lichtfarben durch eine Linse zusammengeführt und überlagert werden?

Es entsteht weißes Licht.

15. Erklären Sie den Begriff „additive Farbmischung".

Werden Spektralfarben gemischt, nimmt die Helligkeit mit jeder Farbe zu; Lichtfarben werden hinzugefügt, also addiert. Die vollständige Mischung ergibt Weiß.

16. Wie werden die drei Grundfarben der additiven Farbmischung genannt? Nennen Sie die Abkürzung.

Die RGB-Grundfarben
- R: Rot
- G: Grün
- B: Blau

17. Erklären Sie den Begriff „Reflexion".

Treffen Lichtstrahlen auf eine Oberfläche, so werden sie reflektiert (zurückgeworfen). Sie folgen dem physikalischen Gesetz: Einfallswinkel gleich Ausfallswinkel (denken Sie an eine Billardkugel, die an die Bande gespielt wird). Ist die Oberfläche:
- glatt, werden die parallelen Strahlen des Sonnenlichtes auch wieder parallel reflektiert; die gerichtete Reflexion
- uneben oder rau, wird jeder Lichtstrahl in eine andere Richtung reflektiert; diffuse Reflexion

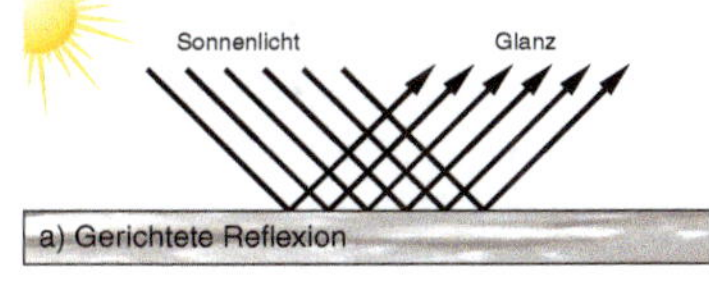

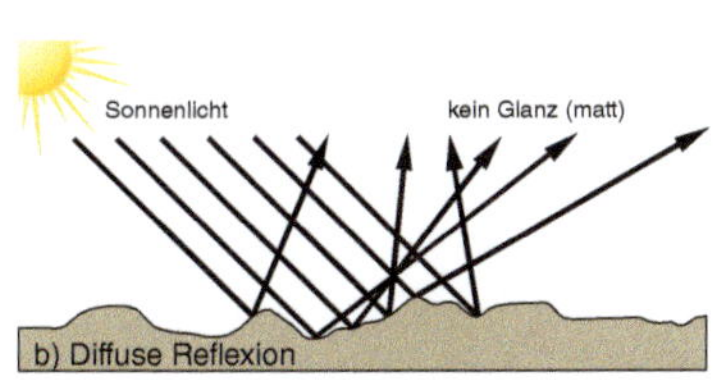

18. Erklären Sie den Begriff „Absorption".

Lichtstrahlen werden von bestimmten Oberflächen „verschluckt" (absorbiert); sie können nicht von unserem Auge erfasst werden.

19. Erklären sie auf der Teilchenebene: Was passiert mit den absorbierten Strahlen im schwarzen Lackfilm?

Die Photonen des Lichts treffen auf die Atome und Moleküle der schwarzen Farbteilchen, die Pigmente. Durch die Energie der Photonen beginnen sich die Pigmente zu bewegen. Sie werden angestoßen. Es entsteht Reibung und durch diese Reibung entsteht Wärmestrahlung. Die Lichtstrahlen werden durch die Pigmente erst in Bewegungsenergie und dann in Wärmestrahlung umgewandelt.

20. Warum wird es in einem weißen Auto bei Sonneneinstrahlung nicht so heiß wie in einem dunklen Auto?

Weiße Oberflächen reflektieren das Sonnenlicht vollständig. So werden die energiereichen Photonen aus dem Sonnenlicht wie bei einem Spiegel von den weißen Pigmenten reflektiert, sie können ihre Energie nicht im Lack umwandeln.

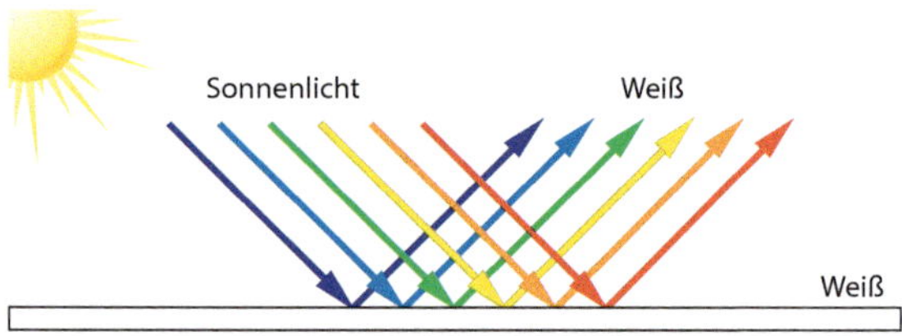

21. Welchen Farbton sehen wir, wenn alle Wellen des Lichtspektrums von den Pigmentteilchen absorbiert werden?

Schwarz

22. Nennen Sie den Farbton, der zu sehen ist, wenn in einem Pigmentteilchen die Lichtstrahlen mit der Wellenlänge von Orange, Gelb, Grün, Blau und Violett absorbiert werden?

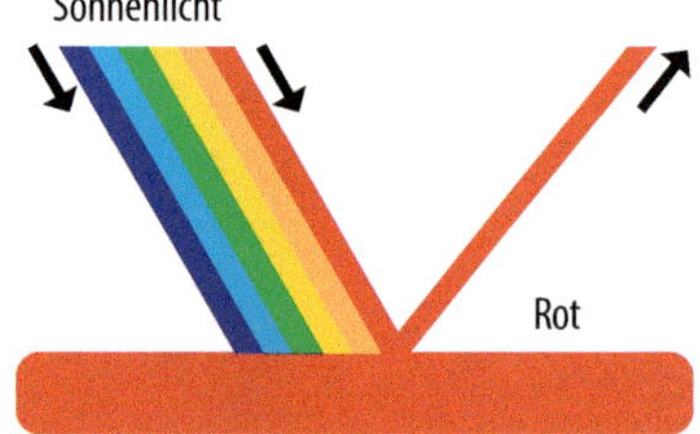

23. Erklären Sie den Begriff „subtraktive Farbmischung".

Eine absorbierende Oberfläche (z. B. Pigmente) „schlucken" Teile des Lichtes; es werden aus dem weißen Licht Teile entfernt; man kann sagen: Sie werden subtrahiert. Dabei nimmt die Helligkeit ab und die Farben erscheinen dunkler.

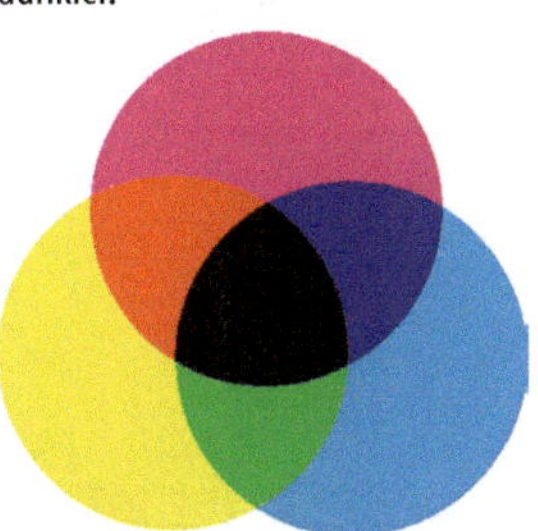

24. Welches sind die Grundfarben der subtraktiven Farbmischung? Nennen Sie die Abkürzung.

Die so genannten „CMY-Farben":
C – Cyan (Blau)
M – Magenta (Rot)
Y – Yellow (Gelb)

4.2 Ordnung der Farben

Einteilung der Körperfarben

25. Erklären Sie den Begriff „Körperfarben".

Farbtöne, die aufgrund von Reflexion und Absorption durch farbige Pigmente (eines Körpers) entstehen

26. Wie werden Körperfarben nach ihrer Ausmischung eingeteilt?

- Primärfarben
- Sekundärfarben
- Tertiärfarben

27. Erklären Sie den Begriff „Primärfarben".

Farben, die nicht aus anderen Farben mischbar sind; sie werden auch „Grundfarben" oder „Farben erster Ordnung" genannt; alle anderen Körperfarben können aus diesen drei Grundfarben gemischt werden.

28. Nennen Sie die drei Primärfarben.

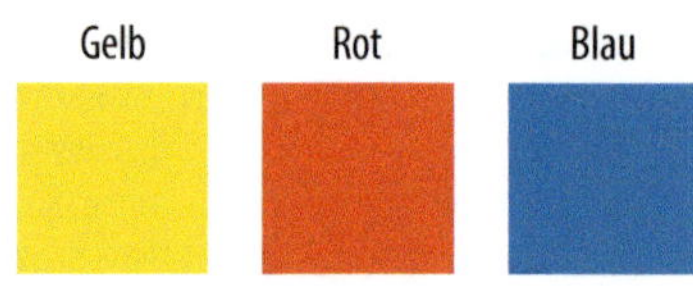

29. Erklären Sie den Begriff „Sekundärfarben".

Farben, die aus zwei Primärfarben gemischt werden; sie werden auch „Farben zweiter Ordnung" genannt.

30. Nennen Sie die drei Sekundärfarben.

31. Erklären Sie den Begriff „Tertiärfarben".

„Farben der dritten Ordnung", gemischt aus zwei Sekundärfarben

Farbordnungssysteme

32. Warum benötigt der Fahrzeuglackierer Farbordnungssysteme?

Der Sinn von Farbordnungssystemen ist, Farben systematisch zu ordnen. Dabei wird den Licht- und Körperfarben eine eindeutige und reproduzierbare Systematik gegeben und die Zusammenhänge zwischen einzelnen Farbtönen beschrieben.

33. Nennen Sie die drei Merkmale, nach denen die Farben eingeordnet werden können.

- Farbton
- Sättigung
- Helligkeit

34. Beschreiben Sie, was mit den einzelnen Merkmalen gemeint ist.

- Farbton: der Buntfarbton an sich (Gelb, Orange, Grün)
- Sättigung: Es wird unterschieden in gesättigte und getrübte (z. B. mit Grau gebrochene) Farben.
- Helligkeit/Dunkelstufe: Damit wird gesagt, ob ein Farbton hell oder dunkel ist (Hellrot, Dunkelblau).

35. Nennen Sie die sechs Farben, die in ihrer Sättigung nicht mehr gesteigert werden können.

Die drei Primärfarben
- Rot
- Gelb
- Blau

und die drei Sekundärfarben
- Orange
- Grün
- Violett

36. Wie lässt sich die Sättigung von Farben verändern?

Durch die Hinzugabe von:
- Grau oder
- Schwarz oder
- Weiß oder
- der Komplementärfarbe

37. Nennen Sie die Farben, die auch als „unbunte Farben" bezeichnet werden.

- Weiß
- Schwarz
- Grau in allen Abstufungen

38. Nennen Sie vier Möglichkeiten, mit deren Hilfe Farbordnungen visualisiert werden können.

- Farbkreise
- Farbreihen
- Farbregister
- Farbkörper

39. Erklären Sie den Begriff „Farbkreis".

Ein Farbkreis dient zur Systematisierung und Darstellung der Beziehungen von Farben:
- Die drei Grundfarben werden in einem Farbkreis mit drei gleichgroßen Teilen dargestellt.
- In einem Kreis mit sechs Teilen befinden sich die drei Grundfarben und deren drei Mischfarben, den Sekundärfarben.
- usw.

40. Nennen Sie die zwei Farbkreise, die in der Fahrzeuglackierung oft verwendet werden.

sechsteiliger Farbkreis

zwölfteiliger Farbkreis

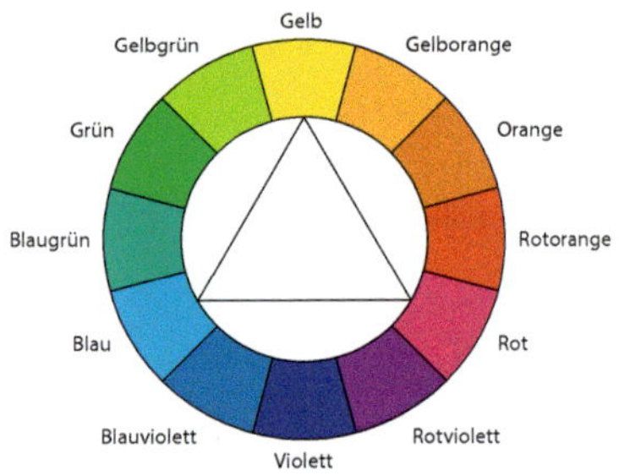

41. Erklären Sie den Begriff „Komplementärfarben".

Farben, die sich im sechs- und zwölfteiligen Farbkreis gegenüberliegen.

42. Welchen Farbton erhält man, wenn man zwei sich im Farbkreis gegenüberliegende Farben miteinander mischt?

Grau

43. Wie werden die Farben genannt, die im sechs- und zwölfteiligen Farbkreis nebeneinanderliegen?

Nebenfarben, z. B.

- Gelb und Orange
- Blau und Grün

44. Warum wird die Farbgestaltung mit Nebenfarben als angenehm empfunden?

Nebenfarben ergeben einen harmonischen Farbklang.

45. Wird die Farbgestaltung mit Komplementärfarben vom Menschen auch als harmonisch bezeichnet?

Ja. Das menschliche Auge ergänzt automatisch die Gegenfarbe, wenn man auf eine Fläche mit nur einer Farbe schaut.

46. Erklären Sie den Begriff „Farbregister".

Farbfächer und Farbpaletten, auf denen die Farbtöne als Muster aufgebracht sind.
Sie veranschaulichen die technische Machbarkeit von Farbtönen.

47. Welchen Vorteil hat die Normierung von Farben durch die Nummerierung für den Handwerker, speziell den Fahrzeuglackierer?	Man muss nur die Nummer eines Farbtons kennen, um ihn nachzumischen.
48. Nennen Sie den Vorteil von Farbregistern.	Ein Farbordnungssystem, mit dem jeder Mensch in der Lage ist, eine Farbe zu bestimmen, ohne auf die Hilfe von Farbmessinstrumenten angewiesen zu sein.
49. Nennen Sie Farbregister, die in der Fahrzeuglackierung geläufig sind.	Für Handwerk und Industrie ist das Farbregister RAL 840 HR geläufig. Darüber hinaus arbeitet jeder Farb- und Lackhersteller mit einem eigenen Register.
50. Wofür steht die Abkürzung „RAL"?	Reichsausschuss für Lieferbedingungen
51. Wie viele Farben beinhaltet das Farbsystem RAL 840 HR zurzeit?	213 Farben
52. Was bedeutet diese allgemeine Aussage über Gütesiegel für das RAL-Farbregister im Speziellen?	Die Farben im Farbregister RAL sind für alle professionellen Anwender standardisiert und durch eine Kennzahl bezeichnet. Dadurch ist gewährleistet, dass die durch die Zahl gekennzeichnete Farbe immer gleich reproduzierbar ist.

53. Nennen Sie die die RAL-Nummer für die wichtigsten Farben.

Farbe	RAL-Nummer
Rot	3000
Orange	2000
Gelb	1000
Grün	6000
Blau	5000
Violett	4001
Schwarz	9004, 9005
Weiß	9010, 9016
Grau	7000
Braun	8000

54. Nennen Sie zwei Beispiele für Objekte in einer Lackiererei, die mit RAL-Farbtönen beschichtet werden. Geben Sie den dazugehörigen RAL-Farbton an.

- Sauerstoffleitungen: RAL 5015, Blau
- Warmwasserrohre: RAL 3000, Rot

4.3 Schriftarten und Schriftabwandlungen

55. Welches sind die kleinsten Schriftzeichen?

einzelne Buchstaben und Zahlen/Ziffern

56. Wie werden in der Typografie Großbuchstaben genannt? Nennen Sie zwei Möglichkeiten.

- Majuskel, von majusculus (lat.): etwas größer
- Versalien

57. Was ist die Versalhöhe?

die Höhe einer Majuskel, eines Großbuchstabens

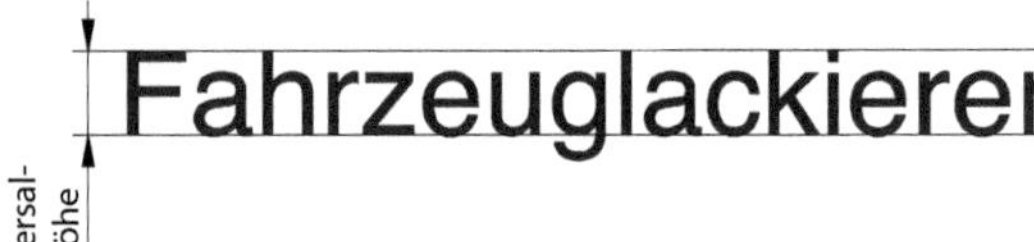

58. Wie werden Schriften genannt, bei der die Wörter nur aus gleich hohen Großbuchstaben bestehen? Nennen Sie drei Fachbegriffe.

- Versalschrift
- Kapitalschrift
- Majuskelschrift

59. Nennen Sie zwei englische Begriffe für „Schrift".

- Typeface (engl.): Schriftart
- Fonts (engl.): Schriften eines digitalen Zeichensatzes

4.3.1 Klassifikation der Schriften

Merkmale der Schrift

60. Nennen Sie die drei Merkmale, nach denen Schriften eingeteilt werden.

- Duktus
- Serifen
- Rundungen

61. Erklären Sie die Begriffe „Duktus".

Charakter eines Buchstabens

62. Zählen Sie fünf wichtige Formmerkmale eines Buchstabens auf.

- die Formgebung der Serifen (Serifenübergänge, Serifenseitenkanten)
- die Form der Dachansätze
- die Höhe und Proportion der Oberlänge, Mittellänge und Unterlänge
- die optische Achse der Rundformen
- der Strichstärkenkontrast der Balken und Querbalken

63. Erklären Sie den Begriff „Kapitälchen".	Versalien, also Großbuchstaben, die in ihrer Höhe auf 75 % vermindert sind. Sie haben gewöhnlich die x-Höhe der Mittellängen von Kleinbuchstaben. Nur der Großbuchstabe am Wortanfang hat 100 % der Versalhöhe. Beispiel: KAPITÄLCHEN
64. Nennen Sie den Grund, eine Schrift mit Kapitälchen zu verwenden.	Wörter werden besonders betont und hervorgehoben.
65. Erklären Sie den Begriff „Initiale".	Initiale kommt aus dem Lateinischen: Initium = Anfang und bedeutet: • groß geschriebener, schmückender Anfangsbuchstabe, der als erster Buchstabe von Kapiteln oder Abschnitten verwendet wird • den jeweils ersten Buchstaben des Vor- und Nachnamens
66. Was sind Versalziffern?	Zahlen von 0 bis 9, welche in der Größe von Großbuchstaben geschrieben sind; deshalb werden sie auch „Normalziffern" genannt. Sie haben keine Ober- und Unterlänge und sind auf der Grundlinie der Schrift angeordnet.
67. Was sind Minuskeln?	„Minuskel" stammt vom lateinischen Wort „minusculus"; das bedeutet: „eher klein". Damit sind also die Kleinbuchstaben gemeint. Sie werde auch: „Gemeine" genannt.
68. Erklären Sie den Fachbegriff „diakritisches Zeichen".	Sonderzeichen wie À Á á à Å å ç
69. Erklären Sie den Fachbegriff „Ligatur".	Zusammenfassung von zwei einzelnen Buchstaben in ein einzelnes Zeichen, Beispiel: Aus „ss" wird „ß". Ligaturen sind häufig bei gebrochenen Schriften zu finden.
70. Erklären Sie, warum es das „ß" nicht als Großbuchstaben gibt.	Da dieser Buchstabe nie am Anfang eines Wortes steht.

71. Beschreiben Sie, wo der Tropfen an einem Buchstaben zu finden ist.

Der Tropfen ist die runde Verdickung etwa beim a, g, c, j, r oder e.
Beispiel:

72. Wie wird der nach unten geführter Strich eines Buchstabens genannt?

Abstrich oder Grundstrich

73. Erklären Sie den Begriff „Anstrich".

An Buchstaben schräg oder horizontal angeordnet wie eine „Nase" oder ein „Dachansatz"
Beispiel:

74. Erklären Sie den Begriff „Arm" im Zusammenhang mit Schriften.

horizontale Linien bei den Großbuchstaben F, E und T

75. Erklären Sie, was als der „Aufstrich" bei einem Buchstaben bezeichnet wird?

der nach oben geführte Strich

76. Erklären Sie, wo der „Auslauf" und die „Schulter" an einem Buchstaben zu finden sind.

Auslauf: Endung eines Buchstabens
Schulter: obere Rundung, z. B. beim m, n, a und h

77. Zeichen Sie bei einem Buchstaben die „Dickte" ein und erklären Sie, was das ist.

Breite eines Buchstabens, inklusive der Vor- und Nachbreite. Der nichtdruckende Teil einer Drucktype heißt zudem Fleisch.

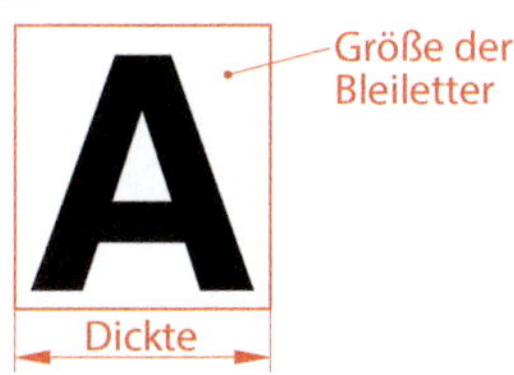

78. Erklären Sie den Begriff „Serife".

Feine Linie, die einen Buchstabenstrich am Ende, quer zu seiner Grundrichtung abschließt.

79. Was wird als die „Kehlung" bei einer Serife bezeichnet?

innerer Bogen der Serife, auch „Serifenrundung" genannt

80. Zeigen Sie den Teil eines Buchstabens, der als „Punze" bezeichnet wird.

Innenteil eines Buchstabens; die Punzenbreite des Kleinbuchstabens „n" dient als Anhaltspunkt für den Wortzwischenraum.

81. Was ist mit Balkenstärke bei einem Buchstaben gemeint?

Breite des Buchstabenbalkens bei der Schriftkonstruktion.
Abhängig von der Schriftart kann die Balkenbreite bei allen Buchstaben gleich sein, aber auch variieren.

82. Wie heißt die dünnste Linie bei einem Buchstaben?

Die dünnste Linie im Buchstaben heißt „Haarstrich".

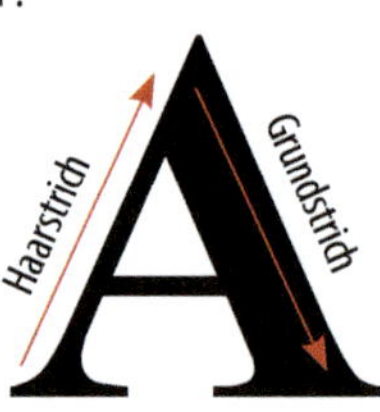

83. Wie heißt die horizontale Achse (Linie), auf der die Buchstaben angeordnet sind?

Grundlinie (Schriftlinie)

84. Wie wird die Buchstabenhöhe der Kleinbuchstaben wie x, m, n, usw. bezeichnet?

Minuskelhöhe, Mittelhöhe oder auch x-Höhe

85. Benennen Sie die Linien, die die Höhe eines Kleinbuchstabens angeben?

Der obere Rand eines Kleinbuchstabens wird begrenzt durch die x-Linie und der Buchstabe liegt auf der Grundlinie.

86. Erklären Sie die Begriffe „Oberlänge" und „Unterlänge" bei Minuskeln (Kleinbuchstaben).

- Oberlänge: die sichtbare Strichhöhe bei k, l, h oder b, welche über die x-Höhe hinausreicht
- Unterlänge (auch p-Linie genannt): der unter die Schriftlinie reichende Teil bei g, j, p, g, y und f sowie ß

87. Wie wird der Bereich bei runden und spitzen Buchstaben genannt, der über die Versalhöhe, bzw. die Unterlänge hinausragt? Nennen Sie drei gebräuchliche Bezeichnungen.

Überhang, Übertritt, auch: Overshoot

88. Wie nennt man die Häkchen am g?

Fähnchen, auch „Ohr"

89. Erklären Sie den Fachbegriff, wenn Schrift „gesperrt" ist, also den „Sperrsatz" oder das „Sperren von Schrift".

Vergrößerung der A b s t ä n d e zwischen den einzelnen Buchstaben durch Spationieren. Es dient der Hervorhebung von bestimmten Wörtern.

90. Erklären Sie den Begriff „Unterschneiden".

Gegenteil von „Sperren", also die Abstände zwischen den Buchstaben verringern

91. Was macht den „Schriftcharakter" aus?

Schriftcharakter ist die Gesamtheit aller Formelemente einer Schrift, durch die diese ihren spezifischen Ausdruck erhält.

92. Nennen Sie die drei Schriftgattungen.

Man unterscheidet die Schriftgattungen mit den drei Hauptgruppen:

- runde Schriften (Antiqua)
- gebrochene Schriften (Fraktur)
- fremde Schriften

Einteilung der Schriften nach DIN 16 518

93. Nennen Sie die Schriftarten nach DIN 16 518.

Gruppe I: Venezianische Renaissance-Antiqua
Gruppe II: Französische Renaissance-Antiqua
Gruppe III: Barock-Antiqua
Gruppe IV: Klassizistische Antiqua
Gruppe V: serifenbetonte Linear-Antiqua
Gruppe VI: serifenlose Linear-Antiqua (auch als Grotesk bezeichnet)
Gruppe VII: Antiqua-Varianten
Gruppe VIII: Schreibschriften
Gruppe IX: handschriftliche Antiqua
Gruppe X: gebrochene Schriften
Gruppe XI: fremde Schriften

94. Nennen Sie charakteristische Eigenschaften der Schriftart „Venezianische Renaissance-Antiqua".

Venezianische Renaissance-Antiqua

- Symmetrieachse: nach links geneigt
- Serifen: ausgerundete Kehlen, dünn
- Anstrich: sehr schräg
- Querstrich des kleinen „e": schräg
- Strichstärken: wenig differenziert
- große Ober- und Unterlängen

95. Nennen Sie drei Schriftnamen für eine Venezianische Renaissance-Antiqua.

- ITC Berkley Old Style
- Guardi
- Centaur

96. Nennen Sie die Bezeichnung für die Römische Versalschrift, die als Vorbild für die Antiqua gilt.

Römische Capitalis: Diese Schrift bestand nur aus Großbuchstaben.

97. Erklären Sie die Herkunft der Antiqua-Schrift.

Diese Schriftart entstand Ende des 15. Jahrhunderts in Italien. Antiqua ist eine auf dem lateinischen Alphabet basierende Schrift.

98. Nennen Sie charakteristische Eigenschaften der Schriftart „Französische Renaissance-Antiqua".

Französische Renaissance-Antiqua

- Symmetrieachse: nach links geneigt
- Serifen: ausgerundete Kehlen
- Anstrich: schräg
- Querstrich des kleinen „e": waagerecht
- Strichstärken: differenziert

99. Nennen Sie vier Schriftnamen für eine Französische Renaissance-Antiqua.

- Garamond
- ITC Aillard
- Bembo
- Minion
- Dante

100. Nennen Sie Assoziationen, die mit Antiquaschriften verbunden werden.

Antiquaschriften, wie z. B. Times New Roman, Garamond, haben die Anmutung von:
- elegant
- kunstvoll
- emotional

101. Nennen Sie charakteristische Eigenschaften der Schriftart „Barock-Antiqua".

Barock-Antiqua
- Symmetrieachse: gering nach links geneigt
- Serifen: ausgerundete Kehlen
- Anstrich: schräg, manchmal dreieckig
- Querstrich des kleinen „e": waagerecht
- Strichstärken: differenziert

102. Nennen Sie vier Beispiele für eine Barock-Antiqua.

- Times New Roman
- Baskerville
- Bookman
- Zapf International

103. Nennen Sie charakteristische Eigenschaften der Schriftart „Klassizistische Antiqua".

Klassizistische Antiqua
- Symmetrieachse: senkrecht
- Serifen: keine Kehlung, kaum sichtbar, dünn, waagerecht
- Anstrich: waagerecht
- Querstrich des kleinen „e": waagerecht
- Strichstärken: sehr stark differenziert, große Unterschiede zwischen Haar- und Grundstrich

104. Nennen Sie fünf Beispiele für eine Klassizistische Antiqua.

- Didot
- Modern
- Madison
- Bodoni
- Centennial

105. Nennen Sie charakteristische Eigenschaften der Schriftart „serifenbetonte Linear-Antiqua".

serifenbetonte Linear-Antiqua

- Symmetrieachse: senkrecht
- Serifen: keine Kehlung, identische Stärke zum Grundstrich
- Anstrich: waagerecht
- Querstrich des kleinen „e": waagerecht
- Strichstärken: stark differenziert

106. Nennen Sie fünf Schriftnamen für die serifenbetonte Linear-Antiqua.

- Egyptienne, ca. 1815
- Italienne, ca. 1850
- Clarendon, ca. 1900
- Monotype: „Rockwell"
- Memphis

107. Nennen Sie charakteristische Eigenschaften der „serifenlosen Linear-Antiqua".

serifenlose Linear-Antiqua

- Symmetrieachse: senkrecht
- Serifen: fehlen
- Anstrich: keiner (mit wenigen Ausnahmen: leicht schräg)
- Querstrich des kleinen „e": waagerecht
- Strichstärken: kaum differenziert

108. Erklären Sie, was „serifenlos" oder auch „endstrichlos" bedeutet.

Das sind Schriftarten ohne Serifen, bei denen alle Senkrechten und Rundungen in der Regel optisch dieselbe Strichstärke haben.

109. Erläutern Sie, warum diese Schriften auch als „Grotesk" bezeichnet werden.

Die Groteskschriften entstanden Anfang des 19. Jahrhunderts in England mit Beginn der Industrialisierung.
Durch das Weglassen der bis dahin gebräuchlichen Serifen empfanden die Menschen diese Schriften als sonderbar und ungewohnt.

110. Nennen Sie allgemeine Assoziationen, die mit Groteskschriften verbunden werden.

Groteskschriften haben die Anmutung von:

- wissenschaftlich und technisch
- nüchtern
- sachlich
- zeitlos

111. Nennen Sie Schriftnamen für die serifenlose Linear-Antiqua.

- Arial
- Tahoma
- Helvetica
- Gill
- Lucida Sans
- Futura
- Avant Garde
- Bauhaus
- Eras Light
- ITC, Britannic

112. Nennen Sie Schriften, die nicht eindeutig zuzuordnen sind, aber in der Schriftgruppe VI eingeordnet sind.

- Bernhard EF Fashion
- Jin
- Pt Sans Italic
- Eras Bold ITC
- EF Extra Light

113. Erklären Sie allgemein, welche Schriften in der Gruppe VII „Antiqua-Varianten" zusammengefasst sind.

Alle Antiquaschriften, die sich nicht in die anderen Gruppen einordnen lassen, z. B. Dekorschriften.

114. Erklären Sie den Begriff „Schreibschriften".

Schulschriften bzw. Schriften, die der Handschrift nachempfunden sind.

115. Nennen Sie vier Schriftnamen aus der Gruppe VIII „Schreibschriften".

- Chiller
- Mistral
- Pepita
- Delphion
- Script

116. Erklären sie den Begriff „handschriftliche Antiqua".

Schriften, die ausgehend von einer Antiqua oder deren Kursivform das Alphabet in einer persönlichen Weise handschriftlich umsetzen.

117. Nennen Sie drei besondere Merkmale von gebrochenen Schriften.

- die Bögen der Buchstaben sind ganz oder teilweise gebrochen
- stark betonte Senkrechte
- starke Balken mit runden Zügen

118. Erklären Sie, warum die Schriften der Gruppe X „Gebrochene Schriften" auch als „Frakturschriften" bezeichnet werden?

fragere (lat.): brechen

119. Nennen Sie Namen von vier gebrochenen Schriften.

- Gotisch, ca. 1445
- Rundgotisch, ca. 1470
- Schwabacher, ca. 1485
- Fraktur, ca. 1540

120. Erklären Sie den Begriff „Fremde Schriften".

In der Gruppe XI sind alle fremdartigen Schriftarten zusammengefasst, wie
- die chinesischen Schriftzeichen,
- die aus dem arabischen Raum oder auch
- die kyrillischen Schriftarten.

Wirkung von Schrift

121. Nennen Sie drei Schriftarten, die elegant und konservativ wirken und die gut in Printmedien zu lesen sind, aber am Computerbildschirm nur schlecht.

- Garamond
- Bookman
- Times New Roman

122. Welche zwei Schriftarten sind sachlich, zeitlos und sehr gut am Computerbildschirm zu lesen?

serifenlose Linear-Antiqua (Grotesk): Arial, Tahoma

123. Nennen Sie drei Schriftarten, die schmal und eng sind und drückende Enge, mitunter auch Strenge ausdrücken?

- Gill
- Lucida Sans
- Futura

124. Welche Schriftarten wirken leicht, dünn, luftig und zierlich, sind aber vergleichsweise schwer lesbar, daher nur für kurze, kleine Texte geeignet?

- Eras Light
- ITC, Britannic
- EF Extra Light

125. Nennen Sie zwei Schriften, die Individualität, Dynamik und Persönlichkeit signalisieren, gut als Blickfang verwendbar aber schwer lesbar sind.

- Bernhard EF Fashion
- Chiller

126. Nennen Sie zwei Schriftarten, die Dynamik und Bewegung ausdrücken und meist durch kursiven oder schrägen Schriftschnitt erkennbar sind.

serifenlose Linear-Antiqua (Grotesk):
- Jinx
- Pt Sans Italic

Diese Schriften sind allerdings nur schwer lesbar und daher hauptsächlich für Überschriften geeignet.

127. Welche Schriften wirken schwer, kräftig und drücken Gewicht, Masse oder Schwere aus und sind hauptsächlich auch nur für Überschriften geeignet?

- serifenlose Linear-Antiqua (Grotesk)
- Eras Bold ITC

Schriften für Desktop-Publishing, digitalisierte Schriften

128. Erklären Sie, welche Schriften als „Fontschriften" bezeichnet werden?

font (engl.) für „gegossene Form einer Schrift" bezeichnet heutzutage aber die elektronische Form einer Schriftart (digitale Satzschrift). Fontformate sind zur Darstellung von Schriften auf Computerbildschirmen notwendig.

129. Zählen Sie vier digitalisierte Schriftformate auf.

- OpenType
- PostScript
- TrueType
- Bitmap

Displayschrift

130. Erklären Sie den Begriff „Displayschrift".

Zier- und Schmuckschriften, bei der die Buchstaben eng aneinander stehen und die größer als 48 Punkt sind

131. Wo sollten diese Schriften verwendet werden?

Diese sind für den Großdruck z. B. auf Fahrzeugen, und nicht für Fließtext geeignet.

4.3.2 Schriftabwandlungen

132. Erklären Sie, was mit dem Begriff „Schriftabwandlungen" gemeint ist.

Die Form einer Grundschrift wird geringfügig verändert/abgewandelt.

133. Erklären Sie den Begriff „Schriftfamilie".

Eine Gruppe von Schriftstilen, die von einer Grundschrift stammen. Es gibt sie in verschiedenen Varianten; sie weisen aber alle gemeinsame Formmerkmale auf, weil sie in der Regel vom selben Designer entworfen wurden. Merkmale sind z. B. unterschiedliche Schriftbreite, -stärke und -länge.

134. Nennen Sie drei Möglichkeiten, eine Schrift zu variieren.

- Schriftstärke verändern (mager, fett)
- Buchstaben schräg stellen (kursiv)
- Buchstaben zusammenschieben oder Abstände verbreitern (schmale Schrift, breite Schrift)

135. Nennen Sie das Fachwort, unter dem kursive, fette, schmale oder normale Schrift zusammengefasst ist?

Schriftschnitt

136. Erklären Sie den Begriff „Spationieren".

Spationieren bedeutet:
- Leerraum bei Buchstabenabständen angleichen
- Wortabstände vergrößern
- Textteile nach optisch-ästhetischen Gesichtspunkten hervorheben
- Spationieren wird auch optischer Schriftweitenausgleich (OSW) genannt.

137. Erklären Sie, warum das Spationieren optisch durchgeführt wird, und nicht rechnerisch.

Spationieren eignet sich dafür, ästhetische Schriftlaufweiten ohne Lücken zu erstellen, kritische Buchstabenkombinationen auszugleichen und somit die Lesbarkeit eines Schriftsatzes zu optimieren.
Dies kann **nicht** mittels einer Rechenformel durchgeführt werden.

138. Wie wird die Schriftgröße (Höhe) angegeben?

durch den „typografischen Punkt"; wird auch als „Schriftgrad" bezeichnet

139. Nennen Sie die Schriftgröße in Punkten, die für Geschäftsbriefe in DIN-A4-Format wegen der Lesbarkeit optimal ist.

12-Punkt

140. Warum ist eine gute Flächenaufteilung wichtig?

Schrift sollte ausgeglichen wirken.
- zu groß gewählte Schrift: Fläche wirkt aufdringlich und überladen
- zu klein gewählte Schrift: Text ist schlecht lesbar, unauffällig und verloren

4.4 Darstellung von Gegenständen

141. Was ist eine Skizze?

flüchtiges Zeichnen eines Motives, d. h. Ideen und Gedanken werden in zügigen Strichen zu einem Motiv festgehalten

142. Welche Linien und Schattierungen enthält eine Skizze?

überwiegend Umrisse und andere wichtige Linien, nicht bis ins Detail ausgearbeitet, ohne Schattierungen und genaue Maße, spezielle Inhalte sind unwichtig

143. Erklären Sie, was eine Zeichnung ist.

die Weiterentwicklung einer Skizze; Proportionen und Einzelheiten werden dabei detailgetreu herausgearbeitet

144. Was versteht man unter „Projektion“?

Darstellung eines Gegenstandes mithilfe von Projektionslinien; projektieren (lat.): entwerfen

145. Was ist ein Piktogramm?

Zeichen, das vereinfacht und stilisiert ist, d. h., besondere Merkmale betont.
Ein Piktogramm
- ist ohne Verwendung von Schriftzeichen verständlich
- gibt Informationen zur Orientierung, Hinweise für das Verhalten usw.

146. Nennen Sie zwei räumlich wirkende Darstellungen von Gegenständen, die in der Fahrzeugtechnik hauptsächlich verwendet werden.

- Perspektiven
- Axonometrien

147. Wozu dient die Perspektive in einem Bild?

Sie hilft, einen räumlichen Eindruck zu vermitteln.

148. Erklären Sie den Begriff „Zentralprojektion“.

Gegenstand wird so gelegt, dass die Vorderansicht dem Betrachter frontal zugewandt ist. Alle parallelen horizontalen Kanten des Gegenstandes treffen sich im Fluchtpunkt; deshalb wird die Zentralprojektion auch Fluchtperspektive genannt.

149. Was macht die Zentralprojektion aus?

Man benötigt eine Horizontallinie und mindestens einen darauf sitzenden Fluchtpunkt. Ein im Raum befindlicher Körper wird dann an diesem Punkt ausgerichtet, das heißt, die Tiefenlinien führen verlängert zu diesem Punkt.

150. Erklären Sie den Begriff „Axonometrie“.

Alle Linien von geraden Objekten laufen parallel zueinander. Deshalb wird die axonometrische Darstellung auch „Parallelprojektion“ genannt.
Die Grundlinie steht schräg zur Blickrichtung, d. h., man sieht den Körper von schräg oben. Dabei sind immer drei Seiten eines rechteckigen Körpers sichtbar.

151. Nennen Sie die drei Axonometrien, die in DIN ISO 5456-3 genormt sind.

- isometrische Projektion
- dimetrische Projektion
- schiefwinklige Projektion

152. Erklären Sie die isometrische Projektion.

In dieser Projektion werden die Bauteilkanten, die eigentlich im 90°-Winkel zueinander stehen, in einem 30°-Winkel zur Horizontalen gezeichnet. Dabei wird keine der Kanten verkürzt dargestellt.

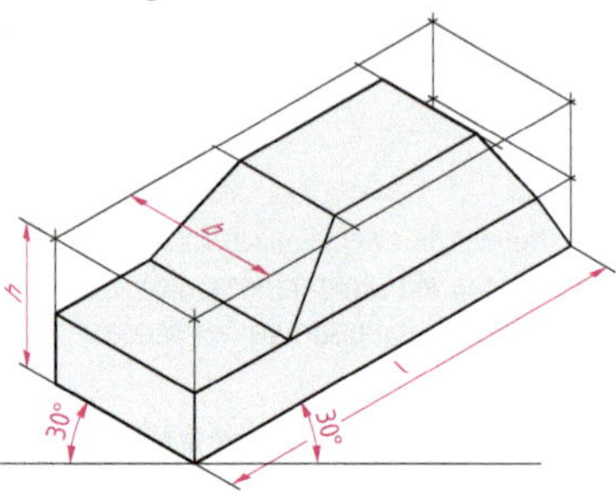

153. Erklären Sie die dimetrische Projektion.

Bei dieser Projektion steht die wichtigste Bauteilkante in einem 7°-Winkel zum Horizont, die andere Kante in einem 42°-Winkel.
Die Kante, die im 42°-Winkel dargestellt ist, wird dabei in Seitenverhältnis 1 : 2 gezeichnet – also halb so lang wie in Realität. Es finden sich also in einer Zeichnung zwei Maßstäbe = dimetrisch.

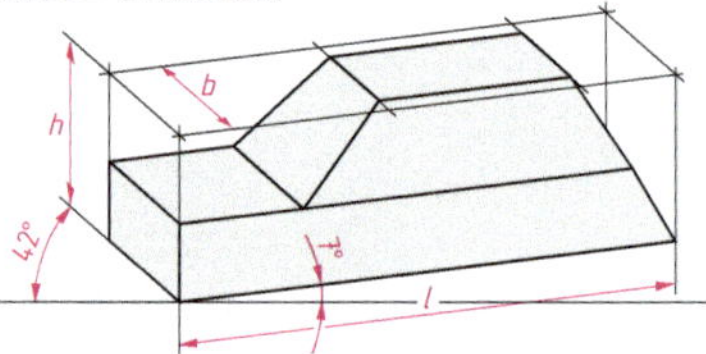

154. Erklären Sie die schiefwinklige Projektion am Beispiel der Kabinettprojektion.

Die wichtigste Bauteilkante wird horizontal dargestellt, die zweite Kante, die in Realität im 90°-Winkel zu anderen steht, wird hier im 45°-Winkel gezeichnet. Diese Kante wird im Seitenverhältnis von 1 : 2 gezeichnet,

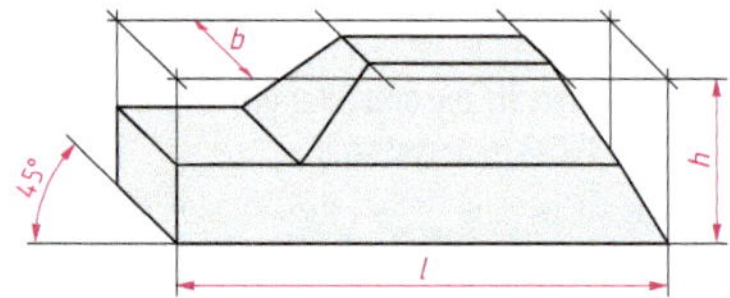

155. Nennen Sie die zwei Möglichkeiten, einzelne Flächen eines Gegenstandes darzustellen.

- Darstellung in Ansichten
- Abwicklung und Abklappung

156. Erklären Sie, wie ein Gegenstand in seinen Ansichten dargestellt werden kann.

Dazu wird die Zentralprojektion des Gegenstandes verwendet. Die Projektionslinien verlaufen parallel zueinander und treffen senkrecht auf die Zeichenebene. Meist genügen drei Ansichten:
- Vorderansicht
- Draufsicht
- Seitenansicht von links oder rechts

Diese Darstellung wird Dreitafelprojektion genannt.

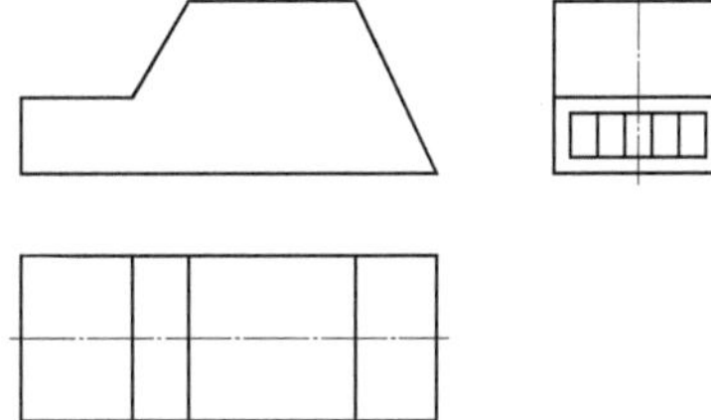

157. Erklären Sie den Begriff „Abwicklung der Oberfläche eines Gegenstandes".

Konstruktion und die Darstellung der ausgeklappten Oberfläche; Seitenmaße sind in wahrer Größe dargestellt.

158. Erklären Sie den Begriff „Abklappung der Oberfläche eines Gegenstandes".

Alle Teile des Mantels werden um die Grundfläche herum in die Zeichenebene geklappt.

4.5 Vergrößerung und Verkleinerung

159. Nennen Sie drei Methoden, um eine Vorlage zu vergrößern oder zu verkleinern.

- konstruktive Methode
- Rastermethode
- mithilfe optischer Geräte

160. Erklären Sie, wie mithilfe der konstruktiven Methode die Konstruktion einer Zeichnung vergrößert wird.

- Maße der Konstruktion bestimmen
- Vergrößerungsfaktor errechnen
- alle Maße mit dem Vergrößerungsfaktor multiplizieren
- Konstruktion mit den neuen Maßen zeichnen

161. Zählen Sie die Arbeitsschritte auf, die für die Rastermethode notwendig sind.

1. das gewünschte Motiv auf A4 Format ausdrucken/kopieren
2. über dieses Motiv ein Raster aus Bleistiftlinien zeichnen
3. die einzelnen Spalten und Zeilen nummerieren
4. das Verhältnis der Vergrößerung bestimmen
5. Maße des neuen Rasters daraus berechnen
6. das neue Raster im gewünschten Maßstab auf die Fläche zeichnen
7. in ein vergrößertes Raster können nun die einzelnen Bildteile in vergrößerter Form neu eingezeichnet werden
8. das dünn mit Bleistift gezogene Raster abschließend vorsichtig entfernen

162. Nennen Sie drei optische Geräte um Vorlagen zu vergrößern.

- Beamer
- Overhead-Projektor
- Digitalpräsenter

163. Erklären Sie: Ist beim Maßstab M 1 : 30 das Original größer oder kleiner als die Zeichnung?

M 1 : 30 → die Zeichnung/das Foto ist 30 Mal kleiner als das Original

164. Was ist beim Maßstab M 1 : 1 mit Original und Zeichnung?

M 1 : 1 → Zeichnung und Original sind gleich groß

165. Erkläre Sie den Maßstab von Original zu Zeichnung beim Maßstab M 5 : 1.

M 5 : 1 → die Zeichnung/das Foto ist 5 Mal größer als das Original

166. Die Länge des Kofferaufbaus eines Lkws beträgt $l = 3$ m. In der technischen Zeichnung ist dieses Maß $l_Z = 6$ cm lang. Wie groß ist der verwendete Maßstab?

geg.: $l = 3\text{ m} = 300\text{ cm}$

$l_Z = 6\text{ cm}$

ges.: M

Lösung:

$$l = l_Z \cdot M$$

$$M = \frac{l}{l_Z}$$

$$= \frac{300\text{ cm}}{6\text{ cm}}$$

$$\underline{\underline{M = 50}}$$

Der Maßstab beträgt M 1 : 50.

4.6 Entwürfe erstellen und präsentieren

167. Nennen Sie fünf wichtige Aspekte, die berücksichtigt werden müssen, wenn ein Entwurf erstellt wird.

- Auffälligkeit der Gestaltung
- Stimmigkeit zwischen Form und Inhalt
- Lesbarkeit der Beschriftung
- Aufmerksamkeitswert
- Originalität

168. Wie kann ein Text auf dem Schriftträger angeordnet werden?

Abhängig von Größe und Format der zu beschriftenden Fläche kann der Text angeordnet werden:
- symmetrisch oder unsymmetrisch
- einzeilig oder mehrzeilig
- geradlinig oder schräg

169. Nennen Sie vier Möglichkeiten, wie die Schrift gesetzt werden kann.

- Blocksatz
- linksbündiger Flattersatz
- rechtsbündiger Flattersatz
- zentrierter Satz

170. Erklären Sie den Begriff „Blocksatz".

Schriftsatz, der rechts und links glatt abschließt

171. Warum erfordert der Blocksatz sehr viel Erfahrung und typografisches Geschick?

Der Text muss so gesetzt werden, dass nicht zu große Wortabstände oder extrem gesperrte Wörter entstehen.

172. Erklären Sie, was ein Flattersatz ist.

rechts- oder linksbündig gesetzter Satz mit nach rechts unterschiedlich lang laufenden Zeilen

173. Was ist zu beachten, wenn Text und Bild verbunden werden?

- bei zu großem Abstand geht der Zusammenhang verloren
- bei zu geringem Abstand wirkt das Gesamtbild eingeengt
- Form und Größe des Bildes und des Textes sollten harmonieren

174. Nennen Sie die zwei Möglichkeiten, Entwürfe zu erstellen.

- mithilfe eines Grafikprogramms; Grundlage ist ein Foto oder ein Bild aus dem Archiv, auf dem dann Größe und Position von Bild und Text festgelegt werden können
- manuell mithilfe der Vergrößerungs- und Verkleinerungstechniken, siehe Kap. 4.5

175. Warum sollten dem Kunden immer mehrere Entwürfe präsentiert werden?

Der Kunde hat dann eine Auswahl von Lösungen, aus denen er wählen kann.

176. In welchen Fällen ist es sinnvoll, die Entwürfe auf der Abwicklung zu erstellen?

wenn alle vier Seiten beschriftet werden

4.7 Fahrzeuge beschriften

177. Nennen Sie die drei Möglichkeiten, mit denen Schrift auf Karosserieteile aufgebracht werden kann.

- selbstklebende Schrift montieren
- magnetische Tafel
- mit Schriftschablone lackieren

178. Beurteilen Sie die Klebkraft der Übertragungsfolie.

Die Klebkraft der Übertragungsfolie ist gering, damit sie rückstandslos entfernt werden kann und die Buchstaben nicht wieder mit abzieht.

179. Nennen Sie sechs technische Eigenschaften, die selbstklebende Schriftfolie haben muss.

- chemisch beständig gegen Lösemittel, Laugen (Seife) und Säuren (saurer Regen)
- physikalisch beständig gegen Temperaturschwankungen, UV-Strahlung
- farbbeständig (Farbechtheit)
- Klebstoff muss dauerhaft halten
- Klebstoff darf nicht mit dem Untergrund (Klarlack) reagieren
- aber: Die Folie muss dennoch rückstandslos entfernbar sein.

180. Zählen Sie die Arbeitsschritte auf, die zum Montieren der selbstklebenden Schriftfolie auf eine Karosserie notwendig sind.

1. Schriftzug mit etwas Rand ausschneiden
2. entgittern
3. wenn vom Zulieferer noch nicht aufgebracht, dann die Transferfolie auf den Schriftzug kleben (von vorn)
4. den Untergrund/Lack säubern und polieren
5. Positionierungshilfen (z. B. Schriftlinie) auf die Lackfläche aufzeichnen (mit weichem Bleistift)
6. auf exakte Maße bei spiegelverkehrten Motiven (z. B. rechte und linke Tür) achten
7. die Fläche mit Seifenwasser nass machen
8. das Trägerpapier vom Schriftzug abziehen
9. den Schriftzug auf den Untergrund, also der Schriftlinie, positionieren
10. von innen nach außen vorsichtig mit weichem Lappen glatt andrücken
11. die Schrift in Endposition bringen, auf dem Seifenwasser entsprechend schieben
12. das Seifenwasser mit einer Kunststoff- oder Filzrakel von der Schriftmitte nach außen hin wegstreichen; auf Blasenfreiheit achten!
13. Transferfolie vorsichtig in einem sehr spitzen Winkel abziehen

181. Der Aufbau eines rechteckigen Lkw-Aufliegers soll umlaufend an allen sichtbaren Außenseitenkanten mit reflektierender Sicherheitsfolie beklebt werden. Wie viele Meter des Folienbandes werden benötigt?

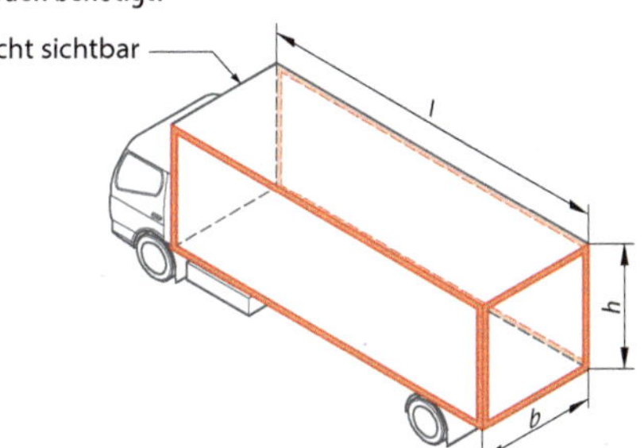

geg.: Höhe $h = 3{,}50$ m
Länge $l = 13{,}5$ m
Breite $b = 2{,}55$ m

ges.: Länge des Folienbandes l_B

Es werden gebraucht:
- 4 × Länge
- 2 × Breite
- 6 × Höhe

$$l_B = 4 \cdot 13{,}5\,\text{m} + 2 \cdot 2{,}55\,\text{m} + 6 \cdot 3{,}5\,\text{m}$$
$$= 54\,\text{m} + 5{,}1\,\text{m} + 21\,\text{m}$$
$$\underline{\underline{l_B = 80{,}1\,\text{m}}}$$

182. Für die Vollverklebung eines Kfz werden zwei Foliensorten in unterschiedlichem Format und Preis angeboten:
- Folienrolle A ist 1520 mm breit, 10 m lang und kostet 249,80 €.
- Folienrolle B ist 1370 mm breit, 10 m lang und kostet 43,10 € je lfm.

Berechnen Sie den *Preis/m²* beider Folienrollen und bestimmen Sie das günstigere Angebot.

Fläche *A* je Rolle:

$$\boxed{A = Länge \cdot Breite}$$

Rolle A: $A_A = 10\,\text{m} \cdot 1{,}52\,\text{m}$

$\underline{A_A = 15{,}2\,\text{m}^2}$

Rolle B: $A_B = 10\,\text{m} \cdot 1{,}37\,\text{m}^2$

$\underline{A_B = 13{,}7\,\text{m}^2}$

$$\boxed{Preis/m^2 = \frac{Preis}{A}}$$

Rolle A:

$$= \frac{249{,}80\,€}{15{,}2\,\text{m}^2}$$

$$\underline{\underline{Preis/m^2 = 16{,}43\,€/\text{m}^2}}$$

Rolle B:

$$= \frac{10\,\text{m} \cdot 43{,}10\,\frac{€}{\text{m}}}{13{,}7\,\text{m}^2}$$

$$\underline{\underline{Preis/m^2 = 31{,}46\,€/\text{m}^2}}$$

Angebot A ist günstiger.

183. Wie kann die Folie rückstandslos entfernt werden?

mit einem sogenannten Folienradierer

184. Nennen Sie die Teile, aus denen ein Folienradierer besteht.

- Aufsatz aus Kautschuk/Vollgummi
- Werkzeug, oft auch druckluftbetrieben

185. Erklären Sie die Arbeitsschritte zum Vorbereiten des Untergrundes beim Lackieren mit Schriftschablone.

1. Basislack im gewünschten Farbton lackieren und ablüften lassen
2. einen Gang Klarlack lackieren
3. Klarlack trocknen
4. Klarlack mit Schleifpad oder Nassschleifpapier P800 bis P1000 anrauen

186. Die Schriftschablone ist auf dem Klarlack positioniert und fertig zum Lackieren. Beschreiben Sie, wie Sie die Schrift mit einem Metallic-Basislack auslackieren.

1. Schrift in einem Nebelgang Basislack gleichmäßig ausnebeln.
2. In einem zweiten Spritzgang den Lack deckend lackieren.
3. Sehr kurz ablüften lassen.
4. Die Schriftschablone in einem spitzen Winkel (45°) vom noch feuchten Lack abziehen.
5. Darauf achten, dass die Schablonenränder nicht ausfransen oder der Lack Fäden zieht.
6. Nach dem Mattfallen des Basislacks die Schrift mit zwei Gänge Klarlack überlackieren.

187. Warum soll die Schablone nur mit einer sehr dünnen Lackschicht auslackiert werden?

Beim Abziehen der Folie fransen sonst die Ränder aus oder der Lack zieht Fäden.
Hier gilt wirklich der Grundsatz: Weniger ist mehr. Der Lackierer muss sich zwingen, eine ungewohnt dünne Schicht Lack aufzubringen.

188. Beim Abziehen der Folie ist der Lack am Schriftrand ein wenig ausgefranst. Machen Sie einen Vorschlag, wie dieser Schaden noch kaschiert werden kann, ohne dass alles abgeschliffen und neu lackiert werden muss.

Wenn diese Stelle ganz vorsichtig mit einem sehr feinen Pinsel und in dem Farbton des Untergrundes gestupft wird, ist es möglich, dass der Mangel später kaum mehr zu sehen ist.

189. Nennen Sie drei weitere Werkzeuge, mit denen Schriftschablonen lackiert werden können.

- Stupfpinsel
- Ringpinsel
- Schaumstoffrolle („Lackierwälzchen“)

5 Erstbeschichtung

5.1 Voraussetzungen für die Erstbeschichtung

1. Erklären Sie, warum der Fahrzeuglackierer mit dem Beschichten von Oberflächen einen Beitrag zum Umweltschutz leistet.

Durch die Beschichtung werden Oberflächen vor schädlichen Umwelteinflüssen geschützt. Die Fahrzeuge sind länger verwendbar/haltbar. Es werden keine weiteren Ressourcen für die Herstellung eines neuen Fahrzeugs benötigt.

2. Machen Sie die Unterschiede zwischen folgenden Fachbegriffen deutlich:
- Lack
- Lacksystem
- Lackierung

- Der Lack ist das noch nicht verarbeitete Material in flüssiger Form. Mit „Lack" wird häufig aber die Lackierung, der Lackierungsaufbau oder nur die sichtbare Lackoberfläche bezeichnet.
- Das Lacksystem besteht aus den Materialien:
  - Grundierung, Spachtelmasse, Füller
  - Basis- oder 1K-Unilack
  - Klarlack
- Die Lackierung ist der Lack, verarbeitet und ausgehärtet am Fahrzeug

3. Nennen Sie die Voraussetzungen für die Erstbeschichtung von blankem Metall.

- Normreinheitsklasse bei Stahl
- ohne Korrosion
- staubfrei, fett- und ölfrei, sauber trocken
- angeschliffen

4. Nennen Sie die Voraussetzungen für die Erstbeschichtung von vorbeschichtetem Metall.

- ohne Transportgrundierung
- bleibende Grundierung angeschliffen
- staubfrei, fett- und ölfrei, sauber trocken
- Vorbeschichtung unbeschädigt

5. Nennen Sie die Voraussetzungen für die Erstbeschichtung von Kunststoff.

- unbeschädigt
- gründlich gereinigt, Trennmittel beseitigt
- Weichschaum-Kunststoffteile getempert und angeschliffen

6. Nennen Sie die Voraussetzungen für die Erstbeschichtung von Holz.

- gründlich gereinigt, z. B. Harz entfernt
- geschliffen, gereinigt
- trocken

7. Nennen Sie Gründe, warum der Fahrzeuglackierer die Feuchtigkeit messen muss.

zu viel Feuchtigkeit
- schadet der Lackierung und dem Untergrund
- zerstört Werkzeuge und Anlagen

8. Wo muss der Fahrzeuglackierer Feuchtigkeit messen? Nennen Sie zwei Bereiche.

- im Untergrund, der lackiert werden soll, z. B. die Holzfeuchtigkeit
- in der Umgebungsluft (Luftfeuchtigkeit), z. B. in der Werkstatt oder in der Spritzkabine für die Verarbeitung von Wasserlack

9. Was muss der Fahrzeuglackierer tun, wenn die Luftfeuchtigkeit in der Spritzkabine zu hoch ist?

- einen langen Härter einsetzen
- weniger Frischluft einspeisen
- Kabinentür geschlossen halten

10. Nennen Sie drei Maßnahmen, die vor der Beschichtung einer Holzoberfläche notwendig sind.

Prüfen: Holzfeuchte, Harzgallen, Fäulnis und Pilzbefall, pH-Wert
Vorarbeiten: Schleifen, scharfe Kanten brechen, Ast- und Harzstellen isolieren, Risse beseitigen
Holzschutz: Holzschutzmittel auftragen

11. Wie feucht darf Holz vor einer Beschichtung höchstens sein?

optimal: zwischen 12 % und 15 %

12. Womit kann die Feuchtigkeit im Holz gemessen werden?

Holzfeuchtemessgerät, auch Hygrometer genannt

13. Übersetzen Sie ins Englische: Holzfeuchte-messgerät.

wood moisture meter

5.2 Bestandteile des Fahrzeuglacks

14. Nennen Sie die fünf Hauptbestandteile eines farbigen Lacks.

- Bindemittel
- Farbmittel
- Lösemittel
- Additive
- Härter

Bindemittel im Fahrzeuglack

15. Erklären Sie den Begriff „Bindemittel im Fahrzeuglack":

Die verschiedenen Inhaltsstoffe eines Lackes müssen gebunden werden und auch am Untergrund anhaften. Diese Aufgaben erfüllt das Bindemittel.

16. Nennen Sie die den englischen Begriff für „Bindemittel".

„thickener" oder „binder"

17. Nennen Sie fünf Bezeichnungen für Lacke nach Art des Bindemittels.

- Acrylharzlack (AY)
- Epoxidharzlack (auch ungesättigt, ugs. EP-Harz)
- Polyurethanharzlack (PUR-Lack)
- Polyester (PE)
- Alkydharzlack (auch KH-Lack genannt)
- Silikonharzlack

18. Nennen Sie sechs Aufgaben eines Bindemittels im Fahrzeuglack.

- sorgt für Anhaftung (Adhäsion) auf dem Untergrund
- verantwortlich für den inneren Zusammenhalt (Kohäsion) im Trockenfilm
- entscheidet über Glanz und Oberflächengüte
- gibt mechanische Festigkeit und Härte, insbesondere Abriebfestigkeit
- schützt gegen Chemikalien und Witterung
- verantwortlich für die Art der Trocknung (chemisch/physikalisch/gemischt)

19. Nennen Sie zwei Möglichkeiten, das feste Bindemittel eines Stoffes zu verflüssigen, um es verarbeitbar zu machen.

- mit Lösemitteln verdünnen, z. B. mit Benzol (organische Lösemittel), Wasser
- mit Hitze (Pulverlack)

Farbmittel im Fahrzeuglack

20. Erklären Sie den Begriff „Farbmittel" im Fahrzeuglack.

Sie sind für den Farbton des Lacks verantwortlich.

21. Nennen Sie die den englischen Begriff für „Farbmittel".

"coloring" oder "dye stuff"

22. Erklären Sie, was die Farbmittel im Lack bewirken.

Farbmittel sind nach DIN 55 943 alle farbgebenden Stoffe in einem Lack.

23. Erklären Sie, wie der Farbreiz von Farbmitteln entsteht.

Teile des weißen Lichtspektrums werden vom Farbmittel absorbiert oder reflektiert.

24. Wie werden Farbmittel unterschieden?

- Farbstoffe
- Pigmente

25. Nennen Sie je vier Eigenschaften der Farbstoffe.

- in Lösemittel oder Wasser löslich
- dauerhafte Färbung, nicht wieder entfernbar
- chemisch beständig
- organische oder anorganische Substanzen

26. Nennen Sie je vier Eigenschaften der Pigmente.

- kleinste, fein verriebene Stückchen
- unlöslich
- z. T. chemisch nicht beständig

27. Erklären Sie, was anorganische und synthetische Pigmente sind und nennen Sie drei Beispiele.

Anorganische Pigmente werden aus Materialien hergestellt, die nicht gelebt haben, also nicht von einem lebenden Organismus stammen, z. B. aus
- Steinen
- Erden
- Metallen/Metalloxiden

Synthetische Pigmente sind künstlich hergestellt, z. B. Azofarben, Azopigmente.

28. Was bedeutet bei Farbstoffen und Pigmenten der Hinweis auf ihre Lichtechtheit?

Die Beständigkeit weißer und bunter Pigmente gegen Licht, d. h. gegen die energiereichen UV-Strahlen.

29. Welches Schadensbild zeigt sich, wenn Pigmente nicht lichtecht sind?

- sie verbleichen oder dunkeln nach
- sie kreiden, werden zerstört
- der Lack platzt ab

Löse- und Verdünnungsmittel im Fahrzeuglack

30. Erklären Sie den Begriff „Lösemittel im Fahrzeuglack":

Lösemittel sind klare Flüssigkeiten, die feste Stoffe lösen können, ohne dass es zu einer chemischen Reaktion kommt.

31. Nennen Sie die den englischen Begriff für „Lösemittel".

„thiner" oder „solvent"

32. Nennen Sie vier Aufgaben des Lösemittels im Lackierungsmaterial.

Das Lösemittel
- löst das feste Bindemittel auf
- verdunstet ohne Rückstände nach dem Auftragen aus dem Nassfilm
- beeinflusst die Trockenzeit
- soll nicht mit anderen Inhaltsstoffen (Pigmenten, Füllstoffen) reagieren

33. Erklären Sie, wie Lösemittel eingesetzt werden in den Bereichen:
- Lackiervorbereitung
- Lacktechnik

- Lackiervorbereitung: zum Säubern von Untergründen
- Lacktechnik: zum Lösen der festen Bindemittelharze (das geschieht bereits im Werk des Lackherstellers)

34. Wie werden organische Lösemittel nach ihrer Gefahr für Mensch und Umwelt eingeteilt?

Sie sind in Gefahrenklassen nach der Betriebssicherheitsverordnung (BetrSichV) eingeordnet (ehemals: Verordnung für brennbare Flüssigkeiten VbF)

35. Wie unterscheiden sich Verdünnung und Lösemittel?

Eine Verdünnung macht das Material nur niedrigviskoser, sie allein kann das Bindemittel nicht lösen.

36. Erklären Sie den Begriff „echte Löser" für Bindemittel.

Nur dieses eine Lösemittel kann zum Auflösen des festen Bindemittels eingesetzt werden.

37. Nennen Sie fünf Lösemittel.

- organische Kohlenwasserstoffe
- Benzin
- Alkohol
- Aceton
- Wasser

38. Erklären Sie den Begriff „Verdünner".

Als Verdünner werden Flüssigkeiten genannt, die aus unterschiedlichen Löse- und Verdünnungsmitteln zusammengesetzt sind. Sie werden auch Verdünnung genannt.

39. Zählen Sie unterschiedliche Verdünnungsmittel und ihren Verwendungszweck auf.

- Silikonentferner: zum Reinigen von Untergründen
- Reinigungsverdünnung: für die Reinigung von Spritzpistolen
- Waschverdünnung: für den Einsatz in einem Pistolenreinigungsautomaten
- Entfettungsmittel: zur Reinigung von metallischen Untergründen
- Verdünnungsmittel mit antistatischer Wirkung: zur Vorbehandlung von Kunststoffuntergründen

40. In einem Fass mit dem Durchmesser von $d = 400$ mm und einer Höhe von $h = 580$ mm werden Löse- und Verdünnungsmittelreste gesammelt. Berechnen Sie, nach wie vielen Tagen das Fass gefüllt ist, wenn pro Tag im Durchschnitt $V_{Tag} = 2{,}375$ l verschmutzte Löse- und Verdünnungsmittel eingefüllt werden, und das Fass nur bis 50 mm unter den Rand gefüllt sein darf? Runden Sie auf ganze Tage auf.

Geg.: $d = 400\,\text{mm} = 4\,\text{dm}$ Ges.: *Tage*

$h = 580\,\text{mm} = 5{,}8\,\text{dm}$

$V_{Tag} = 2{,}375\,\text{l/Tag}$

Lösung:

$$\boxed{V_{zul} = V_{Tag} \cdot Tage}$$

$$Tage = \frac{V_{zul}}{V_{Tag}}$$

$$V_{zul} = \frac{\pi}{4} \cdot d^2 \cdot h_{zul}$$

$$h_{zul} = h - 50\,\text{mm}$$

$$h_{zul} = 5{,}8\,\text{dm} - 0{,}5\,\text{dm} = \underline{5{,}3\,\text{dm}}$$

$$V_{zul} = \frac{\pi}{4} \cdot (4\,\text{dm})^2 \cdot 5{,}3\,\text{dm}$$

$$V_{zul} = 67\,\text{dm}^2 = \underline{67\,\text{l}}$$

$$Tage = \frac{67\,\text{l}}{2{,}375\,\text{l/d}}$$

$$\underline{\underline{Tage = 28{,}2\,\text{d}}}$$

Nach 29 Tagen ist das Fass bis zur zulässigen Füllhöhe gefüllt.

41. Wie viel kostet die Entsorgung von 66,6 l Lösemittelreste, wenn für 1000 Liter 980 Euro bezahlt werden müssen?

$1000\,\text{l} \mathrel{\hat{=}} 980\,€$

$66{,}6\,\text{l} \mathrel{\hat{=}} x$

Dreisatz

$$1000\,\text{l} : 980\,€ = 66{,}6\,\text{l} : x$$

$$1000\,\text{l} \cdot x = 66{,}6\,\text{l} \cdot 980\,€$$

$$x = \frac{66{,}6\,\text{l}}{1000\,\text{l}} \cdot 980\,€$$

$$\underline{\underline{x = 65{,}27\,€}}$$

42. Was gibt die Verdunstungszahl *VD* bei Löse- und Verdünnungsmitteln an?

Sie ist das Verhältnis der Verdunstungszeit eines flüssigen Stoffes zur Verdunstungszeit von Diethylether (mit $VD = 1$) bei Raumtemperatur und Normaldruck.

43. Nennen Sie die Verdunstungszahl *VD* für leichtflüchtige, mittelflüchtige und schwerflüchtige Lösemittel.

- leichtflüchtige Lösemittel: $VD < 10$
- mittelflüchtige Lösemittel: $VD = 10 \ldots 35$
- schwerflüchtige Lösemittel: $VD > 35 \ldots 50$
- sehr schwerflüchtige Lösemittel: $VD > 50$

44. Nennen Sie Eigenschaften, die durch die Verdunstungszeit beeinflusst werden können.

- Oberflächengüte
- Verlauf
- Trocknung

45. Was bedeutet die Bezeichnung „Verdünner, lang", auch „langer Verdünner"?

Dieses Verdünnungsmittel verdunstet langsam aus dem flüssigen Material. Es hat eine hohe Verdunstungszahl. Die Lackfläche steht länger offen.

46. Zählen Sie Bedingungen auf, unter denen ein langer Verdünner verwendet werden sollte.

Für die Lackierung
- bei hoher Temperatur
- bei großer Reparaturfläche
- in Spritzkabinen mit hoher Luftsinkgeschwindigkeit

47. Erklären Sie die Eigenschaften eines „Verdünners, kurz", auch „kurzer Verdünner" genannt.

Dieses Verdünnungsmittel verdunstet schnell aus dem flüssigen Material, es hat deswegen eine kleine Verdunstungszahl und die Lackfläche lüftet schnell ab.

48. Wann sollten kurze Verdünner verwendet werden?

für die Lackierung
- bei niedriger Temperatur
- bei kleiner Reparaturfläche
- in Spritzkabinen mit niedriger Luftsinkgeschwindigkeit

49. Erklären Sie, was als der Flammpunkt bei einer Flüssigkeit bezeichnet wird?

Das ist die niedrigste Temperatur, bei der sich in einem geschlossenen Gefäß Dämpfe aus der Flüssigkeit bilden, die durch Fremdzünden (Feuerzeug, Funken) entflammbar sind.

50. Nennen Sie drei gesetzlichen Grundlagen (Verordnungen), die für brennbare Flüssigkeiten gültig sind.

- BetrSichV (Betriebssicherheitsverordnung)
- TRGS (technische Regeln für Gefahrstoffe)
- TrbF (technische Regeln für brennbare Flüssigkeiten)

51. Nennen Sie den Kennbuchstaben und den Flammpunkt für:
- leichtentzündliche Flüssigkeiten
- hochentzündliche Flüssigkeiten

- F: Flammpunkt 0 °C bis 21 °C
- F+: Flammpunkt unter 0 °C

52. Mit welchen Löschmitteln dürfen die Stoffe der Gefahrenklasse F gelöscht werden?

Nur mit
- Schaum (englisch: foam)
- Pulver (englisch: powder)

53. Warum wird Wasser als Löse- oder Verdünnungsmittel im Lack verwendet?

Damit umwelt- und gesundheitsschädliche organische Löse- und Verdünnungsmittel ersetzt werden können.

54. Warum kann Wasser nicht in jedem Lack als Löse- oder Verdünnungsmittel verwendet werden?	Wasser • ist kein echter Löser für viele Arten Bindemittel (es kann sie also nicht verflüssigen) • Verträgt sich nicht mit anderen Inhaltsstoffen des Lacks, z. B. mit Pigmenten, Additiven. So kann es zu Lackierfehlern kommen.
55. Erklären Sie, was organische Lösemittel sind.	Lösemittel aus leicht flüchtigen, flüssigen organischen Kohlenwasserstoffverbindungen. Ihre Moleküle sind in Ketten oder ringförmig angeordnet.
56. Nennen Sie sechs Beispiele für organische Lösemittel.	• Toluol • Xylol • Benzol • Alkohole • Ester • Aldehyde
57. Wie werden die Löse- und Verdünnungsmittel im Lack auch genannt?	• flüchtige Bestandteile (Wasser) • flüchtige organische Bestandteile
58. Wie wird der Anteil flüchtiger organischer Stoffe in seiner englischen Bezeichnung genannt und wie lautet die Abkürzung dafür?	Volatile Organic Compounds (VOC)
59. In welcher Einheit wird der VOC-Wert angegeben?	in spritzfertiger Form in g/l (Gramm pro Liter)
60. Erklären Sie die Angabe: Das Material ist „VOC-konform“.	Weil Lösemittel zu den Gefahrstoffen gehören, ist in der VOC-Verordnung festgeschrieben, wie groß der Anteil an Lösemitteln im flüssigen Material maximal sein darf. Ein Lack ist dann VOC-konform, wenn sein Grenzwert nicht überschritten ist.

61. Nennen Sie den VOC-Grenzwert für Materialien, die der Fahrzeuglackierer verarbeitet.

Material	VOC-Wert in g/l
Reinigungsmittel	850
Spachtelmasse	250
Washprimer	780
Haftgrundierung	250* (alt: 540)
Grundierfüller	250* (alt: 540)
Nass-in-Nass-Füller	420* (alt: 540)
Einschicht-Uni-Decklack	420
Basislack	20
Klarlack	420
* neu: seit 2010	

62. Warum sollte Lack einen möglichst geringen Anteil an flüchtigen organischen Stoffen haben?

- Das ist umweltschonend und weniger gesundheitsgefährdend.
- Je mehr Festkörper in dem Lackierungsmaterial ist, desto weniger organische Lösemittel sind darin enthalten.
- Die VOC-Norm schreibt das vor.

63. Nennen Sie drei Räume, in denen brennbare Flüssigkeiten nicht gelagert werden dürfen.

- in Arbeitsräumen
- in Durchgängen
- in Treppenhäusern

64. Beschreiben Sie, wie organische Lösemittel in die Umwelt und den menschlichen Körper gelangen können.

Die Lösemittel
- entweichen in die Raumluft, wenn sie verarbeitet und getrocknet werden,
- gelangen über die Atemorgane und die Haut in den menschlichen Organismus,
- gelangen in die Atmosphäre und wirken dort ozonschädigend.

Additive im Fahrzeuglack

65. Erklären Sie den Begriff „Additive im Fahrzeuglack“:

Zusatzstoffe, die dem Lack in kleinen Mengen zugegeben werden, um
- bestimmte Eigenschaften zu verbessern,
- unerwünschte Eigenschaften zu verhindern oder
- chemische Reaktionen einzuleiten.

66. Nennen Sie die den englischen Begriff für „Additive“.

additive

67. Nennen Sie sechs Beispiele für Additive und welche Wirkung sie auf den Lack haben.

- Entschäumer: verhindern Bläschen auf der Nassschicht (Schaum)
- Fungizide: töten Pilze und Sporen
- Verdickungsmittel: erhöhen die Viskosität
- Emulgatoren: verhindern die Entmischung
- UV-Absorber: schützen lichtempfindlichen Untergrund vor UV-Strahlen
- Inhibitoren: unterbrechen bei Reaktionslack die Trocknung

68. Welche Additive werden erst bei der Reparaturlackierung in der Lackierwerkstatt dazugegeben?

- Sikkativ/Aktivator: beschleunigt die Trocknung
- Mattierungsmittel: macht aus einer glänzenden Oberfläche eine seidenmatte bis matte Oberfläche
- Elastifizierungszusatz: bewirkt, dass ein Beschichtungsmittel elastisch ist, z. B. Klarlack auf einem elastischen Kunststoffteil
- Einstellzusatz oder auch Hautverhütungsmittel: beeinflusst die Offenzeit des Lackfilms (Verzögerung der Hautbildung) und verbessert die Verlaufseigenschaften

Härter im Fahrzeuglack

69. Erklären Sie den Begriff „Härter im Fahrzeuglack“.

Diese Komponente ist notwendig, damit der Lack hart wird. Das Stammmaterial härtet nur, wenn er mit dem Härter gemischt wird.
Bei 2K-Klarlacken gibt es unterschiedliche Härter, die als Flüssigkeit zum Stammlack dazugegeben werden.

70. Nennen Sie den englischen Begriff für „Härter“.

hardener

71. Erklären Sie den Vorgang der Härtung eines 2K-Materials.

Sobald die beiden Komponenten zusammengemischt sind, reagiert der Härter mit dem Bindemittel. Die Bindemittelmoleküle gehen mithilfe der Härtermoleküle eine Verbindung ein – es findet eine chemische Reaktion statt, in der ein neuer, harter Stoff entsteht; es bildet sich ein engmaschiges Molekülnetz.

72. Gibt es einen, universellen Härter, der für alle 2K-Produkte gleichermaßen verwendet werden kann?

Nein, vielmehr gib es zu jedem Bindemitteltyp und zu jedem einzelnen Produkt der verschiedenen Lackhersteller den „maßgeschneiderten" Härter, der auch in der richtigen Menge zugesetzt werden muss.

73. Nennen Sie die drei Gruppen, in denen Härter angeboten werden.

Härter
- normal
- kurz
- lang

74. Erklären Sie, was diese drei verschiedenen Härter bewirken.

- Härter normal: für die Trocknungszeit unter optimalen Bedingungen (Lack- und Lufttemperatur im Ofen, Luftfeuchte, Luftsinkgeschwindigkeit)
- Härter kurz: für schnelle Trocknung, z. B. bei niedriger Temperatur, kleiner Fläche
- Härter lang: für die langsame Trocknung auf großer Fläche bei hoher Temperatur

5.3 Persönliche Schutzausrüstung für Fahrzeuglackierer

75. Nennen Sie das Kürzel für „persönliche Schutzausrüstung".

PSA

76. Übersetzen Sie „persönliche Schutzausrüstung" ins Englische.

personal protective equipment

77. Wer muss die PSA für die Arbeitnehmer zur Verfügung stellen?

ausschließlich der Arbeitgeber

78. Nennen sie sechs Teile einer persönlichen Schutzausrüstung.

- Handschuhe
- Augenschutz
- Gehörschutz
- Lackieroverall
- Sicherheitsschuhe
- Atemschutz (mit P- und A-Filter)

79. Übersetzen Sie „Schutzhandschuhe" ins Englische.

protective gloves

80. Welche Maßnahme ist noch effektiver, die Haut an den Händen zu schützen, als sie nur zu reinigen und zu pflegen?

Der sicherste Handschutz gegen organische Lösemittel ist die Verwendung von Schutzhandschuhen.

81. Nennen Sie das Material, aus dem Handschuhe bestehen sollten, damit sie gegen organische Lösemittel schützen.

- Nitrilkautschuk oder
- Butylkautschuk

82. Vor welchen Stoffen schützen die Handschuhe aus Natur-Latex?

- vor wasserlöslichen Stoffen
- vor festen Partikeln wie Schleifstaub

83. Übersetzen Sie „Augenschutz" ins Englische.

eye protection

84. Nennen Sie die beste Möglichkeit, die Augen zu schützen.

Schutzbrille (engl.: protective goggles)

85. Welche vier schädlichen Einflüsse in einer Lackierwerkstatt können Augenschäden verursachen? Geben Sie auch je eine Gefahrenquelle an.

- Splitter: Arbeiten mit der Flex, Schweißarbeiten
- energiereiche Strahlung: UV-Strahlen: Schweißarbeiten, Lackhärtung
- Staub: Schleifarbeiten
- Chemikalien: 2K-Materialien, Lösemittel

86. Nennen Sie acht Eigenschaften, die eine Schutzbrille haben sollte.

- kratzfest
- darf bei mechanischer Belastung nicht splittern
- lösemittelresistent
- farblos
- leicht
- beschlagfrei
- 100 % UV-Lichtschutz
- leicht zu reinigen

87. Welche Erste-Hilfe-Maßnahme ist sofort durchzuführen, wenn beim Arbeiten ein flüssiger oder fester Stoff ins Auge gelangt?

- Sofort mit destilliertem Wasser oder steriler Kochsalzlösung Augen spülen (Augenspülflasche).
- Dann immer den Augenarzt aufsuchen.

88. Übersetzen Sie „Gehörschutz" ins Englische.

hearing protection

89. Nennen Sie drei Geräuschquellen im Betrieb, die das Gehör schädigen können.

- druckluftbetriebene Werkzeuge wie Exzenterschleifer, Winkelschleifer
- Abluft, Zuluft in der Lackierkabine
- Gebrauch der Ausblaspistole

90. Wovor soll ein Gehörschutz schützen?

vor zu lauten Geräuschen, also den Schallwellen, die ins Ohr gelangen

91. In welcher Einheit wird die Lautstärke gemessen?

in dB(A) (Dezibel A)

92. Erklären Sie den Begriff „Tinnitus".

Nur der Betroffene nimmt Geräusche wahr. Die Geräusche haben aber keine äußere Quelle und werden von anderen Personen nicht wahrgenommen.
Tinnitus ist eine ernst zu nehmende Krankheit.

93. Was ist als Erste-Hilfe-Maßnahme zu tun, wenn Hörgeräusche oder Hörprobleme auftreten?

Sofort einen Arzt aufsuchen; bei Hörschädigungen kann ein stationärer Krankenhausaufenthalt nötig sein.

94. Nennen Sie sechs Möglichkeiten, sich während der Arbeit vor Lärm zu schützen.

- Ohrstöpsel (zum Teil sogar aus einem Spenderbehälter)
- Ohrstöpsel mit Filter
- Bügelgehörschutz
- Kapselgehörschutz („Mickymäuse")
- aktiver Gehörschutz
- Lärmpausen einlegen; in einen lärmgeschützten Raum gehen

95. Wie lange darf man täglich Lärm ausgesetzt sein?

Lärm mit
- 85 dB(A): 8 Stunden
- 90 dB(A): 2 Stunden
- 100 dB(A): 15 Minuten

96. Übersetzen Sie „Lackieroverall" ins Englische.

overall

97. Erklären Sie, warum der Lackierer in der Spritzkabine einen Lackieroverall tragen sollte.

Giftige Stoffe können über die Haut in den menschlichen Körper gelangen.
Ein Overall schützt davor, dass sich Gase oder feste Stoffe auf der „Alltags"-Kleidung festsetzen und langsam über die Haut aufgenommen werden.
Nebenbei wird verhindert, dass Staub aus der Kleidung auf die Lackfläche fällt; die Staubeinschlüsse auf der Lackfläche verringern sich erheblich.

98. Nennen Sie acht Eigenschaften, die ein Lackieroverall haben sollte.

- fusselfrei
- silikonfrei
- mit Klettverschlüssen
- flammhemmend
- reißfest
- antistatisch
- atmungsaktiv
- mit Kapuze

99. Übersetzen Sie „Sicherheitsschuhe" ins Englische.	safety shoes
100. Warum schreibt die Berufsgenossenschaft vor, dass der Lackierer während seiner Arbeit Sicherheitsschuhe tragen muss?	Der Lackierer bewegt während seiner Arbeit viele schwere Teile (Türen, Motorhauben, ...). Dabei besteht die Gefahr, dass ein solches Teil herunterfällt und die Füße trifft.
101. Übersetzen Sie „Atemschutz" ins Englische.	respiratory protection
102. Erklären Sie, warum der Atemschutz unbedingt zum Gesundheitsschutz gehört.	In der Umgebungsluft einer Lackierwerkstatt befinden sich viele schädliche Stoffe, die von allen Schleif- oder Lackierarbeiten herrühren können. Gelangen diese Stoffe über die Atemwege in den menschlichen Organismus, kann es schnell zu dauerhaften Gesundheitsschäden führen.
103. Wer muss die Atemschutzmasken für die Mitarbeiter zur Verfügung stellen und dafür sorgen, dass sie verwendet werden?	der Unternehmer
104. Zählen Sie fünf Erste-Hilfe-Maßnahmen auf, wenn Atemprobleme auftreten.	• den Betroffenen beruhigen (Atemnot macht große Angst) • beengende Kleidung öffnen • für Frischluft sorgen • in aufrechte Sitzhaltung bringen (zur Unterstützung der Atemmuskulatur) • Notruf wählen
105. Zählen Sie die drei Arten Atemschutzmasken auf und beschreiben Sie diese kurz.	• Halbmaske: umschließt nur Mund und Nase; nicht geeignet für das Arbeiten mit giftigen und sehr giftigen Stoffen • Vollmaske: umschließt das ganze Gesicht mit den Augen • Atemschutzhaube: umschließt den ganzen Kopf mit Frischluftzufuhr und mit leichtem Überdruck
106. Wie lange darf der Lackierer seine Atemschutzmaske am Stück tragen? Was muss er dann machen?	max. zwei Stunden (BGR 190), dann muss der Lackierer seine Arbeit für drei Minuten unterbrechen
107. Wie wird geprüft, ob ein Mitarbeiter mit einer Atemschutzmaske arbeiten darf?	mittels einer arbeitsmedizinischen Vorsorgeuntersuchung

108. Es gibt je nach Arbeit einzelne Filter für Gase und für Partikel. Welche sind das?

- Partikelfilter
- Gasfilter

109. Bei welchen Arbeiten schützen die Partikelfilter?

bei Schleif- und Lackierarbeiten und allen Arbeiten, bei denen feste Teilchen in die Atemluft gelangen

110. Nennen Sie die Kennfarbe und den Kennbuchstaben, durch die solche Partikelfilter gekennzeichnet sind.

- Farbe: Weiß
- Buchstabe: P

111. Woran erkennen Sie, wann der Partikelfilter gewechselt werden muss?

am erhöhten Widerstand beim Einatmen

112. Nennen Sie Beispiele für Dämpfe und Gase, vor denen ein Gasfilter schützt.

- Dämpfe von organischen Lösemitteln: Methan, Ethan, Benzin, Methanol, Benzol, Tylol, Xylol, Isozyanate
- anorganische Gase und Dämpfe: Chlor, Schwefelwasserstoff, Blausäure, Ammoniak, Kohlenmonoxid

113. Nennen Sie einen Grund, warum der Lackierer beim Spritzen von wasserverdünnbarem Lack unbedingt eine Atemschutzmaske mit A- und P-Filter tragen muss.

Der Lacknebel in der Luft bleibt wasserlöslich. Wenn der Mensch diese verunreinigte Luft einatmet, härtet das Lackmaterial also nicht aus und bleibt klebrig. Die Lungenbläschen setzten sich zu und die Bronchien verkleben, weil kleine Lackpartikel nicht abgehustet werden können.

114. Beschreiben Sie eine Halbmaske?

Eine Halbmaske ist eine Atemschutzmaske, die nur über Mund und Nase gesetzt wird, während die Augen und der Kopf ungeschützt bleiben.
Sie besitzt die Möglichkeit, je einen A- und einen P-Filter seitlich einzusetzen.
Sie wird viel in Fahrzeuglackierereien verwendet.

115. In welchen zwei Bereichen der Fahrzeuglackierung werden Aktivkohlefilter eingesetzt?

- beim Atemschutz, z. B. bei Filtermasken
- als Reinigungseinheit für Druckluft

116. Nennen Sie zwei Merkmale, an denen man erkennt, dass der Aktivkohlefilter gewechselt werden muss.

- wenn durch den Filter Lösemittel gerochen werden können
- wenn der Atemwiderstand spürbar steigt

117. Nennen Sie die Farben und deren Bedeutung für die Kennzeichnung von Gasen auf den Filtern.

- Braun: organische Verbindungen
- Grau: anorganische Gase
- Gelb: Schwefel
- Grün: Ammoniak
- Rot: Quecksilber
- Schwarz: Kohlenmonoxid

118. Wo sollte die Atemschutzmaske gelagert werden?

Atemschutzmasken müssen in einem luftdicht geschlossenen Behälter gelagert werden, weil sie sonst ihre Wirksamkeit verlieren.

119. Erläutern Sie, warum die Atemschutzmaske regelmäßig gereinigt und desinfiziert werden muss?

Die feuchte und warme Atemluft ist ein guter Nährboden für Pilze und Bakterien. Verbleibt Feuchtigkeit in den Knicken und Kanten der Maske, dann können dort schnell schädliche Pilze und Bakterienkulturen wachsen und danach beim Arbeiten in die Lunge gelangen.

5.4 Einteilung der Fahrzeuglacke

120. Nennen Sie vier nichtflüchtige Anteile, die im Fahrzeuglack enthalten sind.

- Bindemittel
- Füllstoffe
- Pigmente
- Schleifhilfsmittel

121. Nennen Sie sieben Gruppen, in welche die vielen Fahrzeuglacke eingeteilt werden können.

Fahrzeuglacke nach
- Art des Lösemittels
- Art des Bindemittels
- Art der Trocknung
- Art des Untergrundes
- Anzahl der Komponenten
- Aussehen und Oberflächenstruktur
- Festkörperanteil

Fahrzeuglacke nach Art des Lösemittels

122. Unterteilen Sie diese Gruppe Fahrzeuglack in drei Untergruppen.

- lösemittelreduzierter Fahrzeuglack
- lösemittellöslicher Fahrzeuglack
- lösemittelfreier Fahrzeuglack

123. Was sind lösemittellösliche Fahrzeuglacke?

Fahrzeuglack mit Gesamtanteil an Lösemittel von
- 90 % Wasser
- 10 % organischen Lösemitteln

124. Erklären Sie, warum im Fahrzeuglack organische Lösemittel nicht vollständig durch Wasser ersetzt werden können.	Das Kunststoff-Bindemittel kann nur durch organische Lösemittel gelöst werden.
125. Erklären Sie den Begriff „lösemittelfreier Fahrzeuglack".	Fahrzeuglack, der ganz ohne Löse- und Verdünnungsmittel auskommt
126. Nennen Sie ein Beispiel für lösemittelfreien Fahrzeuglack.	Pulverlack
127. Erklären Sie: Was sind Pulverlacke?	Pulverlacke sind „trockene Lacke", sie bestehen zu 100 % aus festem Bindemittelharz. Das Bindemittel ist ein Kunstharz, das zu sehr feinem Pulver zerrieben ist. Einigen Harzen (Polyesterharz) ist jedoch trockener, aber gesundheitsschädlicher Härter zugegeben.
128. Was ist ein Pulver-Slurry-Lack?	ein in Wasser dispergierter (fein verteilter) Pulverlack
129. Übersetzen Sie den englischen Begriff „Slurry" ins Deutsche.	dünner Brei, Schlamm, Schlacke

Fahrzeuglacke nach Art des Bindemittels

130. Unterteilen Sie diese Gruppe Fahrzeuglack in ihre zehn Untergruppen.	• Alkydharzlack • Nitrozelluloselack • Kautschuklack • Silikonlack • Bitumenlack • Mischpolymerisatharzlack • Polyurethanharzlack und -farbe • ungesättigter Polyesterharzlack • Polyacrylatharzlack • Epoxidharzlack
131. Erklären Sie die Begriffe „Alkydharzlack" und „Alkydharzfarbe".	Bindemittel aus öl- und fettsäurehaltigem Alkydharz
132. Wo werden Alkydharzlack und Alkydharzfarbe bei der Fahrzeuglackierung verwendet?	• Lkw, Landmaschinen • für Holzflächen • als Unilack und Klarlack • zur Restaurierung von Oldtimern und Schienenfahrzeugen

133. Erklären Sie den Begriff „Nitrozelluloselack".

Bindemittel aus Nitrozellulose, das reversibel ist. Wird auch NC-Lack genannt.

134. Wo wird Nitrozelluloselack bei der Fahrzeuglackierung verwendet?

- Sprühdosen Baumarktqualität
- Holzinnenverkleidung
- Absperrlack gegen wasserlösliche Flecke und entharzte Holzflächen

135. Erklären Sie die Begriffe „Kautschuklackfarbe".

Bindemittel ist hochelastisch; Trockenfilm ist wasserundurchlässig, druckfest, chemikalienbeständig, schwer entflammbar, hitzebeständig.

136. Wo wird Kautschuklackfarbe bei der Fahrzeuglackierung verwendet?

Steinschlag-, Unterbodenschutz

137. Erklären Sie den Begriff „Bitumenlack".

Teer-Pech-Kombinationslack und Asphaltlack; auch „Schwarzlack" genannt. Diese Anstrichstoffe sind grundwasserschädigend.

138. Wo werden Bitumenlacke bei der Fahrzeuglackierung verwendet?

- Unterbodenpflege
- Hohlraumkonservierung

139. Erklären Sie den Begriff „Mischpolymerisatharzlack".

Bindemittel aus einem Gemisch verschiedener Polymerisate, z. B. Polyacrylatharz/Polyurethan, sind weichelastisch, anlösbar bis zähelastisch hart und schleifbar

140. Wo werden Mischpolymerisatharzlacke bei der Fahrzeuglackierung verwendet?

Grundierungen

141. Erklären Sie den Begriff „Polyurethanharzlack".

Bindemittel aus Polyurethan (PUR), deshalb auch PUR-Lack oder DD-Lack genannt

142. Zählen Sie fünf Eigenschaften eines zweikomponentigen Polyurethan-Decklacks auf.

- gute Haftung auf Grundierungen (EP-Basis)
- extrem witterungsbeständig
- besonders gute Resistenz gegenüber Schmierstoffen, Getriebe- und Hydrauliköl
- besonders für beanspruchte Flächen geeignet
- vergilbt unter Witterungseinflüssen

143. Erklären Sie kurz den wesentlichen Unterschied zwischen einem Decklack mit Acryl- und einem mit Polyurethan-Bindemittel.	PUR-Lack ist höherwertig als Acryllack, da er beständiger gegen äußere Einflüsse ist. Das Bindemittel ist aber auch teurer und es vergilbt.
144. Nennen Sie sechs Bereiche, in denen diese Decklacke hauptsächlich wegen ihrer besonders guten chemischen und physikalischen Eigenschaften verwendet werden.	• Bootslack • Flugzeuglack • Nutzfahrzeuge, Großfahrzeuge • Landmaschinen • Busse • Waggons (Bahn)
145. Erklären Sie den Begriff „ungesättigter Polyesterharzlack".	Bindemittel durch Polykondensation aus ungesättigten Dicarbonsäuren und Alkohol, auch UP-Lacke genannt
146. Wo werden ungesättigte Polyesterharzlacke bei der Fahrzeuglackierung verwendet?	• glasfaserverstärkter Kunststoff • UP-2K-Spachtelmasse • Füller
147. Wo wird Polyacrylatharzlack (auch AY-Lack genannt) bei der Fahrzeuglackierung verwendet?	für Klarlacke, meist in Kombination mit Polyurethan
148. Erklären Sie den Begriff „Epoxidharzlack".	besteht aus Polyether und wird hergestellt durch: • katalytische Polymerisation von Epoxiden oder • Umsetzung von Epoxiden mit zweiwertigen Alkoholen Wird auch EP-Lack genannt.
149. Wo werden Epoxidharzlacke bei der Fahrzeuglackierung verwendet?	Bindemittel für Grundierfüller
150. Worauf ist bei der Verarbeitung von Epoxidharzlacken zu achten?	Schutzmaske und Latex-Schutzhandschuhe tragen

Fahrzeuglacke nach Art der Trocknung

151. Nennen Sie sieben Fahrzeuglacke, die nach ihrer Trocknung eingeteilt sind.	• oxidativ trocknender Lack • lufttrocknender Lack • durch Makromolekülbildung erhärtender Lack • ofentrocknender Lack • Einbrennlack • UV-härtender Lack

152. Erklären Sie den Begriff „oxidativ trocknender Lack".

enthalten Bindemittel, die beim Trocknen Luftsauerstoff aufnehmen, sich dabei im Volumen vergrößern und oxidieren; gleichzeitig verdunstet das Lösemittel

153. Nennen Sie zwei Beispiele für oxidativ trocknende Lacke.

- Öllack
- Alkydharzlack

154. Erklären Sie den Begriff „lufttrocknender Lack".

härten aus, indem Lösemittel verdunstet

155. Nennen Sie Beispiele für lufttrocknende Lacke.

- reversibel: NC-Lack, Spirituslack
- irreversibel: Silikonharzlack

156. Erklären Sie den Begriff „durch Makromolekülbildung erhärtender Lack".

Während der Trocknung bilden sich riesige Moleküle.

157. Nennen Sie vier Beispiele für Lacke, die durch Makromolekülbildung erhärten.

- Mischpolymerisatharzlack
- AY-Lack
- EP-Lack
- PUR-Lack

158. Erklären Sie den Begriff „ofentrocknender Lack".

Sie trocknen schnell bei 30 °C bis 60 °C, der Lack wird jedoch nicht aufgeschmolzen und nicht eingebrannt.

159. Nennen Sie zwei Geräte, mit denen dieser Lack getrocknet werden kann.

- Trockenkammer
- Heizstrahler

160. Erklären Sie den Begriff „Einbrennlack".

Lack, der im Trockenofen auf über 180 °C erwärmt wird, schmilzt und dabei einen makromolekularen und homogenen Schmelzfilm bildet

161. Welcher Lack ist für dieses Verfahren besonders gut geeignet?

Pulverlack

162. Erklären Sie den Begriff „UV-härtender Lack".

Lack, der mithilfe von ultraviolettem Licht trocknet

163. Woher kommt die Strahlung?

von einer künstlichen UV-Strahlungsquelle, z. B. einer Handlampe oder UV-Lampen, die fest installiert ist in der Lackierkabine mit verspiegelten Wänden

164. Nennen Sie das Hauptbindemittel, das in Kombination mit weiteren Bindemitteln für UV-härtende Lacke verwendet wird.

Acrylharz als Grundbaustein in Kombination mit: Epoxid (EP), Polyurethan (PU), Polyester (PE)

165. Erklären Sie, warum zum Lackieren mit UV-Lack lichtundurchlässige Pistolenbecher verwendet werden müssen.

Weil das Material sonst durch die natürliche UV-Strahlung bereits im Becher anfängt, auszuhärten.

166. Nennen Sie Bereiche am Kfz, in dem keine UV-härtenden Materialien eingesetzt werden dürfen.

keine Verwendung in Bereichen, in denen Kraftstoffdämpfe auftreten können, z. B. im Bereich des Tankdeckels

167. Wer darf die Trocknungsgeräte (Blitz-Lampe) für UV-härtende Materialien verwenden?

nur eingewiesenes und geschultes Personal

Fahrzeuglacke nach Art des Untergrundes

168. Nennen Sie vier Fahrzeuglacke, die nach dem Untergrund eingeteilt sind.

Fahrzeuglack für
- Metalle
- Kunststoff
- Holz
- Textilien

169. Nennen Sie zwei Aufgaben, die ein Fahrzeuglack für Metall erfüllen muss.

- das Metall vor Korrosion schützen
- Bewegungen des Untergrundes standhalten, z. B. durch Ausdehnung bei Erwärmung oder bei geringer Blechverformung

170. Nennen Sie vier Aufgaben, die ein Fahrzeuglack für Kunststoffe erfüllen muss.

- Beschichtung der Kunststoffoberfläche schützen
- gegen äußere Einflüsse schützen, insbesondere gegen Licht
- herstellungsbedingte Fehler überdecken
- Farbe des Kunststoffs an die Farbe der Metallteile anpassen

171. Was muss der Fahrzeuglackierer beachten, wenn er Kunststoffoberflächen lackieren will?

- vorher Oberfläche prüfen, ob sie lackierbar ist
- Oberfläche sorgfältig vorbereiten
- Beschichtungssystem auswählen

172. Nennen Sie zwei Grundanliegen, die Lack auf Holz erfüllen muss.

Ein Lack auf Holz muss:
- Wasser von außen abweisen
- gewährleisten, dass die vorhandene Feuchtigkeit im Holz abgegeben werden kann

173. Nennen Sie sechs weitere Anforderungen, die an Lack für Holz gestellt werden.

Der Lack muss:
- mit den Inhaltsstoffen des Holzes verträglich sein
- das Holz vor Befall mit Schädlingen schützen
- Festigkeit und Härte der Oberfläche verstärken
- die natürliche Rauigkeit der Holzoberfläche überdecken oder hervorheben
- die ästhetische Holzmaserung betonen
- das Holz vor UV-Strahlen schützen und so verhindern, dass sich die Holzoberfläche verfärbt

174. Nennen Sie zwei Möglichkeiten, Textilien in Fahrzeugen vor diesen Beanspruchungen zu schützen.

- Textilausrüstung: Fasern werden mit organischen oder siliziumorganischen Bindemitteln umhüllt – imprägniert.
- Textilbeschichtung: Textilien werden mit Kunststoff beschichtet, es entsteht z. B. Kunstleder.

Fahrzeuglacke nach Anzahl der Komponenten

175. Wie heißen die Fahrzeuglacke, die nach der Anzahl ihrer Komponenten eingeteilt sind?

- Ein-Komponenten-Lack (1K-Lack)
- Zwei-Komponenten-Lack (2K-Lack)

176. Viele flüssige Materialien werden als einkomponentige (1K-) Produkte angeboten. Was heißt das?

Dieses Material kann direkt, ohne weitere Zugabe von Additiven, verarbeitet werden.

177. Erklären Sie die Aushärtung eines 1K-Fahrzeuglacks.

Sobald das 1K-Material aufgetragen wird, entweicht das Lösemittel in die Luft. Das ist der Vorgang der physikalischen Trocknung durch Verdunstung der Lösemittel.
Die Bindemittelmoleküle können sich nun verfilzen, fließen zusammen und es bildet sich ein trockener Film. Dieser Prozess ist oft reversibel, d. h., das Bindemittel lässt sich immer wieder anlösen.

178. Nennen Sie Ausnahmen, bei denen 1K-Lacke nach der Durchtrocknung nicht mehr reversibel sind.

Es gibt 1K-Lacke, die zusätzlich zum Verdunsten der Lösemittel auch chemisch, z. B. durch Aufnahme von Sauerstoff, reagieren:
- Alkydharzlacke (KH-Lacke)
- wässrige 1K-Lacke (wasserverdünnbare Acryllacke), die durch Polymerisierung trocknen

179. Erklären Sie den Begriff „Zwei-Komponenten-Lack".

Lack, der aus zwei Komponenten besteht:
- Stammmaterial
- Härter

Er wird auch „2K-Lack" genannt.

180. Ein 2K-HS-Füller wird im Mischungsverhältnis 4 : 1 von Stammmaterial und Härter und mit 5 % Verdünnung angemischt. Der Verbrauch wird im technischen Merkblatt mit 210 ml/m² angegeben. Es soll eine Fläche von 1,25 m² beschichtet werden.
Berechnen Sie:
a) die benötigte Menge an fertig angemischtem Füller
b) die Einzelbestandteile an Stammlack, Härter und Verdünnung.

a) Benötigte Menge V_{ges}

$1\,m^2 \mathrel{\hat{=}} 210\,ml$

$1{,}25\,m^2 \mathrel{\hat{=}} V_{ges}$

Dreisatz

$1\,m^2 : 210\,ml = 1{,}25\,m^2 : V_{ges}$

$1\,m^2 \cdot V_{ges} = 210\,ml \cdot 1{,}25\,m^2$

$$V_{ges} = \frac{210\,ml \cdot 1{,}25\,m^2}{1\,m^2}$$

$\underline{\underline{V_{ges} = 262\,ml}}$

b) Einzelbestandteile

Verdünnung V_{Verd}

$V_{verd} = 5\,\%$ von V_{ges}

$= 0{,}05 \cdot 262\,ml$

$\underline{\underline{V_{Verd} = 13\,ml}}$

Volumen V_1 für Stammmaterial und Härter:

$V_1 = V_{ges} - V_{Verd}$

$= 262\,ml - 13\,ml$

$\underline{V_1 = 249\,ml}$

Stammmaterial

5 Teile $\mathrel{\hat{=}} V_1$

4 Teile $\mathrel{\hat{=}} V_{Stamm}$

Dreisatz

$5 : V_1 = 4 : V_{Stamm}$

$5 \cdot V_{Stamm} = 4 \cdot V_1$

$$V_{Stamm} = \frac{4}{5} \cdot V_1$$

$$= \frac{4}{5} \cdot 249\,ml$$

$\underline{\underline{V_{Stamm} = 199\,ml}}$

Härter (Rechnungsweg wie oben)

$$V_{Härter} = \frac{1}{5} \cdot V_1$$

$$= \frac{1}{5} \cdot 249\,ml$$

$\underline{\underline{V_{Härter} = 50\,ml}}$

oder anderer Lösungsweg:

$V_{Härter} = V_1 - V_{Stamm}$

$= 249\,ml - 199\,ml$

$\underline{\underline{V_{Härter} = 50\,ml}}$

181. Stellen Sie dieses Ergebnis dar in einem:
a) Säulendiagramm
b) Kreisdiagramm

a) Säulendiagramm

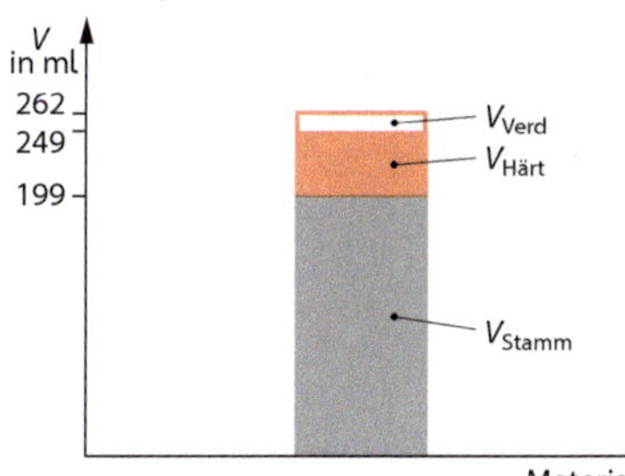

b) Kreisdiagramm

Kreis: 360°

360° ≙ 262 ml

x ≙ V

Dreisatz

$360° : 262\ ml = x : V$

$x \cdot 262\ ml = 360° \cdot V$

$$x = \frac{V}{262\ ml} \cdot 360°$$

Stammmaterial

$x_{Stamm} = \frac{199\ ml}{262\ ml} \cdot 360°$

$\underline{\underline{x_{Stamm} = 273°}}$

Härter

$x_{Härter} = \frac{50\ ml}{262\ ml} \cdot 360°$

$\underline{\underline{x_{Härter} = 69°}}$

Verdünner

$x_{Verd} = \frac{13\ ml}{262\ ml} \cdot 360°$

$\underline{\underline{x_{Verd} = 18°}}$

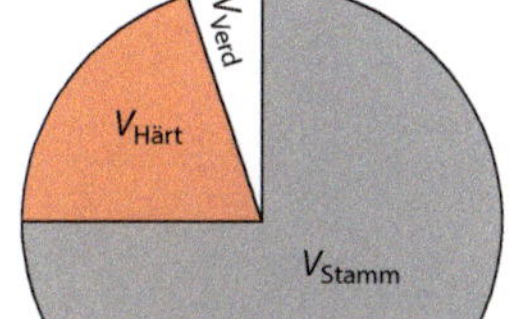

182. Zu $V_{LH} = 1{,}25\,l$ Klarlack und Härter wird Verdünner dazugegeben, sodass 1750 ml spritzfertiges Material entsteht. Wie viel Prozent Verdünnung wurde dazugegeben?

Geg.: $V_{LH} = 1{,}25\,l$
$V_{ges} = 1750\,ml = 1{,}75\,l$
Ges.: V_{Verd} in %

Lösung:

$$V_{Verd} = V_{ges} - V_{LH} = 1{,}75\,l - 1{,}25\,l$$

$$\underline{\underline{V_{Verd} = 0{,}5\,l}}$$

$1{,}75\,l \mathrel{\hat{=}} 100\,\%$
$0{,}5\,l \mathrel{\hat{=}} x$

Dreisatz

$$1{,}75\,l : 100\,\% = 0{,}5\,l : x$$

$$1{,}75\,l \cdot x = 100\,\% \cdot 0{,}5\,l$$

$$x = \frac{0{,}5\,l}{1{,}75\,l} \cdot 100\,\%$$

$$\underline{\underline{x = 29\,\%}}$$

183. Eine 2K-PE-Feinspachtelmasse muss mit 3 % Härter angemischt werden. Berechnen Sie, wie viel g Härter für 35 g Spachtelmasse benötigt werden.

Geg.: $m_{sp} = 35\,g$
$m_{Härter} = 3\,\%$
Ges.: $m_{Härter}$ in g

Lösung:

$35\,g \mathrel{\hat{=}} 100\,\%$
$x \mathrel{\hat{=}} 3\,\%$

Dreisatz

$$35\,g : 100\,\% = x : 3\,\%$$

$$35\,g \cdot 3\,\% = 100\,\% \cdot x$$

$$x = \frac{3\,\%}{100\,\%} \cdot 35\,g$$

$$\underline{\underline{x = 1\,g}}$$

184. Je m^2 werden folgende Werkstoffmengen benötigt:
2-K-PE-Feinspachtelmasse:
- $m_1 = 0{,}4\,kg$
- $Pr_1 = 28{,}50\,€/kg$

2-K-HS-Füller:
- $V_2 = 0{,}12\,l$
- $Pr_2 = 16{,}50\,€/l$

2-K-Uni-Acryllackfarbe
- $V_3 = 0{,}375\,l$
- $Pr_3 = 45{,}75\,€/l$

Berechnen Sie für die Beschichtung einer Motorhaube mit einer Fläche $A = 1{,}68\,m^2$:
a) den Preis der einzelnen Werkstoffmengen (Einzelpreise)
b) den Gesamtpreis

Geg.: $m_1 = 0{,}4\,kg/m^2$
$Pr_1 = 28{,}50\,€/kg$
$V_2 = 0{,}12\,l/m^2$
$Pr_2 = 16{,}50\,€/l$
$V_3 = 0{,}375\,l/m^2$
$Pr_3 = 45{,}75\,€/l$

Ges.: a) EPr_1, EPr_2, EPr_3
b) GPr

a) Einzelpreise *EPr*

EPr_1 für 2-K-PE-Feinspachtelmasse:

$$EPr_1 = Pr_1 \cdot m_1 \cdot A$$
$$= 28{,}50\,€/kg \cdot 0{,}4\,kg/m^2 \cdot 1{,}68\,m^2$$
$$\underline{\underline{EPr_1 = 19{,}15\,€}}$$

EPr_2 für 2-K-HS-Füller:

$$EPr_2 = Pr_2 \cdot V_2 \cdot A$$
$$= 16{,}50\,€/l \cdot 0{,}12\,l/m^2 \cdot 1{,}68\,m^2$$
$$\underline{\underline{EPr_2 = 3{,}33\,€}}$$

EPr_3 für2-K-Uni-Acryllackfarbe:

$$EPr_3 = Pr_3 \cdot V_3 \cdot A$$
$$= 45{,}75\,€/l \cdot 0{,}375\,l/m^2 \cdot 1{,}68\,m^2$$
$$\underline{\underline{EPr_3 = 28{,}82\,€}}$$

b) Gesamtpreis *GPr*

$$GPr = EPr_1 + EPr_2 + EPr_3$$
$$= 19{,}15\,€ + 3{,}33\,€ + 28{,}82\,€$$
$$\underline{\underline{GPr = 51{,}30\,€}}$$

185. Für eine Reparaturlackierung werden vom 2-K-HS-Füller $V_F = 135$ ml und vom HS-Klarlack $V_L = 195$ ml benötigt. Die zu beschichtende Fläche ist $A = 850\ \text{cm}^2$ groß. Die Preise sind folgende:

- 2-K-HS-Füller
  $Pr_1 = 16{,}80$ €/l
- Füller-Härter
  $Pr_2 = 19{,}00$ €/l
- HS-Klarlack
  $Pr_3 = 19{,}80$ €/l
- Klarlack-Härter
  $Pr_4 = 21{,}00$ €/l

Im technischen Merkblatt sind die Mischungsverhältnisse zwischen Stammlack und Härter angegeben:

- Füller mit $MiV_F = 4:1$
- Klarlack mit $MiV_L = 2:1$

Berechnen Sie:

a) die Einzelpreise für die Materialien, die nötig sind, um die Fläche zu lackieren

b) den Gesamtpreis

Geg.: $V_F = 135$ ml
$V_L = 195$ ml
$A = 850\ \text{cm}^2$
$Pr_1 = 16{,}80$ €/l
$Pr_2 = 19{,}00$ €/l
$Pr_3 = 19{,}80$ €/l
$Pr_4 = 21{,}00$ €/l
$MiV_F = 4:1$
$MiV_L = 2:1$

Ges.: a) $EPr_1, EPr_2, EPr_3, EPr_4$
b) GPr

a) Einzelpreise *EPr*

EPr_1 für 2-K-HS-Füller

$EPr_1 = V_1 \cdot Pr_1$

$MiVF = 4:1$, das heißt:

5 Teile $\triangleq V_F$

4 Teile $\triangleq V_1$

Dreisatz

$5 : V_F = 4 : V_1$

$V_1 = \frac{4}{5} \cdot V_F = \frac{4}{5} \cdot 135\ \text{ml}$

$\underline{V_1 = 108\ \text{ml} = 0{,}108\ \text{l}}$

$EPr_1 = 0{,}108\ \text{l} \cdot 16{,}80$ €/l

$\underline{\underline{EPr_1 = 1{,}81\ €}}$

EPr_2 für Füller-Härter

$EPr_2 = V_2 \cdot Pr_2$

$MiV_F = 4:1$, das heißt:

5 Teile $\triangleq V_F$

1 Teil $\triangleq V_2$

Dreisatz

$5 : V_F = 1 : V_2$

$V_2 = \frac{1}{5} \cdot V_F = \frac{1}{5} \cdot 135\ \text{ml}$

$\underline{V_2 = 27\ \text{ml} = 0{,}027\ \text{l}}$

$EPr_2 = 0{,}027\ \text{l} \cdot 19{,}00$ €/l

$\underline{\underline{EPr_2 = 0{,}51\ €}}$

EPr_3 für HS-Klarlack

$EPr_3 = V_3 \cdot Pr_3$

$MiVF = 2:1$, das heißt:

3 Teile $\triangleq V_L$

2 Teile $\triangleq V_3$

Dreisatz

$3 : V_L = 2 : V_3$

$V_3 = \frac{2}{3} \cdot V_F = \frac{2}{3} \cdot 195\ \text{ml}$

$\underline{V_3 = 130\ \text{ml} = 0{,}13\ \text{l}}$

$EPr_3 = 0{,}13\ \text{l} \cdot 19{,}80\ \text{€/l}$

$\underline{\underline{EPr_3 = 2{,}57\ \text{€}}}$

EPr_4 für Klarlack-Härter

$EPr_4 = V_4 \cdot Pr_4$

$MiVF = 2:1$, das heißt:

3 Teile $\triangleq V_L$

1 Teil $\triangleq V_4$

Dreisatz

$3 : V_L = 1 : V_4$

$V_4 = \frac{1}{3} \cdot V_L = \frac{1}{3} \cdot 195\ \text{ml}$

$\underline{V_4 = 65\ \text{ml} = 0{,}065\ \text{l}}$

$EPr_4 = 0{,}065\ \text{l} \cdot 21{,}00\ \text{€/l}$

$\underline{\underline{EPr_4 = 1{,}37\ \text{€}}}$

b) Gesamtpreis *GPr*

$GPr = EPr_1 + EPr_2 + EPr_3 + EPr_4$

$= 1{,}81\ \text{€} + 0{,}51\ \text{€} + 2{,}57\ \text{€} + 1{,}37\ \text{€}$

$\underline{\underline{GPr = 6{,}26\ \text{€}}}$

Anmerkung:

Die Angabe zur Flächengröße ist für die Lösung der Aufgabe nicht relevant.

Fahrzeuglacke nach Aussehen und Oberflächenstruktur

186. Nennen Sie drei Fahrzeuglacke, die nach ihrem Aussehen und ihrer Oberflächenstruktur eingeteilt sind?

- Unilack, auch Decklack
- Klarlack
- Effektlack

187. Erläutern Sie: Was ist ein Unilack?

Unilacke haben einen Farbton ohne jegliche (Metallic-)Effekte; sie müssten exakt eigentlich „unifarbene Lacke" heißen, es sind also einfarbige Lacke.
Sie sind die abschließende, oberste, farbgebende Lackschicht.

188. Wie werden Unilacke noch benannt? Zählen Sie vier weitere Bezeichnungen auf.

- Decklack
- 1K-Lack (einkomponentiger Lack)
- Lkw-Lack
- KH-Lack (Kunstharzlack)

189. Erklären Sie, warum Unilacke auch als Decklack bezeichnet werden.

Unilacke enthalten überwiegend reine Absorptionsfarbpigmente eines einzigen Farbtons: uni = einzig.
Es kommt bei ihnen nicht zur metallisch glänzenden Reflexion.

190. Übersetzen Sie ins Englische: Decklack.

top coat

191. Was ist ein einschichtiger Uni-Decklack?

Die Decklackschicht wird nicht mit einer Klarlackschicht überzogen.

192. Was bedeutet folgendes Piktogramm?

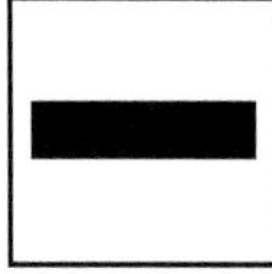

Einschicht-Hochglanzfarbton

193. Gibt es auch einen Zweischicht-Uni-Decklack?

Ja. Viele Fahrzeughersteller versehen ihren Uni-Decklack inzwischen noch zusätzlich mit einer Klarlackschicht, damit er besser vor Umwelteinflüssen geschützt ist.

194. Warum sollte Decklack immer 2K-Produkte sein?

Decklack bildet mit dem Klarlack die letzte Schicht eines Lackierungsaufbaus, die entsprechend beständig sein muss.

195. Was bedeutet dieses Piktogramm bezüglich des Deckvermögens eines Materials?

eingeschränktes Deckvermögen

196. Erklären Sie den Begriff „Klarlack".

Lack, der transparent ist, d. h. ohne Farbstoffe oder Pigmente; er bildet die äußere Hülle der Fahrzeuglackierung.

197. Übersetzen Sie ins Englische: Klarlack

clear coat

198. Zeichnen Sie das Piktogramm für Klarlack.

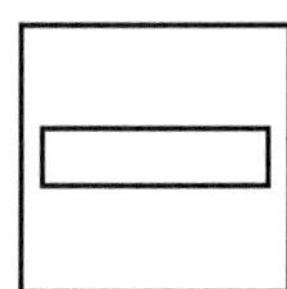

199. Nennen Sie vier Eigenschaften von Klarlack.

- hoch festkörperreich
- widerstandsfähig gegenüber:
  - mechanischen Belastungen (Stößen)
  - Licht (UV-Strahlung)
  - Chemikalien
  - Witterung
- guter Verlauf
- Trocknung durch Infrarotstrahlung möglich
- schnell und einfach zu polieren

200. Nennen Sie die durchschnittliche Verarbeitungsviskosität eines Klarlacks.

Viskosität gemessen nach DIN 53 211, mit 4 mm und bei +20 °C: 17 s bis 19 s

201. Wie hoch ist die durchschnittliche Trockenfilmschichtdicke nach zwei Spritzgängen?

ca. 50 µm bis 75 µm

202. Wie lange dauert die forcierte Trocknung (bei +60 °C Objekttemperatur), wenn dem Klarlack zugemischt werden:

- Härter kurz
- Härter
- Härter lang

Trockenzeit:

- Härter kurz: 15 min bis 20 min
- Härter: 20 min bis 25 min
- Härter lang: 20 min bis 30 min

203. Nennen Sie die Bedeutung der beiden Piktogramme beim Mischen von Klarlack.

1

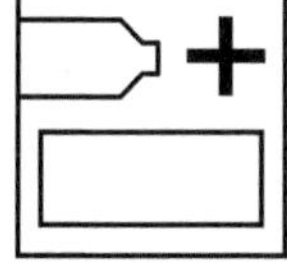

2

1 Messstab verwenden
2 Härter zugeben

204. Gibt es auch wasserverdünnbare Klarlacke für die Fahrzeug-Reparaturlackierung?

Ja, es werden wasserverdünnbare Klarlacke auf Zwei-Komponenten-Basis angeboten. Sie haben sich aber derzeit am Markt noch nicht durchgesetzt.

205. Warum sollten Klarlacke immer 2K-Produkte sein?

Klarlack bildet die letzte Schicht eines Lackierungsaufbaus, die entsprechend beständig sein muss.

206. Nennen Sie sechs besondere Eigenschaften der UV-härtenden Klarlacke.

- sehr dichte Oberfläche
- hoher Glanzgrad
- guter Lackstand
- hohe Beständigkeit gegen Kratzer
- sehr elastisch
- gute Haftung

207. Welchen Durchmesser hat die Spritzdüse für einen UV-härtenden Klarlack?

1,0 mm bis 1,2 mm

208. Wie lange muss ein UV-härtender Klarlack ablüften, bevor er mit der UV-Lampe getrocknet werden kann?

ca. 5 min bis 7 min

209. Woraus bestehen Metallic-Basislacke?

- Pigmente: plättchenförmige Aluminium-, Bronzeteilchen
- Bindemittel: gelöste Kunststoffe wie Polyurethane, Acrylate und deren Mischformen
- Lösemittel: organische Verbindungen
- Verdünnungsmittel: Wasser

210. Wenn 1 Liter Basislack $Pr_1 = 81{,}25$ € kostet, wie viel kosten dann 725 ml von diesem Basislack (Pr_2)?

Geg.: $V_1 = 1\,l$

$Pr_1 = 81{,}25\,€$

$V_2 = 725\,ml = 0{,}725\,l$

Ges.: Pr_2

Lösung:

$1\,l \mathrel{\hat{=}} 81{,}25\,€$

$0{,}725\,l \mathrel{\hat{=}} Pr_2$

Dreisatz

$1\,l : 81{,}25\,€ = 0{,}725\,l : Pr_2$

$1\,l \cdot Pr_2 = 81{,}25\,€ \cdot 0{,}725\,l$

$Pr_2 = \frac{0{,}725\,l}{1\,l} \cdot 81{,}25\,€$

$\underline{\underline{Pr_2 = 58{,}91\,€}}$

211. Erklären Sie den Begriff „Effektlack".
Lack mit optischem Effekt, oft ein zusätzlicher Glanz

212. Wie werden die Pigmente im Effektlack noch genannt?
Flakes (engl.): Flocken

213. Übersetzen Sie ins Englische: Basislack
base coat

214. Was sind Metallic-Zweischicht-Systeme? Erklären Sie.
Das Metallic-Zweischicht-System besteht aus zwei abschließenden Lackschichten:
- Metallic-Basislackschicht
- Klarlackschicht

215. Nennen Sie die wesentliche Aufgabe, die ein Metallic-Basislack im Lackierungsaufbau hat.
Der Basislack ist für den Farbton und Effekt eines Zweischicht-Lackaufbaus verantwortlich. Er ist ein Effektlack, weil metallische Pigmentteilchen den Metalleffekt geben und Buntpigmente den Farbton.

216. Nennen Sie vier typische Merkmale von Metallic-Basislacken.
- metallisches Glänzen
- markanter Hell-dunkel-Flop
- hohe Brillanz
- hohes Deckvermögen

217. Erklären Sie, wie der metallische Glanz der Basislackierung entsteht.
Die Metallpigmente lagern sich weitgehend parallel zum Untergrund an. Die Pigmente wirken in der Lackierung wie viele kleine Spiegel.
Trifft Licht auf die Basislackierung, entsteht eine gerichtete Reflexion, die für den metallischen Glanz verantwortlich ist.

218. Erläutern Sie, wie es zum charakteristischen „Hell-dunkel-Flop" der Metallic-Basislackierung kommt.
Neben der gerichteten Reflexion an den Metallpigmenten entsteht aber auch ein gewisser Teil an Streustrahlung, das nennt man diffuse Reflexion, weil die Pigmente sich nicht vollständig parallel anordnen.
Die Pigmente sind rau, sie haben Kanten oder unebene Oberflächen.

219. Was zeichnet einen wasserverdünnbaren Metallic-Basislack aus?
Ein großer Teil der organischen Löse- und Verdünnungsmittel ist durch VE-Wasser (völlig entmineralisiertes Wasser) ersetzt.

220. Nennen Sie die Höhe des Anteils an Lösemitteln bei einem wasserbasierenden Metallic-Basislack.
Der Gesamtanteil an Lösemitteln setzt sich zusammen aus etwa 90 % Wasser und 10 % organischen Lösemitteln.

221. Bei welchem Betrachtungswinkel ist der Effekt einer Metallic-Basislackierung am größten?

45°

222. Erklären Sie, warum in hochwertigen Metallic-Basislacken Polyurethan-Acrylat-Mischungen als Bindemittel verwendet werden?

Polyurethan-Acrylatharze bieten:

- eine besonders gute Haftung
- Wasserbeständigkeit
- gleichmäßigen, wolkenfreien Film
- einen sehr guten Metalleffekt

223. Wie dick ist die Trockenschicht eines Metallic-Basislacks im Durchschnitt bei zweieinhalb bis drei Spritzgängen?

ca. 15 µm bis 25 µm

224. Wie hoch ist der Anteil des Bindemittels in einem wasserverdünnbaren Metallic-Basislack?

ca. 12 % bis 15 %

225. Wie viel Wasser als Verdünnungsmittel enthält ein wasserverdünnbarer Basislack in der Nassschicht?

ca. 70 %

226. Warum benötigen Metallic-Basislacke einen Klarlacküberzug?

Der Klarlack schützt die Basislackierungsschicht vor Witterungseinflüssen.

Fahrzeuglacke nach Festkörperanteil

227. Nennen Sie die vier Arten Fahrzeuglack, wie sie nach dem Festkörperanteil unterschieden werden, und übersetzen Sie ins Deutsche.

- Medium Solid (MS): mittel festkörperreich
- High Solid (HS): hoch festkörperreich
- Very High Solid (VHS): sehr hoch festkörperreich
- Ultra High Solid (UHS): ultra festkörperreich

228. Nennen Sie den Festkörperanteil (FkA) und den Lösemittelanteil (LmA) dieser Lacke.

- MS: FkA = 50 %, LmA = 50 %
- HS: FkA = 60 %, LmA = 40 %
- VHS, UHS: FkA = 75 %, LmA = 25 %

229. Warum finden VHS- oder UHS-Systeme in der Fahrzeuglackierung selten/kaum Verwendung?

Ihre Verarbeitung ist problematisch, weil sie in einem Spritzgang schon eine sehr hohe Schichtdicke erreichen, sehr schnell trocknen und so „Orangenhaut" entstehen kann.

230. Gibt es Decklacke für Fahrzeuge als zweikomponentige Medium- oder High-Solid-Decklacke, die VOC-konform sind?

Ja. Sie erfüllen die VOC-Norm, da sie im spritzfertigen Zustand max. 420 g/l flüchtige organische Bestandteile enthalten.

231. Warum müssen alle Verarbeitungsgeräte, Gefäße usw. für die Verarbeitung eines 2K-HS-Decklacks absolut wasserfrei sein?

2K-HS-Lack reagiert mit Feuchtigkeit.

5.5 Kenndaten von Fahrzeuglack

232. Zählen Sie neun Kenndaten von Fahrzeuglacken auf.

- Spritzviskosität
- Anteil flüchtiger organischer Stoffe
- Festkörpergehalt
- Ergiebigkeit
- Materialverbrauch
- Trockenfilmschichtdicke
- Nassfilmschichtdicke
- Topfzeit
- Mischungsverhältnis

233. Erklären Sie den Begriff „Spritzviskosität".

Viskosität (das Fließverhalten) des Fahrzeuglacks, das für das Spritzverfahren notwendig ist

234. Warum muss der Lackierer die Spritzviskosität eines Materials für eine Lackierung einstellen? Begründen Sie.

Oft reicht die vom Hersteller eingestellte Viskosität des Lacks nicht aus, dann müssen organische Verdünnung, Einstellzusatz oder VE-Wasser zugegeben werden. Das Material muss also flüssiger gemacht werden, damit es mit der Pistole verarbeitet werden kann.

235. Wie kann der Fahrzeuglackierer feststellen, ob das Material zum Spritzen flüssig genug ist?

Mit einem Auslaufbecher nach DIN 53 211 oder dem sogenannten FORD-Becher kann die Viskosität gemessen werden.

236. Nennen Sie die technischen Merkmale dieser Auslaufbecher.

Die Becher haben ein Volumen von 100 cm^3 und unten eine Auslaufbohrung von 4 mm Durchmesser.

237. Wie ist die Einheit für die Spritzviskosität?

DIN Sekunden

238. Zählen Sie die Arbeitsschritte auf, die für eine Viskositätsmessung notwendig sind.

- Den Becher bis oben mit Lack füllen; dabei die Auslauföffnung geschlossen halten.
- Die Auslauföffnung öffnen und die Stoppuhr starten.
- Die Zeit messen, die es dauert, bis der Flüssigkeitsstrahl abreißt.
- Das Ergebnis der Zeitmessung mit den Angaben im Datenblatt vergleichen.

239. Bei welcher Temperatur sollte die Messung durchgeführt werden?

bei 20 °C

240. Erklären Sie den Begriff „Anteil flüchtiger organischer Stoffe im Fahrzeuglack".

- flüchtiger Anteil im lösemittelhaltigen Lack, bzw.
- Anteil des organischen Lösemittels im lösemittelreduzierten Wasserlack

241. Was wird mit dem Festkörpergehalt eines Fahrzeuglacks angegeben?

Anteil von nichtflüchtigen Stoffen (also: den festen Stoffen) im Fahrzeuglack, der während der Trocknung die Filmschicht bildet.

242. Erklären Sie die Kürzel, die auch als Bezeichnung für den Festkörpergehalt für einen Lack genannt werden.

- FG: Festkörpergehalt
- nfA: nichtflüchtiger Anteil
- FK: Festkörpergehalt

243. Wann wird der Festkörperanteil gemessen?

- im Lieferzustand im unangebrochenen Gebinde
- vor Einstellung der Spritzviskosität
- vor dem Auftragen

244. Erklären Sie, was die Ergiebigkeit (*E*) angibt.

Fläche, die mit 1 l oder 1 kg Fahrzeuglack in einem Spritzgang beschichtet werden kann.

245. Erklären Sie, was die Angabe E55 bedeutet.

E55 bezeichnet die Ergiebigkeit für 55 µm Trockenfilmschichtdicke.

246. Nennen Sie die durchschnittliche Ergiebigkeit eines 2K-HS-Decklacks.

ca. 475 m^2/l bei 1 µm Trockenfilmschichtdicke

247. Der Pritschenaufbau eines Anhängers besteht aus Holz und soll aufgearbeitet werden.
Maße des Aufbaus:

- Länge: 2500 mm
- Breite: 1250 mm
- Höhe: 550 mm

Nach der Entschichtung wird das rohe Holz imprägniert.
Berechnen Sie die gesamte Beschichtungsfläche A des Aufbaus, wenn alle Holzflächen beidseitig lackiert werden.

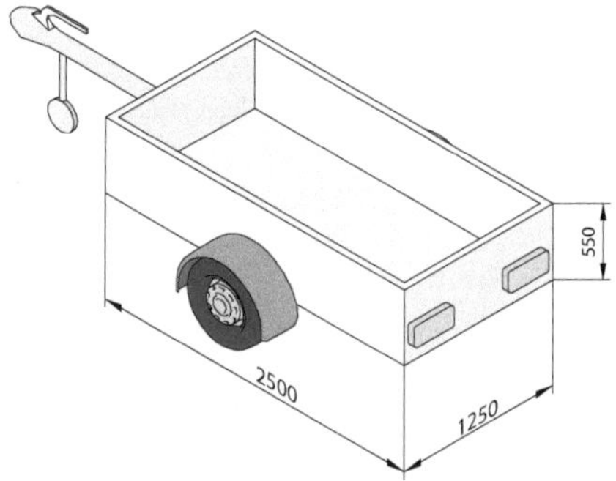

Umrechnung der Maße:

- Länge $l = 2{,}5\,\text{m}$
- Breite $b = 1{,}25\,\text{m}$
- Höhe $h = 0{,}55\,\text{m}$

Beschichtungsfläche A_1 der langen Seitenwand:

$$A_1 = l \cdot h \cdot 2 = 2{,}5\,\text{m} \cdot 0{,}55\,\text{m} \cdot 2$$
$$\underline{A_1 = 2{,}75\,\text{m}^2}$$

Beschichtungsfläche A_2 der kurzen Seitenwand:

$$A_2 = b \cdot h \cdot 2 = 1{,}25\,\text{m} \cdot 0{,}55\,\text{m} \cdot 2$$
$$\underline{A_2 = 1{,}375\,\text{m}^2}$$

Beschichtungsfläche A_3 des Bodens:

$$A_3 = l \cdot b \cdot 2 = 2{,}5\,\text{m} \cdot 1{,}25\,\text{m} \cdot 2$$
$$\underline{A_3 = 6{,}25\,\text{m}^2}$$

Gesamte Beschichtungsfläche A, bestehend aus zwei langen und zwei kurzen Seitenwänden und dem Boden:

$$A = 2A_1 + 2A_2 + A_3 = 5{,}5\,\text{m}^2 + 2{,}75\,\text{m}^2 + 6{,}25\,\text{m}^2$$
$$\underline{\underline{A = 14{,}5\,\text{m}^2}}$$

248. Die Ergiebigkeit E einer Holzschutzgrundierung wird im technischen Merkblatt mit $E = 6\,\text{m}^2/\text{l}$ angegeben. Wie viel Grundierung wird für das zweimalige Lackieren des Pritschenaufbaus vom oben berechneten Hänger benötigt?

Geg.: $E = 6\,\text{m}^2/\text{l}$
$A = 14{,}5\,\text{m}^2$

Ges.: V_{Lack}

Lösung:

$$V_{\text{Lack}} = 2 \cdot \frac{A}{E} = 2 \cdot \frac{14{,}5\,\text{m}^2}{6\,\text{m}^2/\text{l}}$$
$$\underline{\underline{V_{\text{Lack}} = 4{,}8\,\text{l}}}$$

249. Erklären Sie den Begriff „Materialverbrauch".

Menge des Lackes, die nach einem Spritzgang die Fläche von 1 m² ausreichend mit der geforderten Filmschichtdicke bedeckt; Symbol: *MV*

250. Erklären Sie die Angabe „$MV_{55} = 0{,}133\ l/m^2$“

Materialverbrauch für eine erreichte Trockenfilmschichtdicke von 55 µm beträgt 0,133 l/m².

251. Erklären den Begriff „Trockenfilmschichtdicke“.

Die Trockenfilmschichtdicke (d_T) ist die Dicke der Trockenschicht, die aus dem aufgetragenen Nassfilm durch die Trocknung (Verdunstung von Lösemitteln) entsteht.
Andersherum gesagt:
Der Trockenfilm ist die Restmenge an Festkörperbestandteilen des Nassfilms.

252. Nennen Sie zwei Gründe, warum die Hersteller von Lacken zusätzlich zur Ergiebigkeit auch die Trockenfilmschichtdicke angeben.

- Richtwert für einen Spritzgang
- damit kann der Materialverbrauch für eine bestimmte Fläche berechnet werden

253. Rechnen Sie folgende Dicken der Lackschicht in Millimeter um.

- 128 µm
- 90 µm
- 1255 µm

- 128 µm = 0,128 mm
- 90 µm = 0,09 mm
- 1255 µm = 1,255 mm

254. Nennen Sie zwei Geräte, mit denen die Dicke der Trockenfilmschicht gemessen werden kann.

- Magnet-Schichtdickenmessgerät
- Schichtdickenmessgerät mit Ultraschall

255. Erläutern Sie, was die Angabe Nassfilmschichtdicke d_N bedeutet.

Die Nassfilmschichtdicke (d_N) ist die Dicke der Nassfilmschicht, die aus 100 ml Fahrzeuglack auf 1 m² Spritzfläche gleichmäßig verteilt wurde.
Der Nassfilm enthält noch alle Bestandteile des Lacks, auch die flüchtigen. Er stellt also 100 % des Lacks in einer bestimmten Filmschichtdicke in µm dar.

256. Nennen Sie zwei Messgeräte, mit denen die Dicke des Nassfilms ermittelt werden kann.

- Doppelrad-Nassfilm-Dickenmesser
- Messkamm

257. Ein HS-Grundierfüller soll nach Herstellerangaben eine Trockenschichtdicke von 90 µm haben. Wie dick muss die nasse Schicht des Füllers sein, wenn flüchtige Bestandteile $fB = 28\,\%$ enthalten waren?

Geg.: $d_T = 90\,\mu m$
$fB = 28\,\%$
Ges.: d_N
Lösung:
$(100\,\% - 28\,\%) \triangleq 90\,\mu m$
$100\,\% \triangleq d_N$
Dreisatz
$72\,\% : 90\,\mu m = 100\,\% : d_N$
$72\% \cdot d_N = 90\,\mu m \cdot 100\,\%$
$$d_N = \frac{100\,\%}{72\,\%} \cdot 90\,\mu m$$
$$\underline{\underline{d_N = 125\,\mu m}}$$

258. Eine Motorhaube von 1,65 m² soll mit Rostschutzprimer grundiert werden. Der Hersteller empfiehlt in seinem technischen Merkblatt eine Trockenschichtdicke von 25 µm. Dort ist auch die Ergiebigkeit der Grundierung mit 12 m² pro Liter bei 1 µm Schichtdicke angegeben. Der Lösemittelanteil beträgt 17 %. Wie viel Grundierung muss für die Fläche der Motorhaube angesetzt werden?

Geg.: $A = 1{,}65\,m^2$
$d_T = 25\,\mu m$
$E = 12\,m^2/l$ bei $d_N = 1\,\mu m$
$VOC = 17\,\%$
Ges.: V

Lösung:
Nassschichtdicke d_N
$(100\,\% - 17\,\%) \triangleq 25\,\mu m$
$100\,\% \triangleq d_N$
Dreisatz
$83\,\% : 25\,\mu m = 100\,\% : d_N$
$83\,\% \cdot d_N = 25\,\mu m \cdot 100\,\%$
$$d_N = \frac{100\,\%}{83\,\%} \cdot 25\,\mu m$$
$$\underline{\underline{d_N = 30\,\mu m}}$$

Ergiebigkeit E_{30} (bei $d_N = 30\,\mu m$)
$E_1 \triangleq 1\,\mu m$
$E_{30} \triangleq 30\,\mu m$
Indirekter Dreisatz
$E_1 \cdot 1\,\mu m = E_{30} \cdot 30\,\mu m$
$$E_{30} = \frac{1\,\mu m}{30\,\mu m} \cdot E_1$$
$$= \frac{1\,\mu m}{30\,\mu m} \cdot 12\,m^2/l$$
$$\underline{\underline{E_{30} = 0{,}4\,m^2/l}}$$

Volumen V der Grundierung

$0{,}4\,\text{m}^2 \triangleq 1\,\text{l}$

$1{,}65\,\text{m}^2 \triangleq V$

Dreisatz

$0{,}4\,\text{m}^2 : 1\,\text{l} = 1{,}65\,\text{m}^2 : V$

$0{,}4\,\text{m}^2 \cdot V = 1\,\text{l} \cdot 1{,}65\,\text{m}^2$

$$V = \frac{1{,}65\,\text{m}^2}{0{,}4\,\text{m}^2} \cdot 1\,\text{l}$$

$$\underline{\underline{V = 4{,}1\,\text{l}}}$$

259. Erklären Sie den Begriff „Topfzeit".

Zeitraum, in dem ein zweikomponentiger Lack nach dem Anmischen verarbeitet werden muss, bevor er aushärtet. Wird diese Zeit überschritten, erhärtet der Lack im Werkzeug.

260. Nennen Sie den englischen Begriff für „Topfzeit".

potlife

261. Erklären Sie, warum das Mischungsverhältnis angegeben wird.

Das Mischungsverhältnis (*MiV*) wird angegeben, damit der Lack richtig angemischt wird.

262. In welcher Einheit wird das Mischungsverhältnis angegeben?

Mischungsverhältnisse (*MiV*) werden angegeben:

- in Volumenanteilen, z. B. *MiV* = 2 : 1 : 1 oder
- prozentual, z. B. Zugabe von 50 % Zusatz

Auch gemischte Angaben sind möglich, z. B. *MiV* = 2 : 1 : 10 % bedeutet: Dieses Lackgemisch besteht aus 2 Teilen Stammlack, 1 Teil Härter und Einstellzusatz, 10 % von Stammlack + Härter.

263. Schreiben Sie zwei Piktogramme auf, die in technischen Merkblättern zum Mischungsverhältnis von 2K-Lacken zu finden sind.

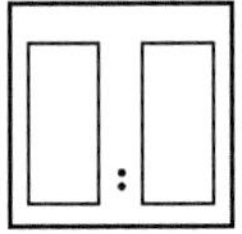

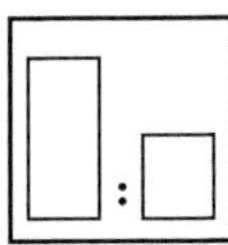

Mischungsverhältnis: 1 : 1 2 : 1

5.6 Lackierungsaufbau für Fahrzeuge

264. Was bedeutet dieses Piktogramm zum Verarbeitungshinweis eines Lackherstellers?

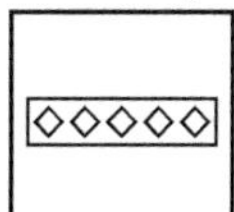

Untergrund

265. Erklären Sie den Begriff „Lackierungsaufbau".

Lackierung im ausgehärteten Zustand; er bezeichnet die gesamte Schichtenfolge

266. Nennen Sie die zwei Arten von Schichten einer Lackierung.

- nicht sichtbare Schichten wie Grundierung, Phosphatierung, Primer, Spachtelmasse, Füller
- sichtbare Schichten sind die Deckschichten wie Decklack oder Basislack, Klarlack

267. Welche Arten für den Lackierungsaufbau für Fahrzeuge gibt es?

- klassischer Lackierungsaufbau mit
  - Grundbeschichtung
  - Füller
  - Basislack
  - Klarlack
- vereinfachter Lackierungsaufbau mit
  - Grundierfüller
  - Decklack
- Mehrschicht-Lackierung

268. Erklären Sie den Begriff „Mehrschicht-Lackierung".

für besonders glänzende Lackierung, sie wird hergestellt wie ein klassischer Lackierungsaufbau, jedoch wird der Schlusslack angeschliffen und nochmals mit Klarlack lackiert – bis zu zwölf Schichten Klarlack sind möglich

5.7 Lack trocknen

269. Was versteht man unter „Lack trocknen"?

Übergang vom Nassfilm zum Trockenfilm und die damit verbundene Verfestigung (Aushärtung)

270. Nennen Sie den englischen Begriff für Lacktrocknung?

paint drying

271. Erklären Sie die Piktogramme zur Lacktrocknung, wie sie in technischen Merkblättern angegeben werden. Nennen Sie vier Beispiele.

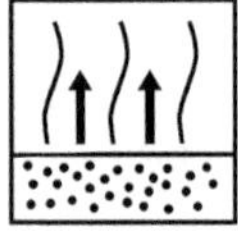

Ablüften

Trockenzeit

Ultraviolett

Infrarot

272. Erklären Sie den Begriff „Trockengrade".

Stadien, die der Lack bei der Trocknung durchläuft

273. Nennen Sie die vier Trockengrade, wie sie in der Praxis verwendet werden. Erklären Sie diese.

- Anziehen: Der Lackfilm wird zähflüssig.
- Staubtrockenheit: Äußerste Oberfläche ist soweit abgebunden, dass Staub nicht mehr kleben bleibt.
- Grifffestigkeit: Lack ist mehrheitlich durchgetrocknet, bei leichter Berührung mit der Hand bleibt diese nicht mehr kleben, der Lackfilm reißt nicht auf.
- Durchtrocknung: Trockenfilm ist vollkommen durchgetrocknet.

274. Nach welcher Dauer ist ein 1K-Decklack bei 20 °C Lufttrocknung

- staubfest,
- grifffest,
- durchgetrocknet?

- staubfest: nach 10 min bis 15 min
- grifffest: nach 4 Stunden bis 5 Stunden
- durchgetrocknet: nach 24 Stunden bis 48 Stunden

275. Erklären Sie, warum die Durchtrocknung eines 1K-KH-Lacks bei 20 °C so lange dauert.

Zunächst verdunsten die Löse- und Verdünnungsmittel aus der Nassschicht (physikalische Trocknung).
Danach härten einige Bestandteile im Kunstharz (die luftrocknenden Öle) oxidativ. Das heißt, der Lack muss Sauerstoff aus der Umgebungsluft aufnehmen, damit er durchtrocknet. Dieser Vorgang dauert.

276. Wann ist der Decklack bei 20 °C Raumtemperatur

- staubtrocken,
- montagefest?

- staubtrocken: nach 30 min bis 40 min
- montagefest: über Nacht

277. Nennen Sie die drei Arten der Lacktrocknung.

- physikalische Trocknung
- chemische Trocknung
- gemischte Trocknung

278. Erklären Sie den Begriff „physikalische Lacktrocknung".

Aushärtung des Lackes, ohne dass sich das Lackbindemittel verändert; keine chemische Reaktion

279. Zählen Sie drei Arten der physikalischen Lacktrocknung auf und erklären Sie diese.

- Lösemittelverdunstung
- Schmelzen und Erstarren des Fahrzeuglacks: Pulverbeschichtete Oberflächen werden erwärmt, schmelzen zusammen und erstarren bei der Abkühlung; dieser Vorgang wird auch Einbrennen genannt.
- Kalter Fluss: In dispergierten Systemen verlässt das Lösemittel den Nassfilm und die noch flüssigen Bindemittelteilchen fließen zusammen und erhärten.

280. Erklären Sie den Begriff „chemische Lacktrocknung".

Lacktrocknung, bei der zwei Komponenten in einer chemischen Reaktion miteinander reagieren und ein neuer dritter Stoff entsteht

281. Nennen Sie die drei Arten der chemischen Lacktrocknung.

- Polykondensation (Polyesterharze)
- Polymerisation (Acryllacke)
- Polyaddition (PU-Lacke)

282. Erklären Sie den Begriff „oxidative Lacktrocknung".

Lacktrocknung, wo der Lack zum Aushärten nur den Sauerstoff oder die Luftfeuchtigkeit aus der Umgebungsluft benötigt

283. Nennen Sie Beispiele aus der Praxis, bei dem der Lack oxidativ trocknet.

Lacke mit einem Ölanteil (Alkydharzlacke, Kunstharzlacke, auch KH-Lacke genannt)

284. Wann spricht man von einer „gemischten Lacktrocknung"?

Wenn beim Trocknen des Fahrzeuglacks und des Füllers

- das Lösemittel verdunstet und
- eine chemische Reaktion abläuft (meist Polyaddition).

285. Nennen Sie vier Möglichkeiten, Lack mit technischen Hilfsmitteln zu trocknen.

- in einer Trockenkabine
- mit Infrarot-Trockenlampe
- mit Infrarot-Trockenbogen
- mit Trockengebläse

286. Erklären Sie den Begriff „beschleunigte Lacktrocknung".	Fahrzeuglack und Füller trocknen mithilfe von Wärme oder Strahlung (UV- oder IR-Strahlung); sie wird auch „forcierte Lacktrocknung" genannt.
287. Wie lange sollte ein Decklack vor einer forcierten Trocknung ablüften?	5 min bis 7 min
288. Wie lange beträgt die Trockenzeit für einen 2K-HS-Decklack bei +60 °C Objekttemperatur?	20 min bis 30 min
289. Erklären Sie den Begriff „Trockenkabine".	abgeschlossenes System oder kombiniert mit der Lackierkabine mit • Lufterhitzer und • Zuluftventilator
290. Wie warm ist die Luft, die einer Trockenkabine zugeführt wird?	bis 80 °C
291. Was ist eine Infrarot-Trockenlampe?	Lampe mit Spezialbirne, die Licht mit Infrarotwellen ausstrahlt; sie wird auch kurz Infrarottrockner genannt
292. Warum können Infrarot-Trockenlampen schnell und flexibel eingesetzt werden?	Sie sind auf einem fahrbaren Gestell befestigt, sodass der Trockner in der Werkstatt bewegt werden kann. Die Lampen erreichen nach wenigen Sekunden ihre Betriebstemperatur.
293. Erklären Sie, wie die Trocknung mittels Infrarotstrahlung funktioniert.	Die Lichtstrahlen durchdringen die nasse Lackschicht, erhitzen den Untergrund und das Material gleichermaßen und trocknen und härten so den Lack in der ganzen Schicht, indem die Lösemittel verdunsten.
294. Nennen Sie Bereiche, in denen Infrarot-Trockenlampen hauptsächlich verwendet werden.	bei der Reparaturlackierung und dem Spot-Repair, um Fahrzeugteile und kleine Flächen zu trocknen
295. Wie hoch sollte die Objekttemperatur maximal sein, damit keine Schäden durch die Infrarottrocknung entstehen?	max. 80 C°
296. Welche Schäden können durch zu hohe Trockentemperaturen entstehen?	• Schäden in der Materialschicht: Kocher, Blasen, Farbtonveränderungen, Haftungsstörungen • Schäden an Bauteilen der Karosserie: Schmelzen, Verziehen von Kunststoffteilen

297. Erklären Sie den Begriff „Infrarot-Trockenbogen".

automatisches System, bei dem die lackierten Fahrzeugteile und der Fahrzeugtyp eingegeben werden;
nach dem Lackieren überstreicht der IR-Trockenbogen alle lackierten Bereiche, verharrt dort bis zur Austrocknung, Abstand zur Oberfläche wird selbsttätig gewählt; hohe Qualität

298. Nennen Sie Nachteile des IR-Trockenbogens.

- teuer in der Anschaffung
- hoher Stromverbrauch (Drehstromanschluss)

299. Wann kommt ein Trockengebläse zum Einsatz?

- zum beschleunigten Trocknen von Lack, besonders Wasserlack
- bei der Reparaturlackierung (Spot-Repair); dann muss der Ofen nicht geheizt werden

300. Nennen Sie das Gerät, mit dem die Trocknung von wasserbasierenden Lacksystemen beschleunigt werden kann.

Trocknungssystem, das aus einem Gestell und einer oder mehreren Düsen zum Trockenblasen besteht

301. Erklären Sie das Prinzip, nach dem diese Düsen funktionieren.

In der Kabine bzw. am Fahrzeug wird die Strömungsgeschwindigkeit der Luft bis auf 2 m/s erhöht.

302. Wann kommt eine Trockenblaspistole zum Einsatz?

- zum beschleunigten Trocknen von Lacken, besonders Wasserlacken
- bei Reparaturlackierungen (Spot-Repair), damit der Ofen nicht geheizt werden muss

5.8 Lackierverfahren zur Erstbeschichtung

303. Nennen Sie drei Bezeichnungen, die der Fachmann für das Auftragen von flüssigem Material verwendet.

- Applizieren
- Beschichten
- Lackieren

304. Nennen Sie das Lackierverfahren, das in der Fahrzeuglackierung am häufigsten verwendet wird.

Spritzverfahren

305. Erklären Sie, was beim Spritzen passiert?

Flüssiger Lack wird durch Druck oder von einem Luftstrom zerstäubt. Der Lack wird in Tröpfchen zerteilt und durch die Luft auf die Oberfläche weitertransportiert.

306. Wie lautet der Begriff für Farbnebel, der in die Umgebung gesprüht wird und „verloren geht".	Overspray
307. Nennen Sie die Vorgaben der Richtlinie VDI 3456, die den Overspray bei Spritzverfahren betreffen.	Es dürfen nur Spritzverfahren eingesetzt werden, die mind. 65 % Spritzmaterial auf die Oberfläche bringen.
308. Nennen Sie die fünf Spritzverfahren, mit denen der Fahrzeuglackierer zu tun hat.	• Airless-Spritzverfahren • Spraymix-Spritzverfahren • optimiertes Hochdruck-Spritzverfahren mit RP-Pistole • Niederdruck-Spritzverfahren mit HVLP-Pistole • Spritzverfahren mit wenig Volumen und wenig Druck (LVLP)
309. Übersetzen Sie den Begriff „Airless" ins Deutsche.	luftlos, ohne (Druck-)Luft
310. Erklären Sie den Begriff „Airless-Spritzverfahren".	Lack wird hydraulisch mit sehr hohem Druck von 150 bar bis 300 bar (ohne Luftbeimengung) verspritzt; dieses Verfahren wird auch „Höchstdruckspritzen" genannt.
311. Mit welchem Gerät kann so hoher Druck auf das Material erzeugt werden?	mit einer Kolbenpumpe am Airless-Gerät
312. Erklären Sie, warum die Düse beim Airless-Spritzverfahren aus besonders hartem Spezialstahl besteht?	Der Lack, der mit großer Geschwindigkeit durch die Düse gedrückt wird, schleift sonst die Düse weg.
313. Wo wird das Airless-Spritzverfahren eingesetzt?	für große und zusammenhängende Flächen wie Großfahrzeuge/Container
314. Erklären Sie den Begriff „Spraymix-Verfahren".	Ergänzung zum Airless-Spritzverfahren; an der Spritzpistole ist zusätzlich ein Schlauchanschluss für Druckluft vorhanden; so kann gewählt werden zwischen: • Airless-Spritzen • Spritzen mit Druckluft
315. Wie groß ist der Druck, der beim Hochdruckspritzverfahren benötigt wird?	• etwa 6 bar Pistoleneingangsdruck • bis zu 4 bar Pistolenausgangsdruck

316. Erklären Sie stichwortartig das Prinzip des Hochdruckspritzens.

Der Lack wird
- in den Druckluftstrom geführt,
- durch die Druckluft verteilt und aufgetragen,
- zerstäubt durch den großen Geschwindigkeitsunterschied zwischen Lack und Luft.

Dabei entsteht an der Düse Unterdruck, sodass weiterer Lack aus dem Fließ- oder Saugbecher gezogen wird.

317. Nennen Sie die besondere Eigenschaft von Spritzpistolen, die für das Hochdruckspritzen geeignet sind.

In diesen Pistolen strömt die Druckluft mit hoher Geschwindigkeit, vgl. Kap. 3.3.3.

318. Wie werden diese Hochdruckspritzpistolen noch genannt?

„konventionelle" Spritzpistolen

319. Nennen Sie vier Vorteile des Hochdruckspritzverfahrens.

- hochviskose und pigmentreiche Beschichtungsstoffe können verarbeitet werden
- große Flächen sind möglich
- schnelles Arbeiten
- beste Oberflächengüte durch feine Tröpfchen

320. Erklären Sie den Begriff „optimiertes" HD-Spritzverfahren mit RP-Spritzpistole".

- Spritzdruck ist verringert
- Pistoleneingangs- und der Düseninnendruck betragen ca. 2 bar.

321. Was bedeutet die Bezeichnung „RP"?

RP = Reduced Pressure (engl.): reduzierter Druck

322. Nennen Sie drei Vorteile, die das Lackieren mit Pistolen mit reduziertem Druck hat.

- Es kann eine relativ große Fläche lackiert werden.
- Dieses Verfahren hat ein Auftragswirkungsgrad von ca. 65 %.
- Vorgabe der EU-VOC-Richtlinie wird erreicht.

323. Nennen Sie den englischen Ausdruck von Spritzpistolen, die einen Auftragswirkungsgrad von größer als 65 % haben, und einen Düseninnendruck von 0,7 bar.

Compliant-Pistole

Compliance (engl.): Einhaltung, Regelbefolgung

324. Was verstehen Sie unter „ND-Spritzverfahren"?

Niederdruck-Spritzverfahren

325. Erklären Sie die Bezeichnung „HVLP".

High Volume Low Pressure (engl.): hohes (Luft-)Volumen wenig Druck

326. Erklären Sie kurz das Prinzip des ND-Spritzverfahrens.

Luft wird mit relativ wenig Druck (low pressure) aus dem Kompressor zur Pistole geführt und mit noch weniger Druck verlässt das Lack-Luft-Gemisch die Pistolendüse. Damit das Material jedoch ausreichend zerstäubt wird, wird ein sehr hohes Luftvolumen benötigt (high volume).

327. Nennen Sie sechs Vorteile dieses Spritzverfahrens gegenüber dem Hochdruckspritzverfahren.

- geringe Lacknebelbildung (wenig Overspray)
- Übertragungsrate von über 65 %
- wenig Energieverbrauch
- wenig Müll (geringe Entsorgungskosten)
- erfüllt die EU-VOC-Richtlinie
- Spritzstrahl ist einstellbar: flach, breit oder rund

328. Zählen Sie vier Nachteile des Niederdruckspritzverfahrens auf.

- langsamere Verarbeitungsgeschwindigkeit
- hochviskose Materialien müssen stärker verdünnt werden
- Viskosität des Lackes muss nach Herstellerangaben auf die Pistole abgestimmt werden
- durch das hohe Luftvolumen werden große Kompressoren benötigt

329. Nennen Sie die Bedeutung dieses Piktogramms und den Zusätzen.

HVLP 1,2 – 1,3 mm
1,5 = 10 – 25 micron
0,7 bar Zerstäuberdruck

- mit einer nebelreduzierten Spritzpistole und einem Düsensatz von 1,2 mm oder 1,3 mm
- eineinhalb Spritzgänge mit insgesamt ca. 25 µm Schichtdicke
- 0,7 bar Düseninnendruck an der Pistole

330. Erklären Sie die Bezeichnung „LVLP".

low volume low pressure (engl.): wenig Luftvolumen und wenig Druck

331. Nennen Sie sechs Vorteile des LVLP-Verfahrens gegenüber dem HVLP-Spritzverfahren.

- deutlich geringerer Luftverbrauch
- noch weniger Overspray
- höhere Übertragungsrate
- weniger Materialverbrauch
- sehr gutes Spritzbild
- reduzierte Betriebskosten

332. Erklären Sie das Prinzip des elektrostatischen Spritzens.

Zwischen Werkstück und Spritzpistole liegt eine Gleichspannung an, die ein starkes elektrisches Feld bildet.
Sobald der Lack die Düse verlässt, wird er elektrisch aufgeladen und folgt, wie magnetisch angezogen, den Feldlinien.

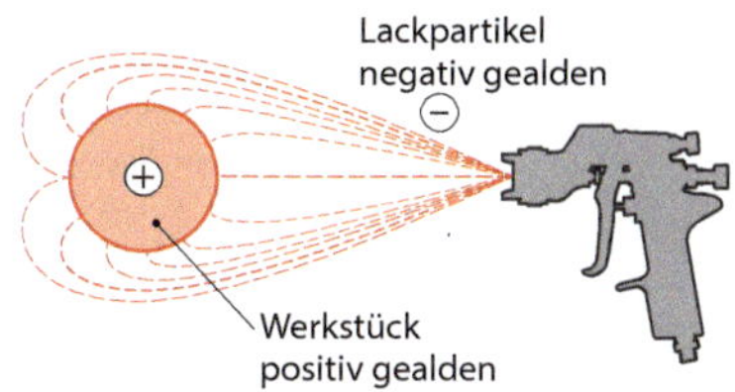

333. Warum verbinden sich beim elektrostatischen Spritzen die Lackteilchen nicht schon in der Luft?

Die Lackteilchen sind gleichpolig geladen, dadurch stoßen sie sich im Flug ab, und es entsteht ein homogener Strahl.

334. Warum sind durch dieses Verfahren sehr qualitätsvolle Oberflächen möglich?

Die Lackteilchen schlagen sich gleichmäßig auf der Oberfläche nieder. Auch Teilchen, die normalerweise vorbeifliegen würden, werden aufgrund der großen Anziehungskraft zum Werkstück hingezogen (der so genannte „Umgriff").

335. Für welche Lackmaterialien ist das elektrostatische Spritzen gut geeignet?

- für lösungsmittelbasierte und wasserlösliche Lacke
- Pulverlacke

336. Was heißt: „Lack wird im Coil-Coating-Verfahren aufgetragen"?

Der Lack wird auf ein (endloses) Metallband aufgetragen.

337. Übersetzen Sie den englischen Begriff „Coil-Coating" ins Deutsche.

- Coil: Stahlband, Bandring
- Coating: Anstrich, Überzug

338. Nennen Sie die zwei meist verwendeten Metalle als Untergründe im Coil-Coting-Verfahren.

- verzinkter Stahl
- Aluminium

339. Nennen Sie zwei Fahrzeugteile (Karosserieteile), die im Coil-Coating-Verfahren beschichtet werden.

- Anhängeraufbauten,
- Wohnwagen und Caravans

340. Zählen Sie die wichtigsten Regeln beim Spritzen auf.

- Material sorgfältig nach Herstellerangaben mischen (unter Berücksichtigung der Umwelteinflüsse in der Werkstatt: Luftfeuchtigkeit, Lufttemperatur, ...)
- bei Bedarf mittels Auslaufbecher die Viskosität überprüfen
- zunächst die Kanten und Ecken vornebeln
- beim Spritzen der Fläche die Spritzpistole in ca. 15 cm Abstand und in einem Winkel von 90° führen
- im Kreuzgang über die Fläche spritzen, über den Rand hinaus
- 1,5 bis 2 Spritzgänge, je nach Herstellerangaben
- nicht zu viel Material auf die Fläche spritzen, sonst entstehen Läufer
- bei zu großem Spritzabstand entsteht zu viel Overspray, der sich auf der lackierten Fläche absetzt

5.9 Geräte und Einrichtungen für die Erstbeschichtung

341. Zählen Sie vier Geräte und Einrichtungen auf, die zu einer Spritzanlage gehören.

- Spritzpistole
- Transportsystem für das Spritzmaterial
- Beleuchtung
- Einrichtungen zum Arbeits- und Umweltschutz

342. Welche Spritzpistolen werden zur Erstlackierung verwendet?

HVLP- und RP-Spritzpistolen
(Weitere Fragen zu Spritzpistolen siehe Kap. 3.3.3 und Kap. 10.3.3.)

343. Nennen Sie neun Geräte und Bauteile, die das Spritzmaterial transportieren.

- Schläuche für Luft und Lack
- Schnelltrennverbindung
- Manometer
- Absperr- und Regelarmaturen
- Kompressor
- Gebläse
- elektrische Membranpumpe oder pneumatische Kolbenpumpe
- Reservoir für Lack
- Druckkessel

344. In welchem Winkel sollte die Beleuchtung an der Decke angebracht sein, damit die Kabine optimal ausgeleuchtet wird?

in einem Winkel von ca. 55°

345. In einer Lackierkabine hängen 32 Leuchtstoffröhren zu je 36 Watt und in der Lackiervorbereitung hängen 8 Lampen zu je 30 Watt. In einer Arbeitswoche werden alle Lampen in der Kabine 5 Tage lang je 6 Stunden eingeschaltet.
Im Vorbereitungsraum brennen alle Lampen an 3 Tagen in einer Arbeitswoche je 7,5 Stunden. Eine Kilowattstunde (kWh) Strom kostet 16,61 Cent.
Berechnen Sie die anfallenden Stromkosten für eine Arbeitswoche in Euro.

geg.: Lampe 1: $P = 32 \times 36\,W$
bei $t = 6\,h$ an 5 Tagen
Lampe 2: $P = 8 \times 30\,W$
bei $t = 7{,}5\,h$ an 3 Tagen
Tarif $k = 16{,}61\,Cent/kWh$

ges.: Gesamtkosten K

Elektrische Arbeit W

$W = P \cdot t$

Lampe 1:

$W_1 = 32 \cdot 36\,W \cdot 5 \cdot 6\,h$

$\underline{\underline{W_1 = 34\,560\,Wh = 34{,}6\,kWh}}$

Lampe 2:

$W_2 = 8 \cdot 30\,W \cdot 3 \cdot 7{,}5\,h$

$\underline{\underline{W_2 = 5400\,Wh = 5{,}4\,kWh}}$

$W_{ges} = W_1 + W_2$

$= 34{,}6\,kWh + 5{,}4\,kWh$

$\underline{\underline{W_{ges} = 40\,kWh}}$

Gesamtkosten K

$K = k \cdot W_{ges}$

$= 16{,}61\,Cent/kWh \cdot 40\,kWh$

$\underline{\underline{K = 664\,Cent = 6{,}64\,€}}$

346. Was bedeutet auf den Lampen in der Lackierkabine die Herstellerangabe „ex-geschützte Ausführung"?

Die Lampen dürfen in Räumen verwendet werden, in denen sich explosionsgefährliche Gasgemische befinden. Ein Zündfunke kann beim Einschalten der Lampe nicht entstehen.

347. Nennen Sie fünf Einrichtungen zum Arbeits- und Umweltschutz beim Lackieren.

- geschlossene Kabine oder Spritzstand
- Be- und Entlüftung
- Nass- und Trockenabscheider
- Brandmelder
- Signalgeber bei Betriebsstörung

348. Nennen Sie die elf wesentlichen Teile einer Spritzkabine und deren Funktion.

- Be- und Entlüftungseinheit, um Spritznebel und Lösemitteldämpfe abzuführen und Frischluft zuzuführen
- Farbnebelabscheider (Nass- und Trockenabscheider, Filtermatten) zum Abscheiden von Lösemitteldämpfen und Lacknebel
- Tageslichtquelle für gute Sicht
- Druckregulierung mit Luftfiltern zum Reinigen der Zuluft
- Schlauchanschlüsse, Schlauchaufhängung und Luftschläuche mit Schnelltrennanschluss für Spritzpistolen
- Spritzpistolenreinigungsstation zum Vorreinigen beim Farbwechsel
- in einigen Kabinen fest installiert: hydraulische Hebebühne für Fahrzeuge
- Trockengebläse für Wasserbasislacke zum schnelleren Ablüften der Lacke
- glatte, gut zu reinigende Außenwände; Leichtmetall
- Rolltor mit Tür
- Gitterroste für die Unterbodenabsaugung/Filter

349. Wie oft wird in einer Spritzkabine die Luft komplett ausgetauscht?

ca. 350-mal pro Stunde

350. Herrscht in einer Lackierkabine ein leichter Über- oder ein leichter Unterdruck?

Es sollte ein leichter Überdruck herrschen, sonst würde die Kabine den Dreck von außen einsaugen.

351. Wie hoch muss das Verhältnis von zugeführter zu abgeführter Luft sein, damit ein leichter Überdruck herrscht?

Verhältnis von Abluft : Zuluft von etwa 1 : 1,05

352. Eine Lackierkabine hat folgende Innenmaße:

- Länge: 7,50 m
- Breite: 4,30 m
- Höhe: 3,30 m

Wie groß ist das Volumen dieser Kabine?

geg.: $l = 7{,}5\,\text{m}$
$b = 4{,}3\,\text{m}$
$h = 3{,}3\,\text{m}$
ges.: V

$$V = l \cdot b \cdot h$$
$$= 7{,}5\,\text{m} \cdot 4{,}3\,\text{m} \cdot 3{,}3\,\text{m}$$
$$\underline{\underline{V = 106{,}4\,\text{m}^3}}$$

353. Berechnen Sie, wie lange es dauert, bis ein Mal das komplette Luftraumvolumen in dieser Spritzkabine durchgetauscht ist, wenn die Luftsinkgeschwindigkeit in der Kabine 0,30 m/s beträgt.

geg.: $h = 3{,}3\,\text{m}$
$v = 0{,}3\,\text{m/s}$
ges.: t

$$v = \frac{h}{t}$$

$$t = \frac{h}{v}$$

$$= \frac{3{,}3\,\text{m}}{0{,}3\,\text{m/s}}$$

$$\underline{\underline{t = 11\,\text{s}}}$$

354. Ein Spritzraum mit den Maßen 7,28 × 4,15 × 3,50 (Angaben in Metern) wird im Maßstab 1 : 200 verkleinert. Berechnen Sie die Zeichnungsmaße in cm.

- 728 cm : 200 = <u>3,64 cm</u>
- 415 cm : 200 = <u>2,07 cm</u>
- 350 cm : 200 = <u>1,75 cm</u>

355. Wie hoch sollte der Überdruck in Pascal in etwa sein?

3 Pa bis 5 Pa

356. Wie hoch ist der Luftdurchsatz in m^3 pro Stunde bei Lackierkabinen für Pkw?

etwa 25 000 m^3/h bis 30 000 m^3/h

357. Wie hoch sollte die Temperatur für die Vortrocknung von wasserbasierten Autoreparaturlacken sein und welche maximale Temperatur sollte nicht überschritten werden?

mind. 40 °C, nicht über 80 °C

358. Erklären Sie die Aufgabe der Decken- und Bodenfilter.

Die Luft in der Kabine strömt von oben nach unten:

- Deckenfilter reinigen die Zuluft
- die Bodenfilter nehmen den Farbnebel auf

359. Warum muss die Zuluft in die Spritzkabine erwärmt werden?

damit sich kein Kondenswasser abscheidet

360. Nennen Sie die drei Parameter in einer Spritzkabine, die sich ändern, wenn die Filter in der Kabine verschmutzt sind.

- Innenluftgeschwindigkeit
- Luftkapazität
- Luftdruck

361. Welche Probleme ergeben sich, wenn diese Parameter nicht ständig automatisch gemessen werden?

- In der Kabine bildet sich zu großer Über- oder Unterdruck.
- Es befindet sich sehr viel Staub in der Luft (dann: mangelhafte Lackoberfläche).
- Viel Energie geht dadurch verloren, dass nicht ausreichend Luft und Wärme in die Kabine geführt werden.

362. Was bedeutet das für die Filtereinheit?

Die Filter müssen früher ausgewechselt werden als vorgesehen, es erhöhen sich die Betriebskosten der Kabine.

363. Nennen Sie drei Vorteile durch die Verwendung einer elektronischen Kabinensteuerung.

- automatische Informationen durch digitale Bildschirme, wenn (und wo) eine Störung aufgetreten ist
- wenn bei der Lackierungs-, Abdunst-, Zwischentrocknungs- und Trocknungsposition unterschiedliche Temperatur- und Zeitwerte gebraucht werden, können diese auf dem digitalen Bildschirm auf die erwünschten Werte eingestellt werden
- die Laufzeit der Kabine kann verfolgt werden, die Wartungs-, und Filterauswechslungsperioden können kontrolliert werden

364. Warum sollten bei der Trocknung von wasserbasierten Basislacken spezielle Luftstrahldüsen verwendet werden?

- Energie wird eingespart.
- Sie bewirken eine hohe Luftsinkgeschwindigkeit, dadurch ist eine Trocknung in kürzester Zeit gegeben.

365. Machen Sie zehn Vorschläge, wie in einer Spritzkabine Energie eingespart werden kann.

- Abluftwärmetauscher einbauen
- Wärmerückgewinnung auch im Trockenbetrieb nutzen
- energiesparende Gasflächenbrenner einbauen
- Betriebstemperatur auf Minimum senken
- Luftvolumen auf ein Minimum reduzieren
- im Umluftbetrieb arbeiten
- Kabinenwände isolieren
- kurze Pausen und kurze Laufzeiten
- automatische Ein- und Ausschaltung
- Kabinentüren und -tore schnell schließen

366. Mit der sogenannten „first run rate" kann auch Energie gespart werden. Was ist mit diesem Ausdruck gemeint?

Es sollte gleich im ersten Durchlauf fehlerfrei gearbeitet werden.

367. Für den Betrieb einer Lackierkabine vom Hersteller A fallen im Jahr folgende Mengen und Kosten an:

- Entsorgungsmenge: 13,5 t
- Entsorgungskosten: 12 350 €
- Koagulierungsmenge: 423 kg
- Preis je kg Koagulierungsmittel: 9,70 €
- Energiekosten für Zuluft: 2675,41 €
- allgemeine Reinigungskosten: 1250 €

Der Betrieb der Lackierkabine vom Hersteller B zieht folgende Mengen und Kosten nach sich:

- Entsorgungsmenge: 9,2 t pro Jahr
- Entsorgungskosten: 1070 $\frac{€}{t}$
- monatliche Koagulierungsmenge: 35 kg
- Preis des Koagulierungsmittels: 9,99 $\frac{€}{t}$
- Energiekosten für Zuluft: 3250 $\frac{€}{\text{Jahr}}$
- Reinigungskosten (Personal): 2970 € pro Jahr

a) Berechnen Sie die Betriebskosten für beide Lackierkabinen im Jahr.
b) Ermitteln Sie den Differenzbetrag zwischen beiden Kabinentypen.

a) Betriebskosten gesamt K_{ges}

Lackierkabine A

geg.: $m_{Ents} = 13{,}5\,t$
$K_{Ents} = 12\,350{,}00\,€$
$m_{Koag} = 423\,kg$
$k_{Koag} = 9{,}70\,€/kg$
$K_{Energ} = 2675{,}41\,€$
$K_{Rein} = 1250{,}00\,€$

ges.: K_{ges1}

$K_{Koag} = m_{Koag} \cdot k_{Koag}$
$= 423\,kg \cdot 9{,}70\,€/kg$
$\underline{K_{Koag} = 4103{,}10\,€}$

$K_{ges1} = K_{Ents} + K_{Koag} + K_{Ener} + K_{Rein}$
$= 12\,350{,}00\,€ + 4103{,}10\,€ + 2675{,}41\,€ + 1250{,}00\,€$
$\underline{\underline{K_{ges1} = 20\,378{,}51\,€}}$

Lackierkabine B

geg.: $m_{Ents} = 9{,}2\,t$
$k_{Ents} = 1070{,}00\,€/t$
$m'_{Koag} = 35\,kg/Monat$
$k_{Koag} = 9{,}99\,€/kg$
$K_{Energ} = 3250{,}00\,€$
$K_{Rein} = 2970{,}00\,€$

ges.: K_{ges2}

$K_{Ents} = k_{Ents} \cdot m_{Ents}$
$= 1070\,€/t \cdot 9{,}2\,t$
$\underline{K_{Ents} = 9844{,}00\,€}$

$m_{Koag} = m'_{Koag} \cdot 12\,Monate$
$= 35\,kg/Monat \cdot 12\,Monate$
$\underline{m_{Koag} = 420\,kg}$

$K_{Koag} = k_{Koag} \cdot m_{Koag}$
$= 9{,}99\,€/kg \cdot 420\,kg$
$\underline{K_{Koag} = 4195{,}80\,€}$

$$K_{ges2} = K_{Ents} + K_{Koag} + K_{Ener} + K_{Rein}$$
$$= 9844{,}00\,€ + 4195{,}80\,€$$
$$+ 3250{,}00\,€ + 2970\,€$$
$$\underline{\underline{K_{ges2} = 20\,259{,}80\,€}}$$

b) Differenzbetrag ΔK_{ges}

$$\Delta K_{ges} = K_{ges1} - K_{ges2}$$
$$= 20\,378{,}51\,€ - 20\,259{,}80\,€$$
$$\underline{\underline{\Delta K_{ges} = 118{,}71\,€}}$$

5.10 Lack und Lackierung prüfen

368. Beschreiben Sie, wie der Fahrzeuglackierer die Deckkraft eines Lackes prüfen kann.

Fahrzeuglack
- auf eine Prüfkarte mit Schwarz/Weißmuster auftragen
- trocknen lassen
- Ergebnis bewerten

369. Nennen Sie zwei Werkzeuge, mit denen der Fahrzeuglack auf die Prüfkarte aufgetragen wird.

- Spiralrakel oder
- ein automatisches Filmaufziehgerät

370. Was für eine Prüfkarte wird verwendet, um die Deckkraft des Lacks zu prüfen?

Normprüfkarte oder eine saugende Penetrationskarte

371. Nennen Sie das Messgerät, mit dem eine Glanzgradprüfung durchgeführt wird.

Reflektometer

372. Erklären Sie das Messprinzip des Gerätes zur Messung des Glanzgrades.

Das Prinzip des Reflektometers beruht auf der Messung der gerichteten Reflexion. Dazu wird die Intensität von reflektiertem Licht in einem genormten Reflexionswinkel gemessen.

373. Nennen Sie fünf Kriterien der Fahrzeuglackierung, die geprüft werden.

Fahrzeuglack wird geprüft auf:
- Lackierfehler
- Schichtdicke
- Farbton
- Deckkraft
- Glanzgrad

374. Wie werden Lackierfehler geprüft?

Augenschein; dazu ist viel Fachkompetenz und Erfahrung notwendig.
Weitere Fragen zu Lackierfehlern siehe Kap. 7.15.

375. Nennen Sie zwei Gründe, warum die Lackfilmschicht geprüft werden muss.

- Die Beschichtung muss über die gesamte Fläche gleich dick sein.
- Vor der Reparaturlackierung muss der Fahrzeuglackierer die Dicke der vorhandenen Lackierung kennen.

376. Wozu dient eine Schichtdickenmessung?

zur Ermittlung der Dicke
- von einzelnen Lackierungsschichten
- der ganzen Lackierungsschicht

377. Zählen Sie zwei Gründe auf, warum die Schichtdicke von Materialien gemessen wird.

- Es kann ermittelt werden, ob bereits eine Reparatur durchgeführt wurde, wenn die gemessene Schichtdicke die Dicke der Werkslackierung übertrifft.
- Der Fahrzeuglackierer kann anhand der Dicke der nassen Schicht erkennen, ob nach der Trocknung der Materialauftrag hoch genug ist.

378. Nennen Sie die zwei Phasen, in denen eine Schichtdickenmessung durchgeführt werden kann.

- in der nassen Schicht des Materials: Nassfilmschichtdicke
- nach der Durchtrocknung: Trockenfilm-schichtdicke

379. Nennen Sie zwei Geräte zur Messung der Dicke des Nassfilms.

- Messkamm, auch Schichtdickenmessblech genannt
- Rollrädchen, auch Inmont-Nassfilm-Doppelrad genannt

380. Welche Nachteile haben diese Messgeräte? Nennen Sie zwei.

- Die nasse Lackschicht wird beschädigt und muss nachgearbeitet werden.
- Diese Methode liefert nur auf liegenden Flächen genaue Ergebnisse.

381. Erklären Sie, weshalb der Fahrzeuglackierer nach der Fertigstellung der Lackierung die Dicke des Trockenfilms messen muss.

Abweichungen können bei den Finisharbeiten evtl. noch korrigiert werden.

382. Nennen Sie vier Messgeräte, mit denen der Fahrzeuglackierer die Dicke des Trockenfilms messen kann.

- Messuhr
- Magnet-Schichtdickenmessgerät
- Schichtdickenmessgerät mit Ultraschall
- Universal-Schichtdickenmessgerät

383. Erklären Sie, wie mit einer Messuhr die Dicke des Trockenfilms gemessen wird.

- Trockenfilm anritzen bis auf die nächste Schicht oder bis auf den Untergrund
- Messuhr aufsetzen; der Messfühler gleitet in den Spalt
- Schichtdicke ablesen

384. Begründen Sie, weshalb die Messuhr nur bei der Reparaturlackierung eingesetzt wird, nicht bei Neulackierungen.

- die Lackierung wird beschädigt; bei der Neulackierung muss ein Vergleichsobjekt mitgespritzt werden
- Aufwand ist sehr hoch

385. Erklären Sie, wie ein Magnet-Schichtdickenmessgerät funktioniert.

- Im Gerät befindet sich ein Magnet, der vom Stahluntergrund angezogen wird.
- Durch Annäherung an den magnetischen Untergrund wird das Magnetfeld verändert.
- Die Veränderung im Magnetfeld hängt vom Abstand der Messsonde zum Untergrund und somit von der Schichtdicke ab.
- Dieser Wert wird an einer Skala angezeigt.

386. Nennen Sie den wesentlichen Nachteil, den dieses Messgerät hat.

nur für Untergrund aus Stahl oder Eisen

387. Erklären Sie die Messung mit einem Magnet-Schichtdickenmessgerät.

- Messpunkte reinigen
- Messgerät aufsetzen
- Schichtdicke ablesen
- Messung an mehreren, verschiedenen Stellen der Karosserie durchführen

388. Nennen Sie zwei Gründe, die für eine Magnet-Schichtdickenmessung sprechen.

- die Lackierungsschicht bleibt unbeschädigt
- schnell durchführbar
- wiederholbar

389. Erklären Sie das Prinzip, nach dem ein Schichtdickenmessgerät mit Ultraschall auf nichtmetallischen Untergründen prüft.

- Die Oberfläche wird von Ultraschallwellen, Laserstrahlen oder von einem Wirbelstrom beschossen.
- Die meisten Wellen dringen in die Lackierungsschicht ein, bis sie auf die nächste Materialoberfläche treffen, dort wird ein Teil der Wellen reflektiert.
- Durch die Messung der reflektierten Ultraschallwellen kann die Schichtdicke bestimmt werden.

5.11 Lack lagern und entsorgen

390. Wählen Sie fünf Zeichen, die auf Verpackungen von Lack angegeben sind und als Empfehlung zur Lagerung dienen. Erklären Sie diese.

Frostfrei lagern

kühl lagern

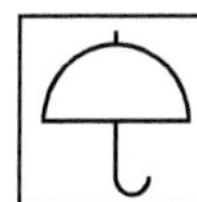
vor Feuchtigkeit schützen

Gebinde verschließen

Lagerdauer

391. Was schreibt der Gesetzgeber für Abfälle in Lackierbetrieben vor, um die Umwelt zu schützen?

Alle Abfälle müssen umweltgerecht entsorgt werden.

392. Nennen Sie die drei Grundsätze, auf denen das Abfallgesetz beruht.

- Vermeidung von Abfall
- Verwertung von Abfall
- Entsorgung von Abfall

393. Nennen Sie die zwei Abfallarten, die das Abfallgesetz unterscheidet.

Es unterscheidet zwischen Abfällen:
- zur Beseitigung
- zur Verwertung

394. Erklären Sie, wie das Abfallgesetz „besonders überwachungsbedürftige Abfälle (büA)" definiert.

Das sind Abfälle, von denen eine Gefahr für Mensch und Umwelt ausgeht, unabhängig davon, ob der Stoff verwertet oder beseitigt werden soll. Die besonders überwachungsbedürftigen Abfälle sind in der Abfallverzeichnis-Verordnung (AVV) enthalten und gesondert gekennzeichnet.

395. Besonders überwachungsbedürftige Abfälle unterliegen der „obligatorischen Nachweispflicht". Erklären Sie, was das bedeutet.

Es wird ein Entsorgungsnachweis verlangt und das sogenannte Begleitscheinverfahren durchgeführt.

396. Welchem Abfall werden Reinigungslösemittel aus der Spritzpistolenreinigung und andere Lösemittel z. B. zur Metallentfettung und Reinigung zugeordnet?

- den organischen Lösemitteln und Waschflüssigkeiten
- dem Abfall von Farbe oder Lackentferner
- besonders überwachungsbedürftiger Abfall (büA)

397. Was passiert mit den Abfällen aus der Abscheidung des nassen und trockenen Overspray?

- Wässriger Schlamm, der Farbe oder Lack mit organischen Lösemitteln oder andere gefährliche Stoffe enthält (auch Lackschlamm bezeichnet), ist als überwachungsbedürftiger Abfall (büA) nachweispflichtig zu entsorgen.
- Filtermatten des Trockenabscheiders können als Farb- und Lackreste im hausmüllähnlichen Gewerbeabfall entsorgt werden.

398. Dürfen flüssige Lackreste und Altlacke dem gewerbeähnlichen Hausmüll zugeführt werden?

Nein. Die gesammelten Lackreste aus den einzelnen Farbansätzen sind dem besonders überwachungsbedürftiger (büA) Abfall zugeordnet und müssen nachweispflichtig entsorgt werden.

399. Was muss mit trockenem Schleifstaub gemacht werden?

Trockener Abfall, z. B. aus der Absauganlage, kann dem hausmülllähnlichen Gewerbeabfall zugeführt werden.

400. Wie wird verdrecktes Abdeckpapier entsorgt?

hausmülllähnlicher Gewerbeabfall

401. Dürfen Verpackungen, Kleingebinde und Kleinstmengen von besonders überwachungsbedürftigem (bü) Abfall und Verkaufsverpackungen, die mit dem Grünen Punkt gekennzeichnet sind, über das Duale System Deutschland entsorgt werden?

Ja. Voraussetzung dabei ist die Restentleerung der Gebinde, die „pinselrein" bzw. „spachtelrein" sein müssen.

402. Machen Sie Vorschläge für die Entsorgung von:
1. einem Liter Wasserbasislack
2. einer verschmutzten Bodenfiltermatte
3. einer entleerten Lackdose aus Metall
4. einer Dose ausgehärteter Spachtelmasse

1. Sondermüll
2. Gewerbeabfall
3. Metall-Recycling (Dosenpresse)
4. Gewerbeabfall

403. Zählen Sie acht Möglichkeiten zur Müllvermeidung in einem Fahrzeuglackierbetrieb auf.

- Lacke mit einem geringen Lösemittelanteil verwenden (High Solid)
- Spritzpistolen mit besonders hohem Auftragswirkungsgrad einsetzen (HVLP, Compliance)
- nur so viel Material bevorraten, wie innerhalb der Mindesthaltbarkeit auch verbraucht wird
- Farbreste weiterverwenden, z. B. für weniger anspruchsvolle Lackierarbeiten (Motorinnenraum) oder als Vorlack
- Mehrweggebinde verwenden, z. B. Fässer für Einstellverdünnung
- auf die Verwendung von Spraydosen verzichten
- alle Materialien auf die Rücknahmemöglichkeit durch den Händler oder Hersteller prüfen
- die Mitarbeiter in geeigneter Weise über die Erfordernisse beim Umgang mit den verwendeten Stoffen und Abfällen unterweisen

404. Geben Sie fünf Beispiele an für Sondermüll, wie er bei der Fahrzeuglackierung anfällt.

- Reste und leere Gebinde lösemittel- oder gefahrstoffhaltiger Beschichtungsstoffe
- Reste von Reinigungsmittel und Verdünnungsmittel
- nicht abgebundene Spachtelkomponenten
- Reste von Abbeizern, Bleichmittel und Beizen
- Spraydosen, die Gefahrstoffe enthielten

405. Geben Sie drei Beispiele an für Giftmüll, wie er bei der Fahrzeuglackierung anfällt.

- Reste von Holzschutzmitteln
- Reste von Säuren und Basen
- Schwermetallpigmente

6 Instandsetzung

1. Warum lohnt es sich, beschädigte Bauteile einer Karosserie zu reparieren?

- Die Reparatur ist wirtschaftlicher, als ein Neuteil zu kaufen.
- Die Umwelt wird geschont, weil weniger Abfall produziert wird.

Grundsätzlich gilt: Reparieren geht vor Austauschen; aber: Sicherheitsrelevante Bauteile müssen ausgetauscht werden.

2. Erklären Sie den Begriff „Instandsetzung".

an technischen Mitteln und Systemen den Sollzustand wieder herstellen

3. Übersetzen Sie ins Englische:
- Schaden
- Instandsetzung

- damage
- body repair

4. Zählen Sie neun Schadensbilder auf, die eine Instandsetzung an einer Karosserie notwendig machen.

- kleine Dellen und Beulen im Blech
- Lackschäden
- große Verformungen im Blech
- gerissene Karosseriebleche
- Verformungen im Stoßfänger
- gerissene, verzogene, verschrammte, unvollständige Stoßfänger
- Dellen und Stauchungen im Rahmen
- fehlende, lose oder gerissene Teile
- Schäden am Unterboden

5. Wo werden die Schäden, die am Fahrzeug festzustellen sind, vor der Instandsetzung dokumentiert? Nennen Sie zwei Möglichkeiten.

- im „Schadensbericht" (Papier), der zusammen mit dem Auftraggeber und dem Fahrzeuglackierer ausgefüllt und unterschrieben wird
- Fotos mit der Digitalkamera

6. Was heißt „Ersatzteil" auf Englisch?

spare part

7. Welche Angaben sind notwendig, um die gewünschten Ersatzteile beim Fachhandel zu bestellen? Zählen Sie sechs auf.

- Automarke
- Fahrzeugmodell
- Karosserieform
- Baujahr
- Schlüsselnummer aus der Zulassungsbescheinigung Teil I („Fahrzeugschein")
- Sondermodell, -ausstattung

8. Was ist damit gemeint, wenn Ersatzteile in „OEM-Qualität" angeboten bzw. eingekauft werden? Erklären Sie die Abkürzung und übersetzen Sie ins Deutsche.

OEM = Original Equipment Manufacturer (engl.): Hersteller von Originalersatzteilen

Diese Ersatzteile sind nicht vom Hersteller des Autos selbst, sondern von einer Fremdfirma. Die Fremdfirma stellt diese Teile in einer solch guten Qualität her, dass sie in Absprache mit dem Hersteller geduldet werden.

9. Was müssen Sie an einem Ersatzteil prüfen, wenn es vom Fachhandel geliefert wurde?

Es ist zu prüfen:

- Ist die Transportverpackung intakt? Achtung: beim Öffnen der Verpackung: nicht zu tief schneiden
- Ersatzteilnummer mit Bestellnummer vergleichen – Teil zum Testen ans Fahrzeug halten
- Ersatzteil auf Beschädigungen prüfen
- Haftvermögen der Werksgrundierung testen

10. Was bedeutet dieses Piktogramm?

Anbauteil bzw. Farbton für Anbauteil

6.1 Prüfen

11. Erklären Sie, was prinzipiell beim Prüfen passiert.

Es wird der gegenwärtige Zustand (lat.: status quo) gemessen bzw. festgestellt und dann mit dem theoretischen Sollzustand verglichen.

12. Nennen Sie die zwei verschiedenen Prüfverfahren.

- subjektives Prüfen
- objektives Prüfen

13. Erklären Sie den Begriff „subjektives Prüfen".

Prüfen durch Sinneswahrnehmung:

- Hören: Geräuschprüfung
- Fühlen: mithilfe der Handfläche
- Sehen: Sichtprüfung, auch optische oder visuelle Prüfung genannt

Aber das Ergebnis ist nicht justiziabel, d. h., es wird nicht von einem Gericht anerkannt.

14. Erklären Sie den Begriff „objektives Prüfen".	Beim objektiven Prüfen wird mithilfe spezieller Geräte ein objektives und wiederholbares Ergebnis ermittelt. Hierzu gehören: • Lehren • Messen
15. Erklären Sie den Begriff „Lehren".	Mithilfe einer Lehre wird festgestellt, ob der Gegenstand gut oder schlecht ist; das Ergebnis ergibt keinen Zahlenwert.
16. Erklären Sie, wie man durch Lehren prüfen kann, ob Karosserieteile nach einer De- und einer Montage wieder passen.	Mit dem Prüfen der Spalte zwischen den Karosserieteilen. Der Fahrzeuglackierer muss auf das Spaltmaß achten, wenn er alte Karosserieteile durch neue ersetzt.
17. Welche Spaltmaße werden vom Fahrzeuglackierer geprüft? Nennen Sie vier Beispiele.	Zwischen: • Tür und Rahmen • Heckdeckel und Seitenwand • Kotflügel und Motorhaube • Stoßfänger und Kotflügel
18. Nennen Sie ein werkstattübliches Hilfsmittel (Werkzeug), mit dem die Spaltmaße geprüft werden können.	Spaltlehre
19. Erklären Sie den Begriff „Messen".	Mithilfe eines Messgerätes wird das IST-Maß einer Länge oder eines Winkels von einem Gegenstand ermittelt; immer als Zahlenwert mit Maßeinheit.
20. Nennen Sie vier Messgeräte, die der Fahrzeuglackierer verwendet.	• Diagnosegerät • Ultraschallmessgerät • Spannungs- und Strommessgerät • Messschieber
21. Erklären Sie in Stichworten, was das Diagnosegerät an einem Fahrzeug testen kann?	• Fehler aus dem Fehlerspeicher der Motorelektronik auslesen, deshalb wird es auch Fehlerauslesegerät oder Diagnosetester genannt • Zustand der Verschleißteile prüfen • Inspektionsintervalle anzeigen
22. Wie wird das zentrale Steuergerät auch genannt?	CPU: central processing unit

23. Warum kann es sinnvoll sein, schon bei der Fahrzeugannahme in der Lackierwerkstatt den Fehlerspeicher auszulesen und zu protokollieren?	um Missverständnisse mit dem Kunden zu vermeiden
24. Wofür setzt der Fahrzeuglackierer das Ultraschallmessgerät ein?	zur Geräuschprüfung
25. Erklären Sie den Begriff „Geräuschprüfung".	Die Fahrzeuggeräusche an den beweglichen Teilen werden geprüft.
26. Welche elektrische Größe kann mit dem Spannungsmessgerät gemessen werden?	elektrische Spannung in Ampere; deshalb wird das Spannungsmessgerät auch Amperemeter genannt
27. Nennen Sie den Spannungsbereich, der in einem Kfz gemessen werden kann.	• Kleinspannung, Gleichstrom bis 12 V in Bleibatterien • bis zu 400 V Spannung durch Nickel-Metallhydrid-Batterien in Fahrzeugen mit Hybrid- oder Elektroantrieb
28. Wie wird ein Strommessgerät in den Stromkreis eingebunden?	grundsätzlich in Reihe

6.2 Demontage und Montage von Karosserieteilen

6.2.1 Demontage

29. Erklären Sie den Begriff „Demontage".	Bauteile aus- oder abbauen; dabei werden kraft-, form- und stoffschlüssige Verbindungen gelöst; man spricht auch vom Zerlegen
30. Übersetzen Sie „Demontage" ins Englische.	disassemble
31. Warum muss der Fahrzeuglackierer auch wissen, wie Bauteile demontiert und montiert werden?	Es ist nicht wirtschaftlich, die Demontage von kleinen Teilen an eine Fachfirma (z. B. Karosseriebau) abzugeben: Spiegelkappen, Stoßfänger, Heckdeckel, Innenverkleidung sollte ein Lackierer selbst demontieren können.
32. Warum muss der Fahrzeuglackierer vor der Demontage an einem Fahrzeug die Batterie abklemmen?	um einen Kurzschluss in der Fahrzeugelektrik zu verhindern

33. Nennen Sie die Schritte, die zur Demontage eines Kotflügels notwendig sind.

- den entsprechenden Reifen demontieren
- Radhausschale lösen oder ausbauen
- alle Schrauben des Kotflügels lösen
- wenn der Kotflügel geklebt ist, dann den Kleber durchtrennen
- Kotflügel abnehmen

34. Zählen Sie weitere Arbeiten auf, die, je nach Kfz-Modell, noch zusätzlich zu tun sind.

- Kühlergrill ausklipsen oder Torxschrauben lösen
- Blinker im Stoßfänger ausbauen, damit der Stoßfänger gelöst werden kann
- unter Umständen auch den Scheinwerfer ausbauen
- Stoßfänger lösen
- Seitenblinker im Kotflügel ausklippsen
- Kabelverbindungen trennen

35. Welche Arbeiten sind nach der Reparatur, neben dem Anziehen der Kotflügelschrauben, bei der Montage des reparierten Kotflügels noch zu berücksichtigen?

- neuen Kotflügel mit Dichtmasse abdichten
- Unterbodenschutz auftragen
- beim Anbauen auf gleichmäßige Spaltmaße und korrekte Flucht der Seitenleiste achten

36. Zählen Sie die Arbeitsschritte auf, die zur Demontage einer Türverkleidung notwendig sind.

- das jeweilige Fenster herunter lassen (wenn möglich)
- Bedieneinheiten (Verstellung der Außenspiegel, elektrische Fensterheber usw.) aushebeln
- Abdeckung der Griffschale entfernen, die Schrauben herausdrehen und die Griffschale aushebeln
- die seitlichen Blenden ablösen (Achtung: dabei vorsichtig arbeiten, da die Kunststoffklips oft brechen)
- Fensterheber (manuell) abbauen: Die Kurbel wird mittels einer Sicherungsklammer auf der Kurbelachse gehalten; diese Sicherung mit einem Schraubendreher vorsichtig von der Achse drücken.
- automatische Fensterheber: Schalter vorsichtig aus der Verkleidung hebeln
- alle sichtbaren Schrauben (Kreuz und Torx) lösen
- Türverkleidung von den Halteklips am Türrahmen entfernen
- unter Umständen den Schließzylinder ausbauen
- Seilzug an der Rückseite der Verkleidung aushängen
- Steckerverbindungen an der Rückseite der Verkleidung trennen
- Türverkleidung abnehmen

37. Wie wird ein Frontstoßfänger demontiert? Zählen Sie die Arbeitsschritte in ihrer Reihenfolge auf.

- Motorhaube öffnen
- die Schrauben oberhalb des Kühlergrills lösen
- Verbindungen zum Scheinwerfer lösen (je nach Hersteller)
- Räder einschlagen
- die Schrauben in der Radhausschale entfernen
- eventuell Gitter im Stoßfänger ausklipsen, um an versteckte Schrauben zu gelangen (je nach Hersteller)
- Schrauben am Unterboden lösen
- zusammen mit einem Mitarbeiter den Stoßfänger abziehen
- die Steckerverbindungen vorsichtig lösen (Scheinwerfer, Einparkhilfe usw.)

38. Zählen Sie die Arbeitsschritte in der richtigen Reihenfolge auf, um einen Außenspiegel zu demontieren.

- Spiegelglas entfernen: Glas in die Maximalstellung schwenken
- Verriegelung mit einem Schraubendreher in Pfeilrichtung umlaufend zur Glasbefestigung entriegeln
- Spiegelglas herausschieben und herausnehmen
- Antriebsmotor ausbauen
- Spiegelkappe demontieren
- Spiegelkörper abbauen: an der Innenseite die Blende ausbauen
- Befestigungsschrauben des Spiegels lösen
- Steckerverbindung lösen (Spiegelheizung und elektrische Verstellung)

39. Nennen Sie vier Möglichkeiten, Werkstoffe zu trennen.

- Zerteilen
- Spanen
- thermisches Trennen
- Zerlegen

40. Erklären Sie den Begriff „Scherschneiden".

Zerteilen zwischen zwei Schneiden, die sich aneinander vorbeibewegen

41. Nennen Sie zwei Werkzeuge zum Scherschneiden.

- Blechschere
- Blechknabber

42. Zählen Sie fünf verschiedene Arten von Blechscheren auf und nennen Sie je einen Verwendungszweck.

- Handblechschere zum Schneiden von dünnen und nicht zu harten Blechen
- Elektroblechschere zum Schneiden von Blechen mit wenig Kraftaufwand
- Akku-Blechschere zum mobilen Einsatz in der Werkstatt
- Hebelblechschere zum Schneiden von dicken Blechen
- Durchlaufschere für lange und gerade Schnitte

43. Erklären Sie, wie eine rechtsschneidende Handblechschere eingesetzt wird.

Rechtsschneidende Handblechscheren sind so geschliffen und konstruiert, dass man damit rechte Radien (also einen Bogen von links nach rechts) schneiden kann.

44. Beschreiben Sie einen Blechknabber.

Druckluftbetriebenes Werkzeug, bei dem ein Stempel kleine Teile aus dem Blech stanzt. So können Schnitte mit kleinen Radien ausgeführt werden. Er ist auch für Kunststoffe geeignet.

45. Zählen Sie sechs persönliche Schutzmaßnahmen für den Fahrzeuglackierer auf, die er beim Schneiden von Metallen treffen muss.

- Lederhandschuhe mit langem Schaft
- Sicherheitsschuhe
- Schutzbrille
- Gehörschutz
- vom Körper weg schneiden
- Kanten entgraten

46. Erklären Sie den Begriff „Spanen".

- mechanisches Abtrennen von Spänen mit keilförmigen Werkzeugschneiden
- geometrisch bestimmte Schneiden sind in Form und Größe festgelegt

47. Nennen Sie vier wichtige Verfahren des Spanens.

- Sägen
- Bohren
- Gewindeschneiden
- Fräsen

48. Erklären Sie den Begriff „Sägen".

Werkstücke werden geschlitzt oder geteilt.

49. Nennen Sie vier Maßnahmen zur Arbeitssicherheit, die der Fahrzeuglackierer beim Sägen beachten muss.

- Werkstück nahe der Schnittstelle einspannen
- Sägeblatt in Richtung Arbeitshub einspannen
- gegen Schnittende den Druck auf das Sägeblatt verringern
- elektrisch betriebene Sägen sollten einen rutschfesten Griff, Rückschlagschutz und Antivibrationsschutz haben

50. Erklären Sie den Begriff „Bohren".

Der Bohrer trennt mit seinen Werkzeugschneiden Späne ab; es entstehen runde Löcher.

51. Durch welche zwei Bewegungen erfolgt das Bohren?

- Vorschubbewegung (Druck von Hand)
- Schnittbewegung durch den Bohrer

52. Übersetzen Sie „Bohrmaschine" ins Englische.

drill

53. Zählen Sie vier Maßnahmen zur Arbeitssicherheit beim Bohren auf.

- eng anliegende Arbeitskleidung tragen
- bei langen Haaren Kopfbedeckung tragen
- Schutzbrille tragen
- kleine Werkstücke in den Maschinenschraubstock einspannen

54. Erklären Sie den Begriff „Gewindeschneiden".

Es werden spiralförmige Kerben erzeugt zur Vorbereitung einer Schraubverbindung. Der Fahrzeuglackierer schneidet Gewinde meist mit der Hand.

55. Nennen Sie drei Verfahren des Gewindeschneidens.

- Innengewinde schneiden
- Innengewinde formen
- Außengewinde schneiden

56. Beschreiben Sie das Formen eines Innengewindes.

In einem gut formbaren Werkstoff wird das Gewinde spanlos hergestellt, z. B. mithilfe von Blechschrauben. Der Werkstoff wird geformt und dabei verdichtet und kaltverfestigt. Dadurch erhöht sich die Ausreißfestigkeit.

57. Erklären Sie den Begriff „Fräsen".

Spanen mit Schneiden, die an der Stirn- oder Mantelfläche von Drehkörpern angeordnet sind. Der Fahrzeuglackierer arbeitet hauptsächlich mit dem Schweißpunktfräser.

58. Erklären Sie, wofür ein Schweißpunktfräser verwendet wird.

Karosseriebleche werden im Automobilwerk zum Teil punktgeschweißt. Wenn bei der Instandsetzung diese Verbindung getrennt werden muss, werden mit einem Schweißpunktfräser nacheinander die einzelnen Schweißpunkte aufgefräst.

59. Erklären Sie den Begriff „Trennschleifen".

Trennen mithilfe eines Winkelschleifers mit dünner Trennscheibe

60. Für welche Arbeiten kann ein Blech mit einem Trennschleifer bearbeitet werden? Zählen Sie vier Möglichkeiten auf.

- Blech schneiden
- Schweißverbindungen trennen
- Rost auf dem Blech entfernen
- Blechoberfläche glätten

61. Übersetzen Sie „Trennschleifer" ins Englische.

„separating" oder „angels grinder"

62. Nennen Sie weitere Bezeichnungen, unter der der Trennschleifer bekannt ist.

- Flex
- Winkelschleifer

63. Nennen Sie die zwei verschiedenen Scheibenarten, die als Aufsatz für einen Trennschleifer angeboten werden.

- Trennscheiben zum Trennen von Materialien wie Metallen, Kunststoffen und auch Stein
- Schruppscheiben zum Schruppen von Oberflächen, also zum Entfernen/Befreien von Verunreinigungen wie z. B. Rost

64. Warum darf die Trennscheibe des Trennschleifers beim Trennen nicht seitlich verkanten?

weil die Scheibe sonst bricht und Teile herumfliegen und schwere Verletzungen und Zerstörungen die Folge wären

65. Welche PSA ist beim Arbeiten mit dem Trennschleifer unbedingt notwendig? Zählen Sie auf von Kopf bis Fuß.

- Haube
- Schutzbrille
- Gehörschutz
- Atemschutzmaske
- evtl. Schutzkleidung (Overall)
- Handschuhe
- Sicherheitsschuhe

66. Warum müssen vor dem Trennschleifen brennbare Teile des Fahrzeugs und der Umgebung mit einer Funkenschutzdecke abgedeckt werden?

Die Funken, die beim Trennschleifen entstehen, können einen Brand auslösen.

67. Erklären Sie den Begriff „thermisches Trennen".

Werkstoff wird durch Wärme geschmolzen, teilweise verdampft und aus der Schnittfuge geblasen.

68. Nennen Sie zwei Verfahren des thermischen Trennens und nennen Sie Unterschiede.

- Brennschneiden; Werkstoff wird durch einen Sauerstoffstrahl getrennt; der Werkstoff muss brennbar sein.
- Plasmaschneiden; der Werkstoff wird durch einen Plasmastrahl getrennt; der Werkstoff muss elektrisch leitend sein.

6.2.2 Montage

69. Erklären Sie den Begriff „Montage".

Bauteile wieder ein- oder anbauen; dabei werden kraft-, form- und stoffschlüssige Verbindungen hergestellt.

70. Übersetzen Sie „Montage" ins Englische.

assembly

71. Welches Bearbeitungsverfahren wird bei der Montage angewendet?

Fügen

72. Erklären Sie den Begriff „Fügen".

zwei oder mehr Werkstücke zusammenbringen

73. Welche grundsätzlichen Fügeverfahren gibt es?

Fügen durch
- lösbare Verbindungen
- unlösbare Verbindungen

74. Erklären Sie den Begriff „lösbare Verbindung".

Die Verbindung lässt sich wieder lösen, ohne dass Werkstücke und/oder Hilfsfügeteile beschädigt werden.

75. Nennen Sie vier Elemente, mit denen eine lösbare Verbindung hergestellt werden kann.

- Schrauben und Muttern
- Splinte
- Keile
- Stifte

76. Warum werden Schraubenverbindungen auch lösbare Verbindungen genannt?

Diese Verbindung kann wieder gelöst werden, ohne die Werkstücke oder die Schraube zu beschädigen.

77. Ordnen Sie den sieben Grafiken die Schrauben zu.

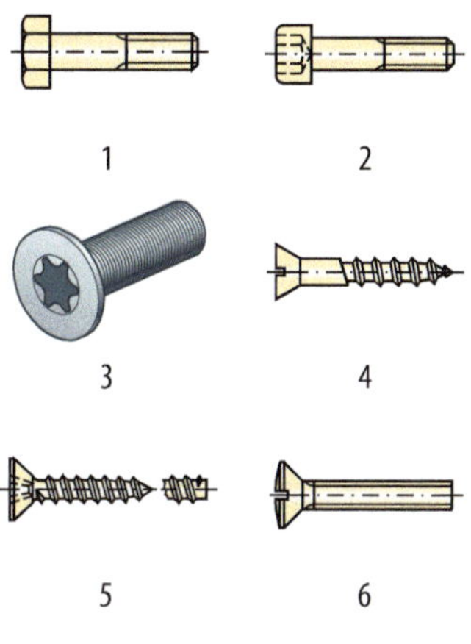

1 Sechskantschraube
2 Zylinderschraube mit Innensechskant (Inbus)
3 Torx-Schrauben (Sechsrundschraube)
4 Holz- und Spanplattenschraube
5 Blechschraube
6 Linsenkopfschraube
7 Radschrauben

78. Auf einer Verpackung von Sechskantschrauben finden sich folgende Angaben:
M6 × 60 – 8.8 – A2
Was bedeuten sie?

Sechskantschraube
- M6: Nenndurchmesser = 6 mm
- 60: Länge der Schraube = 60 mm
- 8.8: Festigkeitsklasse
- A2: nichtrostender Stahl

79. Erklären Sie den Begriff „Torx-Schraube".

Schraube mit einem Mitnahme-Profil in Vielrundform mit den Vorteilen:
- optimale Kraftübertragung von Schraubenschlüssel zu Schraube
- leichtes Aufsetzen des Werkzeugs in den Schraubenkopf
- Schraubenkopf reißt nicht aus

80. Erklären Sie den Begriff „unlösbare Verbindung".

Die Verbindung lässt sich nur lösen, indem Werkstücke und/oder Hilfsfügeteile zerstört werden.

81. Zählen Sie vier unlösbare Verbindungen auf.	• Nietverbindung • Schweißverbindung • Lötverbindung • Klebverbindung
82. Erklären Sie das Fügen durch Nieten.	Ein Vollniet oder ein Hohlniet wird gestaucht oder ein Hohlniet wird an seinen überstehenden Enden umgelegt, sodass zwei Bauteile kraft- und formschlüssig verbunden werden.
83. Nennen Sie die drei Arten von Niete, die vorzugsweise im Karosseriebau verwendet werden.	• Blindniet • Hohlniet • selten: Vollniet
84. Erklären Sie den Begriff „Blindniet".	Niet für eine Nietverbindung, die nur von einer Seite zugänglich ist; er wird „blind" gesetzt
85. Beschreiben Sie, wie ein Blindniet mit der Blindnietzange verarbeitet wird.	Der Niet wird mit dem Dorn voran in die Zange gesteckt und dann in das Loch der zu verbindenden Werkstücke geführt. Die Zange wird gedrückt und der Dorn in die Zange hineingezogen, dabei wird der Kopf des Dorns durch den Niet gezogen. Der Niet wird dadurch aufgedrückt. Wird die Zange nun ein zweites Mal gedrückt, bricht der Dorn ab. Der Dornkopf bleibt im Niet stecken und es ist eine feste Verbindung entstanden.
86. Erklären Sie, warum Nähte im Karosserieblech mit elastischem bis hart-elastischem Dichtstoff abgedichtet werden.	Die Verbindungsstellen von Karosserieblech, z. B. den Bördelnähten bei Türen und Hauben, reiben sonst aneinander und es entsteht Korrosion.
87. Erklären Sie, warum Stahlbleche nicht mit Niete aus Aluminium verbunden werden dürfen.	Wenn zwei unterschiedliche Metalle aneinanderliegen und mit Feuchtigkeit in Berührung kommen, entsteht ein Lokalelement (elektrochemische Korrosion). Die Verbindung korrodiert sehr schnell und verliert an Festigkeit.
88. Was kann man tun, um an einer Nietverbindung elektrochemische Korrosion zu vermeiden?	• nur Niete aus dem gleichen Metall verwenden, aus dem das Werkstück besteht, oder • die Kontaktstellen isolieren.

89. Erklären Sie den Begriff „Schweißen".

Zwei Werkstoffe werden verflüssigt, sodass sie nach dem Erkalten miteinander verbunden sind.

90. Nennen Sie zwei Werkstoffe, die bei der Kfz-Instandsetzung geschweißt werden. Nennen Sie auch gleich je ein Beispiel.

- Metalle wie Stahl, Aluminium: Schweller
- Kunststoffe: Stoßfänger

91. Welche Voraussetzungen müssen gegeben sein, damit im Fahrzeuglackierbetrieb Schweißarbeiten ausgeführt werden können?

- Schweißer müssen geübt und erfahren sein
- ein Arbeitsplatz muss entsprechend ausgestattet sein, vor allem im Hinblick auf die Arbeitsschutzrichtlinien

92. Zählen Sie Vorarbeiten auf.

- Nahtstelle bis auf das blanke Blech oder den Kunststoff entschichten
- sorgfältig reinigen, da eine Schweißung auf Fett und Öl nicht hält
- beim Elektroschweißen: Werkstück mit der Masse (einer Klemme) verbinden, die als Minuspol fungiert, um den Stromkreislauf zu gewährleisten
- evtl. Bleche mit Gripzangen befestigen

93. Nennen Sie die spezielle Eigenschaft, die Gripzangen haben.

Wenn eine Gripzange angesetzt wird, behält sie ihre Spannweite und den Druck. Zwei Werkstücke können so effizient zusammengedrückt werden, ohne dass extra eine (schwere) Schraubzwinge angeschraubt werden muss. Die Einstellung der Spannweite und des Spanndruckes erfolgt mittels einer Einstellschraube.

94. Erklären Sie, warum die hohe Temperatur, die beim Schweißen entsteht, berücksichtigt werden muss.

- Der geschweißte Werkstoff kann nach dem Verbinden unter großer Wärmeeinwirkung und dem Abkühlen spröde werden oder sich verhärten.
- Beim Schmelzschweißen von Stahl gilt, dass dauerhafte Verbindungen nur dann zustande kommen, wenn das Werkstück vorgewärmt und nach dem Schweißen langsam abgekühlt wurde.
- Das Fahrzeug kann anfangen zu brennen, auch an nicht sichtbaren Stellen im Innenraum.

95. Nennen Sie vier persönliche Schutzmaßnahmen beim Schweißen.	• Augenschutz in Form eines Schweißschildes oder einer Schutzbrille • feuerfeste und UV-absorbierende Schutzkleidung • Lederhandschuhe, die bis zu den Ellenbogen reichen • Lederschürze
96. Zählen Sie drei gängige Schweißverfahren auf, die auch in der Reparaturwerkstatt (also: nicht im Automobilwerk) ausgeführt werden können.	• Elektrodenschweißen • Widerstandspressschweißen • Schutzgasschweißen
97. Nennen Sie die gebräuchlichste Stromform beim Elektrodenschweißen.	Gleichstrom, Abkürzung: DC = direct current (engl.)
98. Nennen Sie die Funktion einer Elektrodenklemme.	• sie hält die Elektrode • einwandfreien elektrischen Kontakt herstellen, durch den der Strom fließt • sie muss den Schweißer selbst wirksam isolieren
99. Welche Aufgabe hat die Massenklemme beim Elektrodenschweißen?	stellt über das Massekabel die Verbindung zwischen der Schweißquelle und dem Werkstück her
100. Welche Aufgabe hat die Elektrode beim Elektrodenschweißen?	Die Elektrode ist gleichzeitig Lichtbogenträger und Zusatzmaterial.
101. Erklären Sie den Aufbau und die Funktion einer umhüllten Elektrode.	Sie besteht aus: • dem Kerndraht und • der Umhüllung
102. Nennen Sie die zwei Aufgaben des Kerndrahtes.	Der Kerndraht • leitet den Strom und speist den Lichtbogen • schmilzt in die Schweißfuge und füllt sie
103. Nennen Sie vier Aufgaben der Umhüllung des Schweißstabs.	• reinigt das Schweißbad durch metallurgische Reaktionen • hält den Sauerstoff vom flüssigen Schweißbad fern • fügt dem Schweißgut Legierungsbestandteile bei, die im Kerndraht nicht oder nur ungenügend vorhanden sind • stabilisiert den Lichtbogen

104. Aus welchem Material bestehen Elektroden zum Schweißen von: • rostfreiem Stahl • Aluminium und seinen Legierungen	• rostfreier Stahl: Elektroden mit Anteilen an Chrom (Cr) und Nickel (Ni) • Aluminium und seine Legierungen: unterschiedliche Anteile an Magnesium (Mg) und Silizium (Si)
105. Was muss mit der Schlacke gemacht werden?	Die Schlacke muss nach jeder Lage mit dem Pickel abgeschlagen und Reste der Schlacke auf der Schweißnaht mit einer Drahtbürste abgebürstet werden.
106. Erklären Sie kurz das Punktschweißen.	Es wird mittels Strom in Verbindung mit Presskraft geschweißt. Die Strom- und Kraftübertragung erfolgt durch zwei Kupferelektroden.
107. Nennen Sie zwei Nachteile des Punktschweißens.	• es kann Spaltkorrosion entstehen, weil • keine dichten Nähte geschweißt werden
108. Erklären Sie den Begriff „Schutzgas-schweißen".	Beim Schweißen wird ein Lichtbogen erzeugt, der einen von innen oder außen zugeführten Metalldraht abschmelzen lässt. Ein durch die Gasdüse fließendes Schutzgas schützt den Lichtbogen und das Schmelzgut.
109. Nennen Sie den Grund, warum Schutzgas eingesetzt wird.	Das Schutzgas umgibt die Verbindungsstelle wie eine Schutzhülle, die den Luftsauerstoff außen vorhält. So wird verhindert, dass in der Schweißnaht Nitride und Oxide entstehen, welche die Festigkeit der Schweißverbindung verringern oder die Sprödigkeit erhöhen.
110. Zählen Sie alle Werkzeuge und Gegenstände auf, die zum Schutzgasschweißen allgemein benötigt werden. Beginnen Sie an der Steckdose.	• Steckdose, Netzanschluss • Schweißstromquelle und Steuergerät • wassergekühlte Schweißgeräte mit Kühlmittelbehälter, Kühlmittelpumpe und Rückkühler • Schutzgasflasche • Druckminderer mit Gasmengenmesser • Schlauchpaket mit Brenner-Steuerleitung, Schutzgaszuführung, Schweißstromleitung • Schweißbrenner mit Schalter und Elektrode • Werkstückanschluss mit Schweißstromrück-leitung und Werkstückklemme

111. Nennen Sie drei Schutzgase.

- Argon
- Helium
- Kohlendioxid

112. Nennen Sie zwei Arten des Schutzgasschweißens.

- Wolfram-Schutzgasschweißen (WSG-Schweißen)
- Metall-Schutzgasschweißen (MSG-Schweißen)

113. Erklären Sie das WSG-Schweißen.

Zwischen einer fast nicht abschmelzenden Wolfram-Elektrode und dem Werkstück brennt der Lichtbogen in einer Schutzgasatmosphäre ab.

114. Nennen Sie die zwei Verfahren des WSG-Schweißens.

- Wolfram-Inertgasschweißen (WIG-Schweißen)
- Plasmaschweißen (WP-Schweißen)

115. Welche Teile der Karosserie können durch WIG-Schweißen gefügt werden?

dünne Werkstücke wie Aluminiumbleche

116. Erklären Sie das Prinzip des WIG-Schweißens.

An der Wolframelektrode liegt ein Strom an. Durch das kurze Auftippen der Elektrode auf das Werkstück wird ein elektrischer Kurzschluss erzeugt. Das hat zur Folge, dass nach dem Abheben der Elektrode ein Lichtbogen zwischen Werkstück und der nicht abschmelzenden Wolframspitze brennt.
Der Schweißer führt von außen einen Schweißstab hinzu, der abgeschmolzen wird.

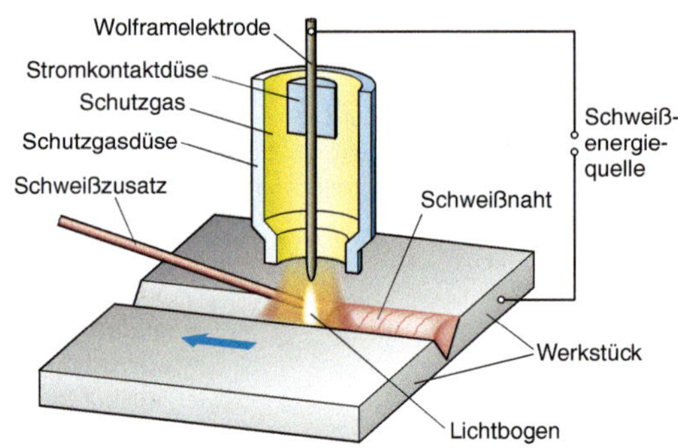

117. Wo ist das WIG-Schweißen anwendbar?	Das WIG-Schweißen ist prinzipiell bei allen Metallen anwendbar, die schmelzschweißbar sind.
118. Nennen Sie vier besondere Eigenschaften des WIG-Schweißens.	• unkompliziert • wenig Spritzer oder gefährliche Schadstoffe • geringe Abschmelzleistung • geeignet für dünne Bleche und Aluminium
119. Warum sind beim WIG-Schweißen inerte Gase, wie Argon oder Helium, bzw. Gasgemische mit nicht oxidierenden Komponenten notwendig?	zum Schutz der Wolframelektrode und des Schmelzbades
120. Wie hoch sollte die Stromstärke beim WIG-Schweißen sein?	Die einzustellende Stromstärke richtet sich nach der Dicke des zu verschweißenden Werkstoffes.
121. Welche Metalle werden mit Gleichstrom geschweißt?	legierter Stahl oder NE-Metalle
122. Wenn sich an der Spitze der Wolframelektrode Klumpen bilden, ist das ein deutlicher Hinweis auf ...?	... zu viel Strom

123. Erklären Sie das MSG-Schweißen.

Der Lichtbogen brennt zwischen einer abschmelzenden Drahtelektrode und dem Werkstück in einer Schutzgasatmosphäre ab.

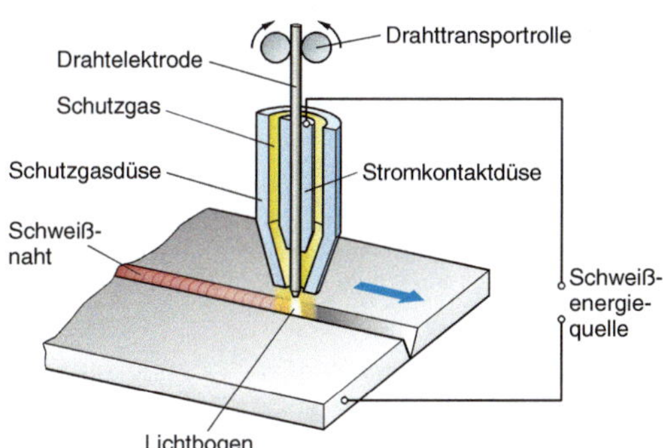

124. Nennen Sie die drei Verfahren des MSG-Schweißens.	• Metall-Inertgasschweißen (MIG-Schweißen) • Metall-Aktivgasschweißen (MAG-Schweißen) • Plasma-Metallschutzgasschweißen (MSGP-Schweißen)
125. Erklären Sie die Besonderheit des MIG- und MAG-Schweißens.	Wenn ein Metalldraht von innen durch die Schweißpistole zugeführt wird und ein Schutzgas durch die Pistolendüse strömt, spricht man vom MIG-Schweißen bzw. vom MAG-Schweißverfahren.
126. Welche Teile der Karosserie werden mit dem MIG- bzw. MAG-Schweißen gefügt?	Fahrwerk, wesentliche Karosserieteile
127. Nennen Sie zwei Eigenschaften, die das MIG-Schweißen hat.	• hohe Abschmelzleistung • tiefer Einbrand
128. Wo wird das MIG-Schweißen eingesetzt?	• Aluminium • Nichteisenmetall • hochlegierte Stähle
129. Erklären Sie die Aufgabe, die das inerte Gas beim MIG-Schweißen hat.	Das eingesetzte Schutzgas (z. B. Argon, Helium) ist inert, also träge, nicht reaktionsfreudig; es geht keine Verbindung mit dem Schweißgut ein.
130. Nennen Sie drei Eigenschaften des MAG-Schweißens.	• hohe Abschmelzleistung • tiefer Einbrand • geringere Schweißgüte als beim MIG-Schweißen
131. Welche Materialien werden mit dem MAG-Schweißen geschweißt?	unlegierte und niedriglegierte Stähle
132. Welches Gas wird beim MAG-Schweißen verwendet?	• reines Kohlendioxid (CO_2) • ein Mischgas aus Argon und geringen Anteilen CO_2 und O_2
133. Erklären Sie, wie das verwendete Gas den Schweißprozess beeinflussen kann.	Je nach Zusammensetzung des Gases können beeinflusst werden: • Einbrand • Tropfengröße • Spritzerverluste
134. Warum muss die Oberfläche des Werkstücks vor dem Schweißen sauber und frei von Beschichtungen, Staub, Fett oder Öl sein?	Sonst: • Schlackeneinschlüsse • nur mangelhafte Schweißnähte möglich

135. Nennen Sie drei Maßnahmen zum Arbeitsschutz beim Schweißen.	• Schutzkleidung tragen, besonders Augen schützen • Raum gut be- und entlüften; wenn nötig, sind freigesetzte Gase, Rauch und Stäube abzusaugen • Schweißplatz abschirmen, sodass Außenstehende nicht in die Flamme sehen können; Funken und Spritzer von Schweißmaterial dürfen nicht nach außen dringen
136. Zählen Sie vier Gesundheitsschäden auf, die möglich sind, wenn der Schweißer keine ausreichende Schutzbekleidung trägt.	• Verbrennungen der Haut • Verblitzen oder Verletzungen der Augen • die Dämpfe schädigen die Atemwege • Gehörschäden
137. Durch welche Maßnahmen kann Feuer durch Schweißarbeiten vermieden werden?	• keine brennbaren Gegenstände in unmittelbarer Nähe der Schweißstätte • für gute Lüftung sorgen
138. Nennen Sie Hinweise, die beim Schweißen von Aluminium mit Elektroden beachtet werden müssen.	• mit Gleichstrom arbeiten • die Abschmelzung der Elektrode ist etwa doppelt so schnell wie bei Stahl • bei dünnen Blechen (2 mm bis 6 mm) soll die Naht lang gezogen werden, damit sie nicht „durchfällt"
139. Bis zu welcher Materialdicke d wird das Linksschweißen empfohlen?	$d \leq 3$ mm
140. Wie werden der Schweißbrenner und der Schweißdraht beim Rechtsschweißen geführt?	Beim Rechtsschweißen wird der Schweißbrenner in einem Winkel von ca. 45° von links nach rechts geführt. Der Schweißdraht wird hinter dem Brenner ebenfalls in einem Winkel von 45° gehalten und in leicht kreisenden Bewegungen in das erwärmte Werkstück zur Naht geschmolzen. Die Schweißnaht glüht dann noch nach.
141. Erklären Sie das „Löten"?	Verfahren, um metallische Werkstoffe stoffschlüssig mithilfe eines geschmolzenen Zusatzwerkstoffes, dem Lot, zu verbinden.

142. Erklären Sie, was das Löten vom Schweißen unterscheidet.

- Die zu verbindenden Werkstücke werden nicht schmelzflüssig.
- Nur das Lot wird so heiß, dass es flüssig wird.
- Das verwendete Lot muss also einen niedrigeren Schmelzpunkt haben als die zu verbindenden Werkstoffe.
- Durch das Löten können viele, auch unähnliche Werkstoffe miteinander verbunden werden.

143. Welche Bauteile im Fahrzeug werden gelötet?

Das Löten wird meist dazu verwendet, um
- Kontakte zu fixieren, die Strom leiten sollen und
- um Karosserieteile, die instand gesetzt wurden, zu glätten.

144. Erklären Sie den Begriff „Arbeitstemperatur" beim Löten.

Temperatur, bei der das Lot vollständig flüssig ist und sich gut ausbreitet

145. Wann spricht man vom „Weichlöten" und wann vom „Hartlöten"?

- Weichlöten: Arbeitstemperatur bis 450 °C
- Hartlöten: Arbeitstemperatur über 450 °C

146. Nennen Sie die zwei Werkzeuge, die beim Löten hauptsächlich verwendet werden.

- elektrisch betriebener Lötkolben
- gasbetriebener Brenner auch Punktbrenner, Lötlampe, Taschenbrenner genannt

147. Erklären Sie den Begriff „Auftragslöten".

Spezielle Art des Weichlötens, um Dellen im Blech zu glätten und eine ebene Oberfläche zu erzeugen. Dabei wird Schwemmzinn verwendet.

148. Nennen Sie weitere Begriffe für das Auftragslöten.

- Verzinnen
- Verschwemmen

149. Erklären Sie, warum beim Auftragslöten nur bleifreies Schwemmzinn verwendet werden darf.

Die Altfahrzeug-Verordnung legt fest, dass bei der Entsorgung von Altfahrzeugen:
- spätestens ab 1. Januar 2006 die
  a) Wiederverwendung und Verwertung mindestens 85 Gewichtsprozent,
  b) Wiederverwendung und stoffliche Verwertung mindestens 80 Gewichtsprozent und
- spätestens ab 1. Januar 2015 die
  a) Wiederverwendung und Verwertung mindestens 95 Gewichtsprozent,
  b) Wiederverwendung und stoffliche Verwertung mindestens 85 Gewichtsprozent.

Da Blei giftig ist, darf es nicht in den Kreislauf der Wiederverwendung/Verwertung gelangen; es darf bei der Instandsetzung nicht mehr verwendet werden.

150. Nennen Sie drei Vorteile des Auftragslötens gegenüber der Verwendung von Kunststoff- oder Metallspachtelmasse.

- Da das Schwemmzinn sehr heiß auf das ebenfalls warme Blech aufgetragen wird, geht es mit dem Stahluntergrund eine sehr stabile Verbindung ein.
- Schwemmzinn kann auch in dickeren Schichten aufgetragen werden.
- Es bilden sich nicht so schnell Risse wie bei den meisten Kunststoffspachtelmassen.

151. Nennen Sie die Schritte zur Vorbehandlung zum Auftragslöten.

Das Blech der zu verzinnenden Stelle
- muss blank sein, von Farbresten, Staub und Flugrost befreien
- gründlich entfetten
- mit bleifreier Verzinnungspaste/Lötwasser behandeln
- erhitzen, sodass das Zinn der Verzinnungspaste auf dem Blech feine Tropfen bildet, die anschließend einen sehr guten Haftgrund für das Schwemmzinn bieten

152. Nennen Sie die Arbeitsschritte in richtiger Reihenfolge, die beim Auftragslöten notwendig sind.

- Verzinnungspaste mit dem Brenner erhitzen, bis sich unter der Hitze eine silbrig-schimmernde Oberfläche bildet
- mit dem Baumwolllappen darüber wischen
- das Blech in der Umgebung langsam mit dem Brenner erhitzten
- die Schwemmzinnstange auf die heiße Stelle halten, bis das Ende der Stange schmilzt
- durch leichten Druck so lange Zinn hinzu schmelzen, bis ein Klumpen Zinn auf dem Blech zurückbleibt
- das zähe Zinn mit einem Holzspachtel verstreichen, in diesem Zustand lässt sich das Zinn leicht modellieren
- den Zinnklumpen gegen das Blech drücken, bevor es in die gewünschte Karosserieform gestrichen wird
- mit dem Brenner nur so viel Hitze dazugeben, dass das Metall weder flüssig noch hart wird
- möglichst alle Vertiefungen ausfüllen, es wird kein weiteres Material mehr aufgebracht, sondern nur noch abgetragen

153. Zählen Sie die Arbeitsschritte auf, die nach dem Auftragslöten notwendig sind.

- alles erkalten lassen
- mit einer Karosseriefeile schleifen
- mit Trockenschleifpapier P 80 nacharbeiten

154. Erläutern Sie, warum Bleche, die mit einzelnen Schweißpunkten überlappend verschweißt wurden, nicht verzinnt werden sollten.

Beim Verzinnen wird mit Lötpaste gearbeitet werden. Die Salzsäure läuft beim Erwärmen in den Spalt zwischen den Blechen und kann, unbemerkt, die Schweißpunkte korrodieren lassen. Dadurch verliert die gesamte Karosserie an Stabilität.

155. Warum wird mit dem Lappen über die flüssige Zinnpaste gerieben?

Auf diese Weise werden Bindemittel, die in manchen Pasten vorhanden sind, entfernt und man merkt, ob die Zinnanteile auch auf dem Blech haften.

156. Was heißt „Verzinnen“ auf Englisch?

tin-plate

157. Zählen Sie die notwendigen Werkzeuge und Hilfsmittel auf, die beim Auftragslöten benötigt werden.

- Schwemmzinn
- Lötpaste
- Lötlampe oder Autogenschweißgerät
- Lötpaste oder Lötwasser
- Pinsel
- Holzspachtel in verschiedenen Profilen
- Leinöl
- fusselfreie Baumwolllappen
- Wasser mit feuchten Lappen
- Karosseriefeile
- Schleifklotz mit Schleifpapier

158. Erklären Sie, warum nach dem Auftragslöten die verzinnte Stelle mit der Karosseriefeile bearbeitet wird.

- um überschüssiges Material (Zinn) zu entfernen
- um die Oberfläche zu glätten
- um Rundungen herzustellen

159. Erklären Sie den Begriff „Kleben".

Fügen von Werkstoffen mit einem nichtmetallischen Klebstoff; es können auch Werkstücke aus unterschiedlichem Material geklebt werden.

160. Nennen Sie die zwei Gruppen, in die das Kleben nach DIN 8593-8 eingeteilt ist.

Kleben mit:

- physikalisch abbindenden Klebstoffen
- chemisch abbindenden Klebstoffen

161. Erklären Sie das Kleben mit physikalisch abbindenden Klebstoffen.

Der Klebstoff bindet ab, indem Lösungs- oder Dispersionsmittel abkühlen oder verdunsten.

162. Erklären Sie das Kleben mit chemisch abbindenden Klebstoffen.

Der Klebstoff bindet durch eine chemische Reaktion ab; deshalb wird dieses Verfahren auch Reaktionskleben genannt.

163. Wie dürfen Klebverbindungen beansprucht werden?

Problemlos sind:

- Zugscherbeanspruchung (meist)
- Druckbeanspruchung

164. Wie dürfen Klebverbindungen nicht beansprucht werden?

Vermieden werden sollen:

- Zugbeanspruchung
- Schälbeanspruchung

165. Nennen Sie drei persönliche Schutzmaßnahmen beim Kleben.

- Haut schützen (Handschuhe, Schutzsalbe, Schutzkleidung)
- Augen schützen (Schutzbrille, Schutzschild)
- Atemschutzgerät

6.2.3 Werkzeuge zur Demontage und Montage

166. Nennen Sie fünf Werkzeuge, mit denen Schrauben gelöst bzw. befestigt werden.

- Schraubenschlüssel
- Schlitzschraubendreher
- Kreuzschlitz-Schraubendreher
- Innensechskantschlüssel
- Torx-Schraubenschlüssel

167. Übersetzen Sie den Begriff „Schraubendreher" ins Englische.

screw driver

168. Nennen Sie die Bezeichnungen für Schraubenschlüssel nach ihrer Form.

- Ringschlüssel
- Maulschlüssel
- Steckschlüssel
- Inbusschlüssel

169. Erstellen Sie eine Tabelle mit zwei Spalten:
- In der ersten Spalte tragen Sie folgende Sechskantschrauben ein: M4, M5, M6, M7, M8, M10, M12, M16.
- In der zweiten Spalte ergänzen Sie die jeweilige Schlüsselweite SW.

Sechskantschraube	SW
M4	7
M5	8
M6	10
M7	11
M8	13
M10	16
M12	18
M16	21

170. Erklären Sie, was ein Steckschlüsseleinsatz mit Wellenprofil ist.

Die Kraftübertragung erfolgt nicht über die Ecken, sondern über die Seitenflanken der Mutter.

171. Nennen Sie den Bereich für das Drehmoment für Radmuttern an Pkw-Felgen.

ca. 80 Nm bis 180 Nm, genaue Angaben entnimmt man den Herstellerangaben.

172. Wovon ist das richtige Drehmoment für Radmuttern abhängig?

- vom Durchmesser der Radbolzen
- vom Material der Felge (Stahl oder Leichtmetall)
- von den Angaben des Herstellers (Betriebsanleitung des Fahrzeugs)

173. In welcher Reihenfolge werden Radmuttern angezogen?

abwechselnd über Kreuz

174. Mit welchem speziellen Werkzeug können empfindliche Teile wie Zierleisten wieder angebracht werden?

mit dem Klebschlaghammer

175. Erklären Sie die Besonderheit des Klebschlaghammers.

Der Hammerkopf ist mit dauerplastischer Masse gefüllt und mit einer Polyurethanschicht umhüllt.

176. Welches Werkzeug eignet sich besonders gut zum Entfernen und Einsetzen der Fensterkurbelsicherung bei der Montage von Türverkleidungen?

Türfedernzange

177. Nennen Sie mehrere Bezeichnungen für das Werkzeug, das zum zerstörungsfreien Lösen der Kunststoffstopfen und Befestigungsklips an Verkleidungsteilen im Innenraum verwendet werden kann.

- Lösehebel für Innenverkleidungen
- Kliplöser
- Türverkleidungslösezange

6.3 Bauteile aus Metall umformen

178. Erklären Sie den Begriff „Umformen".

Mithilfe einer Kraft einen festen Körper plastisch verformen; die Kraft muss so groß sein, dass die Spannung im Werkstoff die Elastizitätsgrenze überschreitet.

179. Was versteht man unter E-Modul?

E-Modul ist der Elastizitätsmodul, ein Maß für die Steifigkeit des Werkstoffes im elastischen Bereich; er gibt das Verhältnis Spannung zu Dehnung an.

$$E = \frac{\sigma}{\varepsilon}$$

E E-Modul in N/mm^2
σ Zugspannung in N/mm^2
ε Dehnung in %

Je kleiner der E-Modul ist, desto leichter lässt sich der Werkstoff elastisch verformen.

180. Nennen Sie drei Möglichkeiten, das Blech von Karosserieteilen durch Umformen instand zu setzen.

- Umformen durch Biegen
- Umformen durch Richten
- Ausbeulen

181. Erklären Sie den Begriff „Abkanten".

scharfkantiges Biegen eines Bleches entlang einer Geraden

182. Erklären Sie den Begriff „Richten".

Biegen von Werkstücken, um die Maßhaltigkeit zu verbessern; so werden durch Richten unerwünschte Verformungen an Blechen und Profilen beseitigt

183. Nennen Sie die drei Verfahren des Richtens, die bei der Instandsetzung angewendet werden.

- mechanisches Richten
- thermisches Richten
- mechanisch-thermisches Richten

184. Nennen Sie vier Vorteile, die das Richten gegenüber dem Austauschen in der Instandsetzung hat?

Können Bauteile gerichtet werden,
- entfällt die Wartezeit auf die Lieferung des Neuteils; bei einem Fahrerhaus kann diese schon mal 12 Wochen betragen
- wird der Aufwand für Demontage und Montage verringert oder entfällt
- meist billiger als der Austausch gegen ein neues Bauteil
- werden Ressourcen geschont, die zur Herstellung des neuen Bauteils notwendig sind

185. Übersetzen Sie „Richtbank" ins Englische.

repair bench

186. Ab welchem Schaden an der Karosserie schreiben die Hersteller eine Vermessung auf der Richtbank vor.

bereits bei einem mittleren Schaden

187. Warum ist die Messung auf einer Richtbank notwendig?

Mittels dieser Messung kann festgestellt werden, ob tragende Teile der Karosserie verzogen/beschädigt sind.

188. Erklären Sie den Begriff „Dozer".

(englische) Bezeichnung für kleine, verstellbare und hydraulische Richtbänke mit Ketten und Haken, aber ohne eigenes Messsystem

189. Wie nennt der Fachmann den Vorgang, wenn das Blech bei der Umformung
- gestaucht
- gedehnt wird?

- Wird das Blech gestaucht, spricht man von „Bördeln".
- Wird das Blech gedehnt, wird das „Schweifen" genannt.

190. Erklären Sie den Begriff „Ausbeulen".

Richten von Blech, indem Dellen beseitigt werden

191. Wie unterscheiden sich Dellen von Beulen?

Dellen werden oft irrtümlich als Beulen bezeichnet, aber
- Delle = Vertiefung
- Beule = Erhöhung

192. Nennen Sie die drei Verfahren zum Ausbeulen.

- mechanisches Ausbeulen
- thermisches Ausbeulen
- mechanisch-thermisches Ausbeulen

193. Nennen Sie acht Arten zum mechanischen Ausbeulen.

Ausbeulen
- lackierfrei
- mit Hammer und Gegenhalter
- mit Hebeleisen und Richtlöffel
- nach dem Magloc-Verfahren
- mit Dellenheber
- mit Zughammer
- mit Spotter
- mit Airpuller

194. Nennen Sie zwei Hämmer, mit denen grobe Richtarbeiten an der Karosserie durchgeführt werden.

- Vorschlaghammer, auch mit Kunststoffkopf
- Schlosserhammer in verschiedenen Ausführungen

195. Zählen Sie acht Hämmer auf, mit denen feine Ausbeul- und Dengelarbeiten an Karosserieblechen durchgeführt werden.

- Karosserie-Ausbeulhammer mit Stahlkopf
- Ausbeulhammer mit austauschbarem Kunststoff und Hartgummikopf (auch Schonhammer genannt)
- Schlichthammer
- Treibhammer
- Spitzhammer
- Pinnhammer
- Holzhammer
- Hammer mit Weichmetallkopf (Aluminium, Kupfer)

196. Was heißt Hammer auf Englisch?

hammer

197. Warum ist beim Ausbeulen mit Hammer der Gegenhalter notwendig?

als Auflagefläche er verhindert, dass das Blech an dieser Stelle reißt

198. Wie werden Gegenhalter auch genannt?

Fäustel

199. Nennen Sie vier unterschiedliche Gegenhalter, die mit den Karosseriehämmern zusammen benutzt werden.

Gegenhalter/Handfäustel mit/in:
- Keilform
- amerikanischer Form (scharfe, bzw. abgerundete Kanten)
- Kommaform
- runder Form

200. Wozu dient dieses Werkzeug? Nennen Sie die fachmännische Bezeichnung dafür.

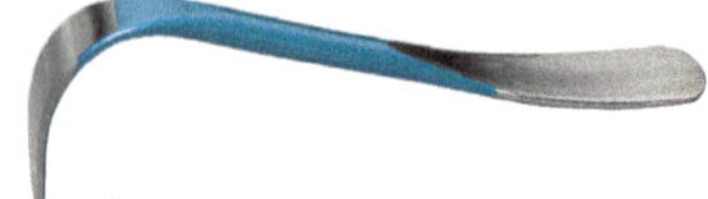

Ausbeul-Hebeleisen; damit werden Dellen und Beulen im Karosserieblech ausgehebelt.

201. Bei welchen Arbeiten werden Hebeleisen verwendet?

in Bereichen, an die man nicht mit einem Gegenhalter herankommt, z. B. Schweller, B-Säule

202. Erklären Sie kurz das Ausbeulen mit der Klebetechnik.

- die zu reparierende Stelle säubern
- in die Delle einen Adapter kleben
- über den Adapter den Dellenlifter stellen und einhaken
- Adapter mittels des Dellenlifters vorsichtig hochschrauben, bis die Delle wieder oben ist
- Adapter entfernen
- noch hochstehende Ränder mit Rückschlagdornen wieder zurückschlagen

203. Warum wird die Delle etwas mehr als nötig herausgezogen, dass sogar eine kleine Beule entsteht?

Die leichte Wölbung der Oberfläche kann nun mit einem Hammer oder einer Karosseriefeile geglättet werden. Das Blech federt um den elastischen Anteil zurück.

204. Erklären Sie, wofür ein Beulen-Rückschlagdorn aus Kunststoff außerdem verwendet wird.

Das Metall, das eine Beule (Wölbung nach oben) aufweist, wird gezielt und punktgenau durch fein dosierte Schläge mit dem Hammer auf den Dorn zurückgetrieben. Es erfolgt eine direkte Kraftübertragung.

205. Nennen Sie vier Werkzeuge, mit denen Dellen herausgezogen werden können?

- Dellenheber
- Dellenlifterzange
- Dellenbrücke
- Zughammer

206. Wo kann der Dellenheber eingesetzt werden?

- auf liegenden Flächen, an denen nicht gut mit dem Gleithammer gearbeitet werden kann
- auf Dachflächen oder Hauben
- an den Seitenflächen

207. Beschreiben Sie kurz die Teile, aus denen ein Dellenheber für die Klebetechnik besteht.

Der Heber besteht aus einem langen Arm mit einem Saugfuß oder einem gummierten Fuß. Der Arm ist wie bei einer Wippe über ein Lager schwenkbar.
Am anderen Ende befindet sich der Adapterhalter. Er ist noch zusätzlich höhenverstellbar, sowie auf dem Arm verschiebbar.

208. Erklären Sie, wie mit dem Zughammer Dellen herausgezogen werden.

- die Delle entschichten und metallisch blank schleifen
- Kupfernägel oder Wellendraht oder die Spitze des Zughammers direkt aufs Blech punktschweißen
- diese im Zughammer einspannen und durch ruckartiges Bewegen des Gleitgewichts herausziehen
- die Nägel wieder entfernen
- Oberfläche glätten
- fertig zum Lackieren

209. Beschreiben Sie die Arbeitsweise des Zughammers.

Ein Gewicht (Masse = 500 g bis 1000 g) gleitet auf einem Rohr aus Metall. Das Gewicht hat die Form eines Handgriffs für eine sichere Führung.

- Der Hammer wird am unteren Ende in den aufgeklebten Kunststoffzapfen eingehakt.
- Nun wird der Hammer senkrecht zum Kunststoffzapfen gehalten und das Gewicht bis zum Anschlag gezogen.
- Der Vorgang muss unter Umständen mehrfach wiederholt werden.

210. Erklären Sie den Begriff „Spotter“.

Spotter (engl.: spot = punkt) ist ein Werkzeug, mit dem Wellendraht, Schrauben, Dreiecks-niete, Unterlegscheiben, oder Bolzen aufgeschweißt werden können.

211. Beschreiben Sie den Arbeitsablauf mit dem Spotter.

- Delle entschichten und metallisch blank schleifen
- Spotter mit der Spitze auf die Delle ansetzen und unter Spannung setzen
- die Punktelektrode verbindet sich mit dem Karosserieblech
- Schlaghammer nach hinten ziehen
- die Schlagwucht zieht die Delle raus
- der Anker löst sich vom Blech
- Vorgang wiederholen, bis die Delle gleichmäßig herausgezogen ist
- Oberfläche glätten
- fertig zum Lackieren

212. Was ist beim Arbeiten mit dem Spotter auf Aluminiumblech zu beachten?

Auf Aluminium ist eine spezielle Stromquelle erforderlich. Sie muss den Strom schnell und sehr stark entladen; nur so wird die isolierende Oxidschicht an der Oberfläche durchstoßen, ohne das Blech darunter zu beschädigen.

213. Aus welchen zwei Teilen besteht das Werkzeug, das „Airpuller" genannt wird?

- „Pistole", dem Zugwerkzeug mit der Elektrode und
- Stromquelle (Trafo)

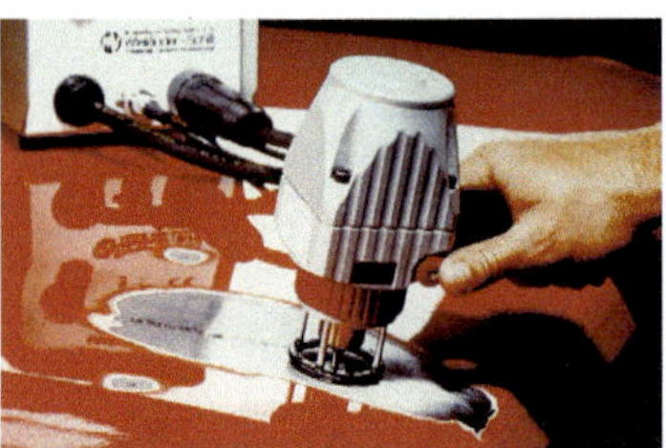

214. Was bedeutet der englische Name „Airpuller" im Deutschen?

Luftzieher

215. Erklären Sie in Stichworten, wie der Airpuller funktioniert.

- gewünschte Zughöhe (etwas mehr als Dellentiefe) manuell am Airpuller einstellen
- Airpuller über der Reparaturstelle aufsetzen
- die Stiftelektrode schweißt sich automatisch in der Delle fest
- Elektrode wird ebenfalls automatisch bis zum eingestellten Höhenanschlag hochgezogen
- während des Hochziehens wird die Elektrode automatisch abgedreht und gelöst

216. Nennen Sie Bereiche der Karosserie, an der der Airpuller eingesetzt werden kann.

- ebene Flächen (Dach, Motorhaube)
- Seitenteile
- doppelwandige Stellen der Fahrzeugkarosserie

217. Welche Größe dürfen die Dellen haben, bei denen der Airpuller eingesetzt werden kann?

- kleine Dellen
- Hagelschäden

218. Erklären Sie, wie Dellen mechanisch-thermisch beseitigt werden und fertigen Sie eine kleine Skizze dazu an.

- mit einem Induktionserhitzer, einem Schweißbrenner oder einem Heißluftfön das Material erhitzen
- mit Hammer und Gegenhalter direkt oder indirekt stauchen

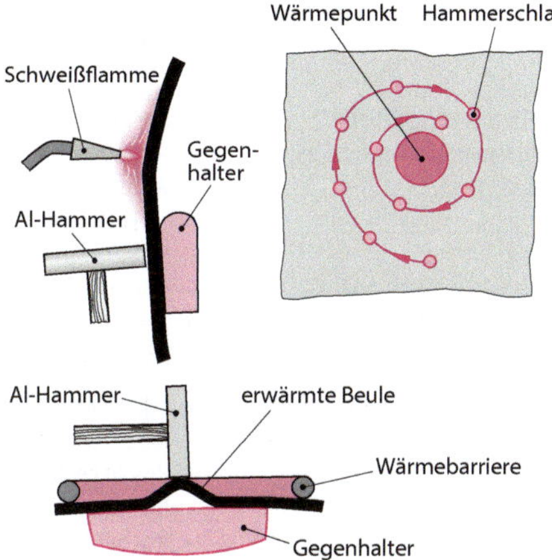

219. Erklären Sie, wozu diese Fixierlampe beim Ausbeulen dient.

Die Lampe bewirkt gleichmäßige und durchgängige Lichtbalken auf der Lackierungsoberfläche, der Druck- oder Zugvorgang lässt sich nun besser überprüfen und steuern.

6.4 Bauteile aus Kunststoff reparieren

220. Nennen Sie zwei Schäden an Kunststoffkarosserieteilen, die instand gesetzt werden können.

- Risse
- Löcher

221. Nennen Sie die drei Möglichkeiten, einen Riss im Kunststoff zu reparieren.

- thermisch rückverformen
- kleben
- schweißen

222. Erklären Sie, wie Bauteile aus Kunststoff rückverformt werden.

Bauteile werden auf Umformtemperatur erwärmt; dadurch werden sie weich und nehmen ihre ursprüngliche Form ein (Memory-Effekt).

223. Welche Kunststoffteile können thermisch rückverformt werden? Begründen Sie.

Nur Bauteile aus Thermoplast können thermisch rückverformt werden.
Bauteile aus Duroplast sind fest und hart und werden bei Erwärmung nicht weich – sie können nicht rückverformt werden.

224. Nennen Sie das Werkzeug, mit dem Karosserien aus Kunststoff thermisch rückverformt werden.

Heißluftfön:
- Temperaturen sind von 20 °C bis 650 °C stufenlos einstellbar
- unterschiedliche Düsen

225. Nennen Sie vier verschiedene Düsenarten und nennen Sie Anwendungsbereiche der Düsenarten.

- Breitschlitz- bzw. Flächendüse zum
  - flächigen Verteilen der Heißluft
  - forcierten Trocknen
  - Entfernen alter Farbe
- Reduzierdüse zum Schweißen
- Schweißschuh zum Schweißen
- Reflektorendüse mit Ablenkung zum Löten und Verzinnen

226. Zählen Sie die Arbeitsschritte auf, die notwendig sind, um Risse in Kunststoffteilen zu kleben.

- Teil reinigen
- Altlack entfernen
- Riss an beiden Enden mit einem kleinen Bohrer aufbohren
- Riss mit einem Werkzeug ausschaben, sodass die Ränder einen Winkel von ca. 45° haben
- Gazestreifen von hinten an den Riss legen
- die Rissfuge mit dem 2K-Kleber ausfüllen
- die Klebefuge glatt ziehen
- Kleber trocknen lassen

227. Warum wird an die Rückseite des Risses ein Stück Gaze oder Metalldrahtgewebe aus Edelstahl in den Kleber gedrückt?

Das Gewebe hat die Aufgabe, die Kräfte, die im geklebten Riss auftreten können, besser zu verteilen und abzuleiten.

228. Warum hält der Kunststoffkleber besser, wenn die Ränder 45° angeschrägt wurden?

Es entstehen größere Flächen an den Rändern des Kunststoffs, an denen sich die Adhäsionskräfte des Klebers ausbilden können.

229. Nennen Sie drei Werkzeuge, mit denen die Ränder von Kunststoffteilen auf 45° angeschrägt werden können.

Wenn ein Kunststoffteil gerissen ist, müssen für eine fachmännische Reparatur mittels Klebetechnik die Seiten des Risses angeschrägt, also ausgefräst werden.

- Flex
- schnelldrehendes Multifunktionswerkzeug („Dremel")
- Dreikantschaber

230. Mit welchem Werkzeug wird der 2K-Kunststoffkleber aufgetragen?

Mit einer Kartusche mit zwei getrennten Behältern, einer Zwillingskartusche, die in einer gemeinsamen Düsenspitze zusammenlaufen.

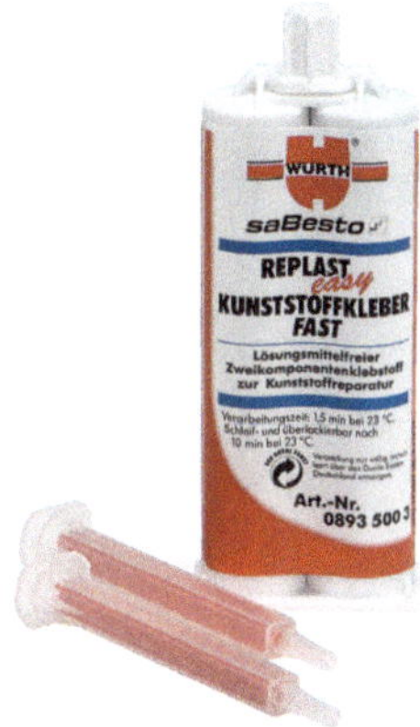

231. Erklären Sie das Prinzip und die Handhabung dieses Werkzeugs.

Die zwei Komponenten befinden sich in den getrennten Kartuschen. Mit einem Drücker drückt man nun gleichzeitig auf beide Behälter und dadurch vermischen sich die beiden Komponenten erst in der Kartuschenspitze und werden dann in den Riss eingebracht.

232. Welche Kunststoffe lassen sich schweißen?

alle thermoplastischen Kunststoffe z. B. PP, PP-EPDM, PE, PC, ABS

233. Nennen Sie vier Beschädigungen an Kunststoffen, bei denen das Kunststoffschweißen eingesetzt werden kann.

- Risse
- Brüche
- tiefe Kratzer
- abgerissene Halterungen

234. Zählen Sie die Arbeitsschritte auf, die notwendig sind, um Risse in Kunststoffteilen zu schweißen.

- Kunststoffart feststellen
- die zu schweißende Stelle säubern
- den Altlack von der zu schweißenden Stelle entfernen
- Reparaturnaht mit dem Schweißkolben an einigen Stellen zusammenheften
- den Riss über die gesamte Länge verschweißen
- Riss mit dem entsprechenden Schweiß-Stick auffüllen, um Vertiefungen in der Oberfläche zu beseitigen
- geschweißte Stelle schleifen und spachteln

235. Nennen Sie zwei Werkzeuge, die zum Schweißen von Kunststoffen verwendet werden.

- Heißluftgebläse mit entsprechenden Aufsätzen
- Lötkolben

236. Was ist mit dem „Laminieren" im Bereich der Kunststoff-Instandsetzung gemeint?

Die Verstärkung von Kunststoffen oder die Überbrückung von Fehlstellen im Kunststoff mittels Fasern oder Fasermatten.

237. Nennen Sie vier Werkstoffe, die zum Handlaminieren geeignet sind.

- Glasfasergewebematten
- Kohlefasermatten
- Gewebe aus Edelstahl
- Gaze

238. Nennen Sie sieben Vorarbeiten zum Handlaminieren.

- Bauteil mit Hochdruckreiniger vorreinigen
- Schadenstelle mit Kunststoffreiniger reinigen
- Vorderseite mit Textilklebeband abkleben
- die zu laminierende Fläche anschleifen und die Ränder der Bruchstelle flach anschrägen
- Schleifstaub entfernen
- an der Rückseite eine Trennfolie befestigen
- Glasfasermatten zuschneiden

239. Zählen Sie die Arbeitsschritte zum Handlaminieren auf.

- Harz und Härter mischen
- angemischtes Harz mit Pinsel auf die zu laminierende Fläche auftragen
- Glasfasermatte einlegen und leicht andrücken
- Glasfasermatte mit Rolle und Pinsel verdichten; Luftblasen an die Ränder verdrängen und beseitigen
- wenn nötig, Vorgänge wiederholen
- aushärten lassen, evtl. mithilfe eines Heizstrahlers
- von der Rückseite Trennfolie beseitigen

240. Welche Arbeitsschritte sind nötig, um nach dem Handlaminieren eine lackierfähige Oberfläche herzustellen?

- auf die Vorderseite eine 2K-Spachtelmasse aufbringen
- mit Fächerscheibe bearbeiten (Körnung P 120, langsame Drehzahl)
- Feinschliff mit Körnung P 320
- Schleifstaub entfernen und Oberfläche mit Kunststoffreinigen reinigen

6.5 Fahrzeugscheiben austauschen

241. Warum werden heutzutage Autoscheiben in den Scheibenrahmen geklebt?

Weil sie tragende Teile der Karosserie sind, sie helfen, die Karosserie zu versteifen.

242. Nennen Sie zwei Werkzeuge, mit denen eine Fahrzeugscheibe ausgetrennt werden kann.

- Schneidedraht (Vierkant, ca. 0,5 mm × 0,5 mm) und Handgriff
- Säge mit oszillierendem Sägeblatt

243. Welche Vorteile bietet der Schneidedraht gegenüber der Säge?

- mit dem quadratischen Profil des Drahtes kann man sehr gut schneiden
- dicke Kleberschichten werden durchtrennt
- gute Handhabung

244. Zählen Sie die Arbeitsschritte auf, die notwendig sind, eine defekte Frontscheibe mithilfe des Schneidedrahtes auszutrennen.

- die Klebefuge der Frontscheibe durchschneiden
- den Schneidedraht mit einem Dorn im Bereich der unteren Scheibenmitte durch die Klebefuge drücken
- den Dorn entfernen und an den beiden Enden des Drahtes jeweils einen Handgriff montieren
- durch kräftiges Ziehen von außen mit gleichzeitiger Bewegung wird Stück für Stück der Klebeverbindung aufgeschnitten
- mit "Schutzblechen" aus Aluminium, die genau in die Kante zwischen Scheibe und Verkleidung gedrückt werden, wird sichergestellt, dass die Schneidwerkzeuge auf dem Aluminium laufen und nicht Teile der Verkleidung mitschneiden.
- dann die Scheibe mithilfe eines Saughebers aus dem Rahmen herausheben

245. Beschreiben Sie einen Saugheber.

Griff mit beweglichen Saugköpfen, die sich der gewölbten Glasoberfläche anpassen

246. Zählen Sie die Arbeitsschritte auf, die notwendig sind, eine neue Frontscheibe einzukleben.

- Scheibenrahmen von Kleberresten befreien und sorgfältig reinigen
- Scheibenrand und Scheibenrahmen sorgfältig entfetten
- Haftgrund auf die Scheibe auftragen
- Primer auf den Rahmen auftragen
- Düse für die Klebekartusche in Form schneiden (Dreiecksform)
- neue Scheibe einsetzen
- Position der Scheibe im Rahmen prüfen und nachregeln
- Klebestreifen zur Fixierung anbringen, dann zwei bis drei Stunden trocknen lassen

6.6 Schaltpläne

247. Nennen Sie drei Baugruppen, für die Fahrzeughersteller Pläne als Informationsquellen zur Verfügung stellen.

- elektrische Baugruppen
- hydraulische Baugruppen
- pneumatische Baugruppen

248. Wie heißt „elektrische Schaltzeichen" auf Englisch?

Symbols of Contact Units

249. Erklären Sie die Bedeutung der unten abgebildeten Schaltzeichen in einem Schaltplan.

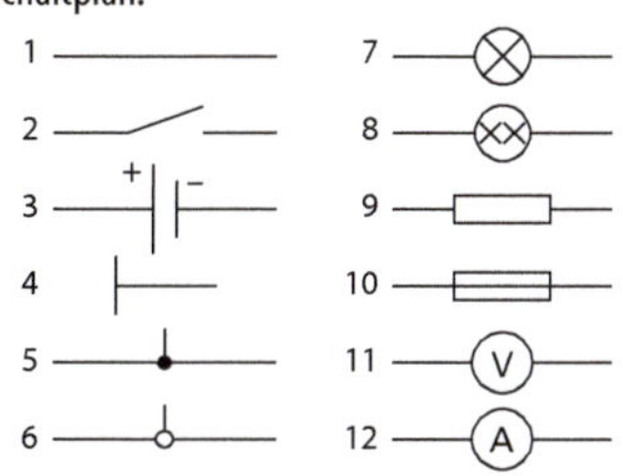

1 Leiter
2 Schalter
3 Stromquelle
4 Masse
5 Leitungsverbindung (fest)
6 Leitungsverbindung (lösbar)
7 Glühlampe
8 Glühlampe mit zwei Leuchtkörpern
9 Widerstand
10 Sicherung
11 Spannungsmesser (Voltmeter)
12 Strommesser (Amperemeter)

250. Was zeigt der Stromlaufplan?

Die Schaltung mit allen Einzelheiten:

- alle Geräte- und Klemmenbezeichnungen und
- alle Leitungen

251. Was passiert, wenn der Schalter S3 aus dem Stromlaufplan unten betätigt wird?

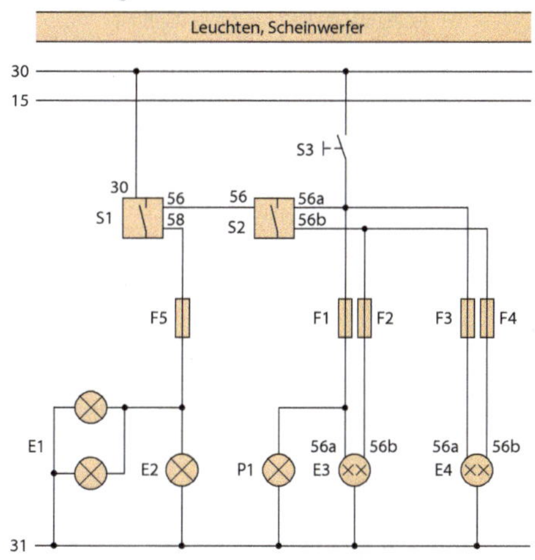

E1 Instrumentenbeleuchtung
E2 Kennzeichenleuchte
E3 Fern-Abblendscheinwerfer links
E4 Fern-Abblendscheinwerfer rechts
F1...F5 Sicherungen
P1 Fernlichtanzeigeleuchte
S1 Lichtschalter
S2 Abblendschalter
S3 Lichthupentaster

Die (Lampen der) Fern- und Abblendlichtscheinwerfer rechts und links leuchten auf, solange er betätigt wird.

252. Erläutern Sie, wozu es Klemmenbezeichnung an elektrischen Anlagen von Fahrzeugen gibt.

Die Klemmenbezeichnungen sind Nummern oder Buchstaben, die in der Kraftfahrzeugelektrik Leitungen kennzeichnen. Für Fahrzeuge regelt diese Nummerierung die DIN 72 552.
Dadurch wird das Anschließen von elektrischen Leitungen mittels eines Schaltplans vereinfacht.

253. Welche Klemmbezeichnung haben Fahrtrichtungsanzeiger, Scheibenwischer und Beleuchtung?

- Fahrtrichtungsanzeiger: 49a bis 49c
- Scheibenwischer: 53a bis 53i
- Beleuchtung: 54 bis 61

254. Der Auszubildende hat versehentlich statt einer 12-V-Lampe eine 24-V-Lampe eingebaut. Wie hell leuchtet die falsch eingebaute Lampe?

Sie ist wesentlich dunkler (leuchtet schwächer) als die 12-V-Lampe.

6.7 Serviceleistungen

255. Zählen Sie neun Tätigkeiten und Serviceleistungen am Fahrzeug auf, die Fahrzeuglackierbetriebe neben der Reparaturlackierung noch anbieten.

- Unfallschäden instand setzen
- nach DIN EN ISO 9001 arbeiten
- Ersatzwagen kostenlos bereitstellen
- Hol- und Bringservice mit Abschleppfahrzeug
- elektronische Schadenserfassung, Schadenkalkulation und Übermittlung an die zuständigen Versicherungen
- Instandsetzung aller Marken
- Richtarbeiten, Achsvermessung und Fahrwerkseinstellung
- Licht einstellen
- kostenlose Reinigung innen und außen

256. Warum ist gesetzlich vorgeschrieben, dass Fahrzeuge regelmäßig zu überprüfen sind.

- Es sollen nur Fahrzeuge am Straßenverkehr teilnehmen, die in technisch einwandfreiem Zustand sind.
- Durch die Überprüfung wird sichergestellt, dass das Fahrzeug umweltverträglich ist.

257. Wie heißt diese Überprüfung?

Die Prüfung heißt „Hauptuntersuchung" (HU) und wird von staatlich anerkannten Prüforganisationen durchgeführt, die durch den Staat überwacht werden.

258. Erklären Sie, warum eine korrekt eingestellte Radaufhängung die Fahrsicherheit erhöht.

Die Radaufhängung soll dafür sorgen, dass die Räder in jedem Fahrzustand möglichst mit ihrer vollen Reifenfläche auf der Fahrbahn aufliegen, so haben die Reifen eine optimale Bodenhaftung.

259. Was wird mit einer Achsvermessung gemessen und geprüft?

ob die Radaufhängung korrekt ist und damit sicheres Fahren gewährleistet ist

260. Zählen Sie zwei vorbereitende Arbeiten zur Achsvermessung auf.

- Hebebühne nach der Spurweite und dem Radstand des Fahrzeugs ausrichten
- Messgeräte an den Rädern befestigen

261. Nennen Sie Arbeiten am Fahrzeug, die zusätzlich vor der Vermessung durchgeführt werden sollten.

Fahrzeug prüfen auf:

- gleiche Felgen- und Reifengröße
- ausreichende Profiltiefe und korrekten Reifendruck
- Spiel in Lenkung und Radlager
- Zustand von Federung und Stoßdämpfern
- Fahrzeug mit Gewichten auf Vorder- und Rücksitzen sowie im Kofferraum beschweren
- Achsniveaus messen
- Fahrwerk auf die für die Vermessung festgelegte Höhe bringen
- Handbremse ziehen

262. Nennen Sie zwei Anforderungen, die ein Achsmessplatz erfüllen muss, damit eine präzise Messung und objektive Reproduzierbarkeit sichergestellt ist.

- Die Radauflagepunkte des Fahrzeugs müssen zueinander gleich hoch sein.
- Die Vorder- und Hinterräder müssen mittig auf den Dreh- und Schiebeuntersätzen stehen.
- Am Messplatz müssen die Aufstandsflächen von Dreh- und Schiebeuntersätzen auf gleiches Niveau eingerichtet sein, damit Messfehler in Sturz, Nachlauf und Spreizung vermieden werden.

263. Erklären Sie, wie eine Achsvermessung abläuft.

An jedem Rad werden Sensoren befestigt und mit dem Testcomputer verbunden. Untereinander verständigen sich diese durch Kabelverbindung und Laser. So können alle relevanten Achsmessdaten erfasst und gleichzeitig mit den Sollwerten verglichen werden.

264. Was muss gemacht werden, wenn die gemessenen Achswerte zu stark von den optimalen Werten abweichen?

Teile der Radaufhängung müssen ausgetauscht werden.
Bei modernen Fahrwerken gibt es immer weniger Einstellmöglichkeiten.

265. Begründen Sie, warum Bremsen geprüft werden müssen.

Bremsen sind sicherheitsrelevante Baugruppen an einem Fahrzeug.
Die Messung auf dem Bremsenprüfstand gilt als Nachweis, dass die Bremsen funktionieren.

266. Erklären Sie, warum falsch eingestellte Bremsen eine erhebliche Gefährdung des Straßenverkehrs darstellen.

Ein Fahrzeug „zieht" in Richtung des stärker gebremsten Rades; es kann sogar durch eine Bremsung in den Gegenverkehr gelenkt werden.

267. Wie wird eine Bremsenprüfung durchgeführt?

- Das Fahrzeug wird mit den Rädern auf die Rollen des Rollenprüfstands gefahren.
- Die Rollen werden nun beschleunigt und dann mit steigender Bremspedalkraft bis zum Blockieren der Räder wieder abgebremst.
- Der Verlauf der Bremsung gibt Aufschluss über die Bremskräfte und mögliche Fehler im Bremssystem.

268. Erklären Sie die Auswirkungen, die falsch eingestellte Scheinwerfer an einem Fahrzeug haben können.

- Bei zu niedrig eingestellten Scheinwerfern hat der Fahrer sehr geringe Sichtweite.
- Zu hoch eingestellte Scheinwerfer blenden den Gegenverkehr – das ist gefährlich.

269. Wozu dient die Leuchtweitenregelung an den Scheinwerfern? Erklären Sie.

Es wird damit geregelt, wie weit ein Scheinwerfer leuchtet. Wenn ein Fahrzeug im Kofferraum beladen ist, steht das Fahrzeug vorne hoch und die Leuchtweite muss reduziert werden.
Es gibt
- die automatische und
- die manuelle Leuchtweitenregelung.

Stellung des Reglers bei:
0: nur Fahrer und Beifahrer im KFZ
1: Vorder- und Rückbank besetzt
2: Kofferraum beladen, aber Rückbank leer
3: Rückbank besetzt und Kofferraum beladen

270. Welche Grundstellung muss die Leuchtweitenregelung beim Messen haben?

- manuelle Leuchtweitenreglung: die Verstelleinrichtung muss auf „Grundstellung" eingestellt sein
- automatische Leuchtweitenreglung: die Angaben des Herstellers beachten

271. Nennen Sie den einzustellenden Neigungswinkel für Scheinwerfer und für Nebelscheinwerfer.

- Scheinwerfer:
  - Neigungswinkel bei 1 % bis 1,3 % (also im Durchschnitt bei: 1,2 %)
  - Hinweise auf dem Scheinwerfer und die Herstellerangaben lesen!
- Nebelscheinwerfer:
  - Neigungswinkel bei 2 %
  - Hinweise auf dem Scheinwerfer und die Herstellerangaben lesen

272. Wenn der eingestellte Neigungswinkel = 1,2 % beträgt, dann senkt sich das Licht bei 10 Meter Entfernung um … cm?

Das Licht senkt sich bei 10 m Entfernung um 12 cm.

273. Zählen Sie die Schritte auf, die vor dem Einstellen des Lichts am Fahrzeug notwendig sind.

- Luftdruck überprüfen: alle Reifen haben den vorgeschriebenen Luftdruck
- Fahrersitz mit 75 kg oder einer Person belasten
- das Fahrzeug muss auf einem ebenen Untergrund stehen (Bodenunebenheit nicht mehr als 1 mm Differenz auf einem Meter)
- alle Angaben des Herstellers beachten

274. Erklären Sie in Stichworten die Handhabung und Einstellungen des Scheinwerfereinstellgerätes (SEG).

- Gerät parallel zum Auto ausrichten
- Gerät im Abstand von 30 cm bis 70 cm zum Fahrzeug aufstellen
- die Mitte der Linse ausrichten zur Mitte des Scheinwerfers
- den gewünschten Neigungswinkel einstellen

275. Was sollte bei der Einstellung der Scheinwerfer noch überprüft werden?

Der Zustand von Streuscheibe, Glühlampe und Reflektor

7 Reparaturlackierung

1. Erklären Sie den Begriff „Reparaturlackierung".

Lackieren, einschl. der Vorarbeiten, um eine schadhafte Altlackierung auszubessern.

2. Nennen Sie vier Gesichtspunkte, an denen sich eine Reparaturempfehlung orientieren sollte.

- wirtschaftliche (Kostenfaktoren)
- ökologische (Umweltverträglichkeit)
- ästhetische (Originallack)
- historische (Oldtimer/Originalität)

3. Nennen Sie die drei Verfahren zur Reparaturlackierung.

- Spot-Repair
- Beilackierung
- Lackierung ganzer Teile oder Karosserien

4. Zählen Sie sieben Funktionen auf, die ein Kalkulationsprogramm für Fahrzeugreparaturlackierungen haben muss.

- Verwaltung von Daten: Kunden, Vorgänge, Dokumente
- Schadensaufnahme grafisch und fotografisch
- Bildbearbeitung
- Reparaturhinweise
- Online-Kalkulation (Kostenvoranschläge)
- Teilebestellliste
- Rechnungen erstellen

5. Erklären Sie allgemein, was die unten gelisteten Unternehmen im Bereich der Fahrzeug-Reparaturlackierung anbieten.
- DAT
- Eurotax/Schwacke
- AZT

- Computerprogramme zur Kalkulation von Instandsetzungen/Reparaturen
- Bewertung von Gebrauchtfahrzeugen
- Datenbanken (als Grundlage zur Abwicklung von Versicherungsschäden)

7.1 Ursachen und Arten von Lackschäden

6. Nennen Sie sechs Ursachen für Lackschäden.

- Stein- und Hagelschlag
- Zusammenstoß, Rempler
- Verwitterung
- Rost
- Vogelkot
- Rückstände von Aufklebern

7. Nennen Sie drei Arten von Lackschäden.

- Kratzer
- Riss, Loch
- Rostnarben

7.2 Altlackierung prüfen

8. Was muss der Fahrzeuglackierer prüfen, wenn er eine Reparaturlackierung durchführen will?

- Materialien prüfen auf Haftfestigkeit, Elastizität, Dicke, Farbton, Deckkraft
- Untergrund prüfen auf Feuchtigkeit, Temperatur, Form, Material, Glanz

9. Nennen Sie sieben Verfahren, mit denen geprüft werden kann, ob sich die Altlackierung als Untergrund für die Reparaturlackierung eignet.

- Tastprüfung
- Schleiftest
- Klebebandabrisstest
- Gitterschnittprüfung
- Durchschleiftest
- Fingernagelprobe
- Lösemitteltest

10. Beschreiben Sie die die Tastprüfung.

- Oberfläche säubern
- mit dem Handballen hinüberstreichen; man kann so Unebenheiten ertasten.

11. Wie kann geprüft werden, ob es sich bei einer Lackierung um eine Einschicht-Uni-Decklackierung oder eine Zweischicht-Uni-Decklackierung handelt?

An einer unauffälligen Stelle vorsichtig mit nassem Schleifpapier anschleifen, Körnung P 1000.
Färbt sich das Wasser am Schleifpapier in Wagenfarbe, dann ist es ein Einschicht-Uni-Lack ohne Klarlackschutz.

12. Erklären Sie die Durchführung des Klebebandabrisstests.

- Reparaturstelle säubern
- einen Streifen Klebeband aufkleben
- Klebeband ruckartig abreißen

13. Erläutern Sie die Ergebnisse des Klebebandabrisstests.

- haften keine Teile des Lackes am Klebeband, ist die Haftfestigkeit für eine Neubeschichtung in ausreichendem Maß gegeben
- haften Teile der Altlackierung am Klebeband, muss komplett entschichtet werden

14. Zählen Sie die Arbeitsschritte einer Gitterschnittprüfung auf.

- die zu prüfende Stelle reinigen
- in die Lackschicht mit dem Gitterschnittgerät Schnitte ziehen, dabei auf gleichmäßigen Druck achten
- rechtwinklig zu den Schnitten weitere Schnitte ziehen; es entsteht ein Gitter
- Gitter mit einer speziellen Bürste abbürsten, Herstellerangaben beachten
- Schadensbild durch Augenschein beurteilen
- Schnittkanten mit einer vorgegebenen Tabelle vergleichen

15. Nennen Sie die drei Merkmale, die sich an den Schnittkanten des Gitters zeigen können. Skizzieren Sie Beispiele.

Die Schnittkanten des Gitters können:

- ganz glatt sein

- aufgeplatzte Ränder aufweisen

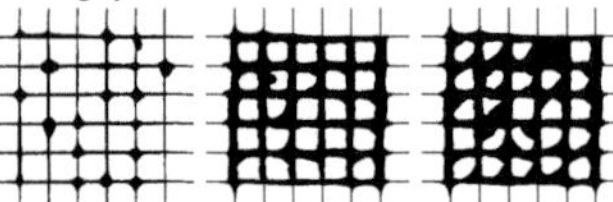

- vollständig abgeplatzt sein

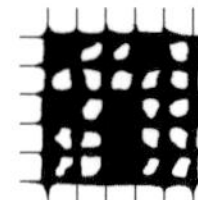

16. Welche Aussage kann man über die Haftung der Beschichtung machen, wenn große Teile ausgebrochen sind?

Je größer die Abplatzungen, desto geringer ist die Haftung der geprüften Beschichtung.

17. Was kann mit einem Durchschleiftest bestimmt werden?

- Materialien des Lackierungsaufbaus
- ungefähre Dicke der einzelnen Schichten

18. Erklären Sie das fachmännische Vorgehen und die verwendeten Materialien beim Durchschleiftest.

- die Lackierung im Schadensbereich bis zum Blech durchschleifen (Trockenschleifpapier P 240)
- die Fläche so schräg anschleifen, dass die einzelnen Schichten erkennbar werden (Trockenschleifpapier P 600)

19. Erklären Sie, welche Schlussfolgerungen der Fachmann aus dem Ergebnis des Durchschleiftests ziehen kann.

Der Fahrzeuglackierer kann feststellen, ob

- die Oberfläche schon nachlackiert und z. B. gespachtelt wurde
- zu viele Materialschichten auf dem Blech sind, dann muss die Altlackierung entfernt werden, obwohl sie scheinbar noch tragfähig ist

20. Erklären Sie die Vorgehensweise bei der Fingernagelprobe.

- Oberfläche reinigen
- mit einem Fingernagel über die Lackschicht kratzen, oder in sie hineindrücken

21. Was kann mit der Fingernagelprobe geprüft bzw. festgestellt werden?

ob die Haftfestigkeit des Materials gegeben oder ob eine Materialschicht bereits getrocknet ist

22. Was kann mit dem Lösemitteltest geprüft werden?

ob sich die Materialien zur Reparaturlackierung mit der Altlackierung „vertragen"

23. Nennen Sie vier Lackierungen, die durch die Lösemittelprobe erkannt (angelöst) werden.

- TPA-Lackierungen
- Nitrolackierungen
- nicht ausgehärtete Kunstharzlackierungen
- quellbare Werkslackierungen

24. Beschreiben Sie das Vorgehen beim Lösemitteltest.

- Lappen mit Lösemittel tränken
- Lappen an einer nicht sichtbaren Stelle der Karosserie (Kofferraum) auf die Lackierung legen
- nach ca. 5 Minuten schauen, ob sich die Altlackierung angelöst hat
- das kann zusätzlich mittels der Fingernagelprobe überprüft werden

25. Welches Lösemittel wird bei der Lösemittelprobe verwendet?

Universalverdünnung

7.3 Farbton der Originallackierung ermitteln

26. Nennen Sie zwei Gründe, weshalb zur Reparaturlackierung der Farbton exakt ermittelt werden muss.

- die Lackhersteller können nicht garantieren, dass der Farbton immer gleich ist
- die Lacke ausländischer Hersteller unterscheidet sich von denen einheimischer Hersteller

27. Erklären Sie den Begriff „Metamerie".

Der Farbton eines Lackes
- erscheint bei Sonnenlicht anders als bei elektrischem Licht,
- ändert sich je nach Betrachtungswinkel.

28. Erklären Sie, warum nach einer Reparaturlackierung der Farbton der neu lackierten Teile ein wenig von dem Farbton der Altlackierung abweicht?

- Der in der Werkstatt ausgewählte oder gemischte Lack enthält nicht die gleiche Pigmentmischung wie der Originallack.
- Die Auftragsweise durch den Fahrzeuglackierer unterscheidet sich von der durch die Lackierroboter in der Fabrik, z. B. der Abstand zum Objekt.
- Die äußeren Bedingungen in der Werkstatt unterscheiden sich von denen im Automobilwerk, z. B. Luftfeuchtigkeit, Temperatur.

Diese Faktoren beeinflussen dann die Reflexion der Lichtwellen von der Lackoberfläche, zusätzlich enthält Tageslicht ein anderes Lichtspektrum als das Kunstlicht in der Werkstatt.
So entsteht Metamerie.

29. Nennen Sie vier Möglichkeiten, den Farbton der Originallackierung zu bestimmen.

- Farbtoncode
- elektronische Messung
- Farbtonkarten
- Farbmusterblech

30. Erklären Sie den Begriff „Farbtoncode".

gibt an, welchen Farbton der Fahrzeughersteller in der Serienlackierung verwendet hat

31. Wo findet man den Farbtoncode? Nennen Sie drei Stellen im Kfz.

Je nach Hersteller an den verschiedenen Stellen im Auto, meistens auf einem Zettel

- im Motorraum
- im Kofferraum
- an der A- oder B-Säule

Außerdem im Serviceheft.

32. Erklären Sie, wofür ein elektronisches Farbtonmessgerät verwendet wird.

Mit dem Farbtonmessgerät wird der Farbton elektronisch gemessen.
Es kann bis zu 100 000 Farbtöne erfassen, unabhängig von der Automarke.
Das Messergebnis wird an einen Computer mit spezieller Software und Farbtondatenbank übermittelt.
Dort wird die Rezeptur für den Farbton des Reparaturlacks berechnet, ausgedruckt und archiviert.

33. Übersetzen Sie „elektronisches Farbtonmessgerät" ins Englische.	shade meter
34. Wie wird ein Farbton mit einem elektronischen Farbtonmessgerät gemessen? Nennen Sie die Arbeitsschritte.	• die zu messende Stelle reinigen und polieren • Sensor aufsetzen • Messung durchführen • um Fehlmessungen auszuschließen, diesen Vorgang zwei oder drei Mal wiederholen (Messkopf etwas drehen)
35. Erklären Sie: Was sind Farbtonkarten?	Farbtonkarten bestehen aus Pappe oder Kunststoff und sie sind mit allen Farbnuancen des Lacks besprüht. Jeder Lackhersteller erstellt solche Farbtonkarten für alle Farbtöne seiner Fahrzeuge, die er als Farbfächer den Fahrzeuglackierern zur Verfügung stellt (oder er sie kaufen muss).
36. Beschreiben Sie den Einsatz von Farbtonkarten zur Ermittlung des Farbtons.	Der Altlack wird in der Nähe der Reparaturstelle gereinigt. Im Farbtonfächer wird der Farbton gesucht und auf den Lack gehalten. Nun kann die Altlackierung per Augenschein mit der Nuance des Lacks im Farbtonfächer verglichen werden; das sollte bei Tageslicht oder mithilfe einer Tageslichtlampe erfolgen. Hat man den korrekten Farbton ermittelt, wird die Karte gedreht und auf der Rückseite findet man die Rezeptur für die Herstellung dieser Farbnuance.
37. Erklären Sie die Begriffe „Farbmusterblech" und „Farbmusterkarte".	Dies sind Hilfsmittel zur Farbtonüberprüfung; sie sind • aus Stahlblech oder Pappe, • weiß vorgrundiert, • etwa 3 cm × 10 cm groß.
38. Erklären Sie, wo und wie Farbmusterbleche und Farbmusterkarten verwendet werden.	Nach der Ermittlung eines Farbtons wird der Farbton gemischt und zur Probe auf ein Farbmusterblech oder die Farbmusterkarte gespritzt. Nach der Trocknung wird dieses Farbmuster mit dem Farbton des Originaltons auf der Karosserie verglichen.

7.4 Lacksysteme erkennen

39. Warum ist es wichtig, dass der Fahrzeuglackierer bei der Reparaturlackierung das Lacksystem des Fahrzeugs erkennt?

damit sich die Beschaffenheit der Oberfläche und der Farbton nicht von der Altlackierung unterscheiden

40. Wie kann der Fahrzeuglackierer ein Uni-Lacksystem erkennen?

- Farbtoncode des Herstellers
- an einer nicht sichtbaren Stelle die Altlackierung mit nassem Schleifpapier anschleifen:
  - färbt sich das Wasser am Schleifpapier in Wagenfarbe, dann ist es eine Uni-Lackierung **ohne** Klarlack
  - bleibt das Wasser klar, ist es eine Uni-Lackierung mit einer Schicht Klarlack

41. Wie kann der Fahrzeuglackierer ein Metallic-Lacksystem erkennen?

- Farbtoncode des Herstellers
- am metallischen Glanz
- an der Tiefe der Schicht durch den Klarlack
- am Flop-Effekt

42. Wie kann der Fahrzeuglackierer ein Drei-Schicht-Lacksystem mit eingefärbtem Vorlack erkennen?

- Farbtoncode des Herstellers
- am Flip-Flop-Effekt
- beim Schleifen sind die unterschiedlichen Lackschichten eindeutig zu erkennen

43. Wie kann der Fahrzeuglackierer ein Drei-Schicht-Lacksystem mit eingefärbtem Klarlack erkennen?

- Farbtoncode des Herstellers
- am brillanten Lackstand und der brillanten Lackoberfläche

44. Wie kann der Fahrzeuglackierer ein kratzfestes Lacksystem erkennen?

- Farbtoncode des Hersteller
- an der schwer zu schleifenden Lackoberfläche

45. Nennen Sie zwei weitere Bezeichnungen für kratzfeste Klarlacke.

- Keramik-Klarlack
- Nano-Klarlack

46. Wodurch kann der Lackierer ein Lacksystem mit Eigenrezeptur erkennen?

Nur durch subjektive Wahrnehmung:
- außergewöhnliche Pigmente und Farbtöne
- die besondere Größe und ungewöhnliche Farbe der Pigmente, z. B. Gold

47. Ist eine fachmännische Reparatur dieser Lacke möglich?

Nur, wenn bei der Herstellung die Lackrezeptur genau dokumentiert wurde.

7.5 Bindemittel der Lackierung erkennen

48. Warum ist es wichtig, dass der Fahrzeuglackierer bei der Reparaturlackierung das Bindemittel der Lackierung erkennt?

Das falsche Löse- oder Verdünnungsmittel kann die Altlackierung lösen und zerstören.

49. Wie kann der Fahrzeuglackierer erkennen, dass in einer Lackierung das Bindemittel „Nitrocellulose" enthalten ist?

- Lösemitteltest
- Farbtoncode des Herstellers

50. Wie kann der Fahrzeuglackierer erkennen, dass in einer Lackierung ein Alkydharz-Bindemittel enthalten ist?

- Lösemitteltest
- Farbtoncode des Herstellers

51. Wie kann der Fahrzeuglackierer erkennen, dass in einer Lackierung ein Bindemittel aus thermoplastischem Acrylharz enthalten ist?

Vor dem Farbtoncode steht der Buchstabe „A".

52. Muss der Lackierer Slurrylack, Pulverlack oder durch UV-Strahlen härtenden Lack für eine Reparaturlackierung vorher erkennen?

Nein, das Bindemittel dieser Lacksysteme besteht aus Acrylaten und Polyurethanen.

7.6 Reinigen, Abdecken und Abkleben bei Reparaturlackierungen

53. Erklären Sie, warum das zu reparierende Teil, besser sogar das gesamte Fahrzeug, vor einer Reparaturlackierung oberflächlich gereinigt werden muss.

Organische Verschmutzungen, Dreck, Sand usw. müssen zunächst abgewaschen werden, damit sich dieser Schmutz beim weiteren Bearbeiten nicht weiter verteilt.

54. Warum wird eine Autokarosserie vor der Reparaturlackierung sorgfältig abgedeckt?

Fahrzeugteile, die nicht lackiert werden, müssen vor Overspray geschützt werden.

55. Übersetzen Sie „Abdecken" ins Englische.

cover

56. Nennen Sie fünf Materialien, mit denen Fahrzeugteile abgedeckt werden können.

- Papier
- Kunststofffolie
- flüssige Abdeckfolie
- Abdeckhauben
- Schaumstoffbänder

57. Nennen Sie sieben Eigenschaften, die Abdeckpapier haben muss.

- dichte Oberfläche (Poren versiegelt)
- Oberflächenveredelung auf beiden Seiten
- keine losen Fasern
- geschmeidig
- hohe Nassfestigkeit
- umweltfreundliche Entsorgung
- recycelbar

58. Nennen Sie das Fachwort, mit dem der „Papierrollenhalter" bezeichnet werden kann.	Dispenser
59. Wie bezeichnet der Fahrzeuglackierer den Vorgang, wenn das Abdeckmaterial nach der Arbeit wieder entfernt wird?	Entmaskieren

7.7 Verfahren der Reparaturlackierung

60. Nennen Sie die zwei Verfahren der Reparaturlackierung.	• Ganzlackierung • Teillackierung
61. Erklären Sie den Begriff „Ganzlackierung".	Die gesamte Karosserie des Fahrzeugs wird lackiert.
62. Nennen Sie den Grund, weshalb die Ganzlackierung recht selten durchgeführt wird.	Fahrzeuge, die komplett lädiert sind, sind meist so alt, dass eine Ganzlackierung wirtschaftlich unrentabel ist.
63. Nennen Sie drei Fälle, in denen eine Ganzlackierung sinnvoll ist.	• Fahrzeugrestaurierung • Sonder- und Effektlackierung • Fahrzeuge, die durch Vandalismus rundum beschädigt wurden
64. Warum muss sich der Lackierer vor einer Ganzlackierung einen Spritzplan machen?	• Übergangsstellen mit Trockenzerstäubung und Überspritzungen werden auf ein Mindestmaß beschränkt. • Ein möglichst kontinuierlicher Spritzvorgang soll erreicht werden.

65. Machen Sie einen Vorschlag, wie der Spritzplan für die Ganzlackierung eines Pkws aussehen kann.

1. Schwer zugängliche Stellen vornebeln (Kanten, Motorhaube, Schweller usw.)
2. Dachfläche (Höhe C-Säule) an der Regenrinne anfangend nach innen in Richtung Mittellinie des Dachbleches lackieren
3. zur anderen Seite des Fahrzeugaufbaus wechseln
4. den Lack von der Mitte des Daches zur Regenrinne auftragen und bis zur A-Säule weiterführen
5. die Dacharbeit durch Spritzen bis zur C-Säule beenden
6. Lacküberzug auf die C-Säule weiterführen, dann die gesamte Karosserieseite spritzen
7. Vorderer Haubenübergang, Oberseite der Motorhaube und Oberseite des gegenüberliegenden Kotflügels lackieren
8. um den Aufbau herum fortfahren, einschließlich Kotflügel
9. Türen und C-Säule
10. abschließendes Spritzen der Heckverkleidung, des Kofferraumdeckels und des hinteren Abschlussbleches

66. Erklären Sie den Begriff „Teillackierung".

Nur eine Teilfläche der Karosserie des Fahrzeugs wird lackiert; so kann ein Karosserieteil teilweise oder vollständig lackiert werden.

67. Wie wird eine Teillackierung genannt, wenn die Fläche besonders klein ist?

Spot-Repair

68. Nennen Sie je Beispiele für die Teillackierungen.

- teilweise: Kratzer
- vollständig: nach der Reparatur eines Unfallschadens, Schaden an liegender Fläche

69. Wann ist es ausreichend, ein Karosserieteil nur teilweise zu lackieren.

- wenn die Form des Karosserieteils eine Unterteilung der Lackierfläche ermöglicht, z. B. an Kanten, Sicken oder an Zierleisten
- aus wirtschaftlichen Gründen

70. Nennen Sie zwei Gründe, warum ein Neuteil eingebaut und lackiert werden muss.

- Eine wirtschaftliche Teillackierung ist nicht möglich.
- Das alte Bauteil ist komplett deformiert/gerissen.

71. Warum ist an liegenden Flächen (Dach, Motorhaube) eine teilweise Lackierung nicht sinnvoll?

wegen schwieriger Farbtonangleichung

72. Muss ein demontiertes Teil immer komplett lackiert werden?

Nein, es reicht, die reparierte Fläche abzukleben und nur den Teilbereich zu lackieren.

73. Wann kann ein ganzes Teil am Fahrzeug lackiert werden, ohne es vorher zu demontieren? Zählen Sie sechs Möglichkeiten auf.

- Der zu lackierende Schaden ist großflächig und leicht zu erreichen.
- Es fallen keine aufwendigen Reparaturen an.
- Das Karosserieteil kann nicht demontiert werden, z. B. Dachholm.
- Die Teillackierung ist unwirtschaftlich.
- Es sind liegende Flächen, z. B. Dach.
- Es ist keine Unterteilung der Lackfläche vorhanden (Sicken, Zierleisten usw.)

74. Erklären Sie in Stichworten die Arbeiten, die in den vier Lackierstufen für Metalle vorgesehen sind.

Lackierstufe 1: Neuteil
Neuteillackierung
- kompletter Lackierungsaufbau
- E = Einschweißteil
- M = Montageteil

Lackierstufe 2: Oberfläche
Oberflächenlackierung
- kleine Beschädigungen in der Oberfläche (ohne Spachtelarbeit)
- Farbtonangleichung
- Innenteillackierung
- Neuteil- und Reparaturlackierung (inklusive Spachtelarbeit) von Innenteilen

Lackierstufe 3: Reparatur bis 50 %
Reparaturlackierung mit Spachtelauftrag bis zu 50 % der Fläche eines Teiles

Lackierstufe 4: Reparaturlackierung größer 50 %
Reparaturlackierung mit Spachtelauftrag von mehr als 50 % der Fläche eines Teiles

75. Erklären Sie den Arbeitsablauf für die Lackierstufen für Kunststoffe.

K1R, Neuteil
- Neuteil ist grundiert: Decklack auftragen
- Neuteil ist nicht grundiert: Haftvermittler und Decklack auftragen

K1N, Neuteil
Neuteil ist nicht grundiert, Fläche kann strukturiert sein, die Deckkraft des Decklackes reicht nicht aus:
Haftvermittler und Füller oder Grundierfüller auftragen; dann Decklack auftragen

K1G, Neuteil
- Neuteil ist „harter" Werkstoff und nicht grundiert und nicht strukturiert: Haftvermittler und Füller oder Grundierfüller auftragen; trocknen und schleifen; Decklack auftragen
- Neuteil besteht aus PU-Weichschaum: Neuteil reinigen; Poren füllen; Haftvermittler und Füller oder Grundierfüller auftragen; trocknen und schleifen; Decklack auftragen (elastifizieren)

K2, Oberflächenlackierung
kleine Beschädigungen der Oberfläche, Umlackieren in anderen Farbton:
Decklack auftragen

K3, Reparaturlackierung
Kratzer und Abschürfungen nicht tiefer als 1 mm; auf einer Fläche bis zu 2 dm^2 (bei kleinen Teilen); auf max. 15 % der Fläche: Reparaturfläche ausschleifen; Haftvermittler auftragen; Spachtelmasse auftragen und schleifen, Füller/Grundierfüller auftragen, trocknen und schleifen, Decklack auftragen

76. Zählen Sie auf, was bei der Reparaturlackierung von matten Lacken berücksichtigt werden muss und geben Sie auch eine Begründung dafür an.

- Klebebänder müssen nach jedem einzelnen Arbeitsschritt (Schleifen, Grundierung, Füllern) entfernt und erneuert werden, da der direkte Kontakt von Klebebändern auf der matten Originallackierung bei hohen Temperaturen Rückstände hinterlassen kann.
- Nur hochwertige Klebebänder verwenden, die sich rückstandsfrei entfernen lassen.
- Lange Härter und Verdünner verwenden, um ein homogenes, wolkenfreies Spritzbild zu erzielen.
- Der Auftrag bei den einzelnen Spritzgängen muss absolut gleichmäßig erfolgen und Blendingzonen müssen vermieden werden.
- Der Klarlack muss zwischen den Spritzgängen und vor Ofentrocknung vollständig matt ablüften (mindestens 15 min bis 30 min zwischen den Spritzgängen)
- Nur komplette Teile lackieren.

77. Erklären Sie, warum lange Ablüftzeiten zwischen den Spritzgängen und auch vor dem Einschalten der forcierten Trocknung ganz genau nach Herstellervorgaben einzuhalten sind.

Die im Lack enthaltenen Mattierungsmittel, die das mikroskopisch feine Aufrauen der Oberfläche bewirken, können sich nur sehr langsam in der obersten Lackschicht ausrichten.

78. Wann können Staubpartikel in matten Klarlacken noch entfernt werden?

nur vor dem Auftrag des letzten Mattlack-Spritzganges

79. Mit welchem Pad können vor dem letzten Mattlackauftrag die Partikel entfernt werden?

feines Schleifpad (ultrafein P 2000)

80. Was kann bei übermäßigem Staubeinschluss in der letzten Mattlackschicht getan werden, um diesen Mangel zu beheben?

Die gesamte Arbeit muss wiederholt werden; das gesamte System, einschließlich des Basislacks muss neu lackiert werden.

81. Erklären Sie, wie die Reparaturlackierung folgender Teile mit einem matten Lack durchzuführen ist.
1. nicht abgegrenztes Dach, Seitenteil
2. weiche Übergänge an Karosserie-Falzen

1. müssen in einem Arbeitsgang lackiert werden
2. weiche Übergänge können nicht ausgeführt werden, es müssen alle sichtbaren Flächen mitlackiert werden

82. Zählen Sie drei Reparaturlackierverfahren auf, die bei matten Lacken nicht durchführbar sind.

- Anspritzen
- Beilackieren
- Spot-Repair

83. Nennen Sie drei Ursachen dafür, dass diese Reparaturverfahren bei matten Lacken nicht möglich sind.

- Kleine Abweichungen im Mischungsverhältnis zwischen Härter und dem Stammmaterial verändern den Mattierungsgrad.
- Unterschiedliche Schichtdicken haben ebenso Auswirkungen auf den Glanzgrad des getrockneten Lackfilms.
- Temperatur, Luftfeuchte und Luftzirkulation in der Spritzkabine beeinflussen den sich ausbildenden Mattierungsgrad.

7.8 Korrosionsschutz

84. Nennen Sie vier Werkzeuge, die zum Auftragen von Grundierungen verwendet werden.

- Compliant-Pistolen
- RP-Pistolen
- HVLP-Pistolen
- Sprühdosen

85. Erklären Sie, wie Grundierung aufgetragen wird.

- zuerst die Ecken und Kanten, dann die Fläche dünn spritzen
- nach dem Mattfallen erfolgt ein zweiter Spritzgang
- Winkel der Spritzpistole zur Oberfläche: 90°
- Spritzabstand: 15 cm

86. Erklären Sie, wie der Fahrzeuglackierer bei der Reparaturlackierung zum Korrosionsschutz beitragen kann.

Reparaturstelle
- sorgfältig grundieren
- mit Rostschutzmittel behandeln, besonders bei Fahrzeugen, die bei der Lackierung im Fahrzeugwerk eine rosthemmende Zinkschicht erhielten

87. Wie wird Epoxidharzgrundierung auf Metallen noch genannt?

Isoliergrund

88. Was meint der Fahrzeuglackierer, wenn er von einer „Haftgrundierung" spricht?

Material, das besonders für flexible Kunststoffuntergründe entwickelt wurde und nur dort eingesetzt wird

89. Wie lange darf maximal gewartet werden, bis eine Kunststoff-Haftgrundierung überlackiert werden muss?	max. 24 Stunden
90. Wo wird Rostumwandler aufgetragen?	Der Rostumwandler wird direkt auf verrostete Stellen aufgetragen, nur lose Rostteile müssen vorher entfernt werden.
91. Erklären Sie, wie ein flüssiger Rostumwandler wirkt.	Durch Reaktion mit dem korrodierten Untergrund bildet sich eine Schutzschicht. Dies geschieht mit einer Acrylemulsion und einem Additiv, um Rost in eine schwarze Acryl-Kunststoff-Schutzschicht umzuwandeln.
92. Nennen Sie Bereiche der Autokarosserie, in denen Fugendichtmasse als Korrosionsschutz verwendet wird.	• Schweißnähte • Falze • Löcher
93. Erklären Sie, warum Nähte im Karosserieblech mit elastischem bis hart-elastischem Dichtstoff abgedichtet werden.	Die Verbindungsstellen von Karosserieblech, z. B. den Bördelnähten bei Türen und Hauben, reiben sonst aneinander und es entsteht Korrosion.
94. Mit welchen Werkzeugen wird alte Nahtabdichtung entfernt?	mit dem Heißluftföhn und der Scheibenklinge
95. Erklären Sie den Begriff „Unterbodenschutz".	schützt den Unterboden vor Steinen und Geröll
96. Zählen Sie vier Eigenschaften des Unterbodenschutzes auf.	• gute Haftfestigkeit • dauerelastisch, auch bei Temperaturschwankungen • schlag- und kratzfest • überlackierbar mit ein- und zweikomponentigem Lack
97. Was muss mit Motor, Auspuffrohren, Achsschenkel, der Kardanwelle und der Bremsanlage gemacht werden, bevor Unterbodenschutz verarbeitet wird?	Diese Teile müssen sorgfältig abgeklebt werden, sie dürfen nicht beschichtet werden.
98. Mit welchen Werkzeugen kann Unterbodenschutz verarbeitet werden?	• Unterbodenschutzspritzpistole • Pinsel • Rolle • Sprühdose
99. Wie hoch ist die Trockenschichtdicke des Unterbodenschutzes?	bis 500 µm

100. Erklären Sie den Begriff „Steinschlagschutz".

Steinschlagschutz schützt Lack und Karosserie vor Steinen und Geröll

101. Nennen Sie Bereiche an der Karosserie, in denen Steinschlagschutz eingesetzt werden kann.

- Fahrzeugboden
- Einstieg und Radkästen
- Kofferraum
- Motorhaube

102. Aus welchem Bindemittel ist der Steinschlagschutz hergestellt?

elastomerer Kautschuk

103. Was bedeutet die Angabe auf einem technischen Merkblatt eines Steinschlagschutzes: „... sehr gute Antidröhnwirkung"?

Das Material ist dick und besonders elastisch, sodass es Schallwellen dämpft, die Karosserieteile sonst ungehindert abstrahlen.

7.9 Materialien zur Reparaturlackierung

104. Nennen Sie vier Dinge, auf die der Fahrzeuglackierer achten muss, wenn er Materialien für die Reparaturlackierung aussucht und verwendet.

- Die Inhaltsstoffe des Reparaturlacks müssen sich mit der Altlackierung „vertragen".
- Sie dürfen die Altlackierung nicht wieder anlösen.
- Es sollen keine Abrisskanten zwischen der Altlackierung und der Neulackierung entstehen.
- Die Neulackierung muss genauso haltbar sein wie die Altlackierung.

105. Welche Materialien werden zu einer fachgerechten Reparaturlackierung benötigt? Nennen Sie acht.

- Lack
- Härter
- Additive
- Beispritzlöser
- Einstellzusatz
- Elastifizierungszusatz
- Aktivator
- Reiniger
- VE-Wasser
- Fill-Sealer

106. Nennen Sie fünf Lacke, die für die Reparaturlackierung eingesetzt werden können.

- Readymix
- wasserverdünnbare Lacke
- Lacke mit hohem Festkörperanteil
- UV-härtende Lacke
- Nitrocellulose-Kombinationslacke

107. Erklären Sie den Begriff „Readymix“.	Lack, der mithilfe des Farbcodes beim Hersteller „fertig ausgemischt“ wurde
108. Warum werden auch für die Reparaturlackierung wasserverdünnbare Lacke verwendet?	Der Anteil an organischen Lösemitteln soll verringert werden, weil sie gesundheitsschädlich (krebserregend) sind.
109. Beschreiben Sie: Was ist ein „Fill-Sealer“.	ein transparenter Füller, sieht aus wie Klarlack, hat aber nicht dieselben chemischen Eigenschaften (UV-Beständigkeit, Abriebfestigkeit, …)
110. Übersetzen Sie „Fill-Sealer“ ins Deutsche.	Füll-Versiegelung
111. Innerhalb welches Zeitraums muss der Fill-Sealer überlackiert werden?	innerhalb von 24 Stunden
112. Erklären Sie den Begriff „Beispritzlöser“.	Organisches Löse- und Verdünnungsmittelgemisch zum Einsatz bei Beilackierungen
113. Erklären sie, wozu der Beispritzlöser bei der Beilackierung dient.	• löst den Klarlack der Altlackierung in der Übergangszone (engl.: blending zone) an • alter und neuer Klarlack können übergangslos ineinanderfließen • verhindert Abrisskanten
114. Erklären Sie den Begriff „Einstellzusatz“.	Die Offenzeit des Lackfilms wird beeinflusst: Die Hautbildung wird verzögert und die Verlaufseigenschaften verbessern sich.
115. Nennen Sie die drei Versionen von Einstellzusätzen und erklären Sie, unter welchen Bedingungen sie verwendet werden.	• kurzer Einstellzusatz: bei niedriger Umgebungstemperatur (Winter) • mittlerer Einstellzusatz: bei normaler Umgebungstemperatur (20 °C) • langer oder extra langer Einstellzusatz: bei hoher Umgebungstemperatur (Sommer)
116. Erklären Sie den Begriff „Elastifizierungszusatz“.	Zusatz zum Fahrzeuglack, um ihn besonders elastisch zu machen
117. In welchen Fällen wird ein Elastifizierungszusatz dem Fahrzeuglack beigegeben?	Auf Untergrund, der beweglich ist; wichtig für die Reparaturlackierung von Kunststoffteilen, z. B. bei Spoilern
118. Geben Sie an, wie viel Elastifizierungszusatz zum Deck- oder Klarlack zugegeben werden sollten auf harten und weichen Kunststoffen.	Elastifizierungszusatz auf • hartem Kunststoff: 10 % bis 15 % • weichem Kunststoff: 30 % bis 40 %

119. Erklären Sie den Begriff „Aktivator".	Zusatz zum Zwei-Komponenten-Lack, um die Trocknung bei niedriger Temperatur zu beschleunigen
120. Was ist VE-Wasser?	voll entmineralisiertes Wasser (also destilliertes Wasser) Achtung: Leitungswasser enthält Inhaltsstoffe (Salze), welche zu Veränderungen im Lackfilm und auf dem Untergrund führen können.
121. Nennen Sie ein Beispiel, wann VE-Wasser verwendet wird.	wasserverdünnbare Lacke verdünnen

7.10 Arbeitsplatzgrenzwerte

122. Erklären Sie den Begriff „Arbeitsplatzgrenzwerte".	Arbeitsplatzgrenzwert (AGW) gibt die Konzentration eines Stoffes am Arbeitsplatz an, bei der akute oder chronische Schäden an der Gesundheit nicht zu erwarten sind. Er ist in den Technischen Regeln für Gefahrstoffe (TRGS) festgelegt. (zur Information: AGW ersetzt die alte MAK – maximale Arbeitsplatz-Konzentration.)
123. Für welche Dauer der Tätigkeit an einem Tag und an wie vielen Tagen in der Woche gelten die AGW?	Die AGW sind Mittelwerte • für eine achtstündige Tätigkeit, • an fünf Tagen in der Woche.
124. Nennen Sie die Maßeinheit, in der die Konzentration eines Stoffes angegeben wird.	mg/m^3 oder in ml/m^3 Statt ml/m^3 sind auch ppm möglich. ppm = parts per million (engl.): Teile pro Million
125. Nennen Sie zwei Arbeiten während einer Reparaturlackierung, bei denen die Gefahr besteht, dass die AGW überschritten werden.	• Schleifarbeiten • Lackierarbeiten

7.11 Lackmischraum, Lackmischbank und Waage

126. Wozu dient der Lackmischraum in einem Lackierbetrieb?	• für die Vorbereitung und das Mischen der Farben • als Lacklager mit Lackmischbank

127. Nennen Sie acht Auflagen, die an einen Lackmischraum gestellt werden.

- geschlossener Raum
- Zugänge mit entsprechenden Ge- und Verbotszeichen kennzeichnen
- Fußboden aus nicht brennbarem Material
- Fußboden elektrostatisch ableitbar
- explosionsgeschützte Geräte und Einrichtung (Schalter, Lampen usw.)
- ständige Zu- und Abluft (Belüftung) mit mindestens zweifachen Luftwechsel in einer Stunde
- Zuluft beheizt, damit das Material vor Frost geschützt ist
- Türschwelle (5 cm), damit Flüssigkeiten nicht in andere Räume laufen können

128. Was bedeutet die Abkürzung: TRGS?

Technischen Regeln für Gefahrstoffe der Bundesanstalt für Arbeitsschutz und Arbeitsmedizin

129. Welche Informationen finden sich in der TRGS 510, die für einen Lackmischraum relevant sind?

Lagerung von Gefahrstoffen in ortsbeweglichen Behältern

130. Erklären Sie, warum in einigen Lackmischbänken ein automatisches Rührwerk eingebaut ist?

Mithilfe des Rührwerks wird der gesamte Lackbestand gleichzeitig und gleichmäßig aufgerührt.

131. Wie oft sollte das Rührwerk am Tag den Lack aufrühren?

- viele Lacke müssen mindestens zwei Mal am Tag aufgerührt werden
- empfohlen wird das Aufrühren morgens und mittags für je 15 min

132. Nennen Sie vier Bereiche, in denen die Lagerung von Lackmaterial nicht zulässig ist.

- in Arbeitsräumen
- in Durchgängen und Durchfahrten
- in Treppenhäusern
- in Dachräumen

133. Wie viel Material darf maximal in einer Lackierkabine gelagert werden?

höchstens die Menge, die dem Bedarf einer Arbeitsschicht entspricht

134. Erklären Sie, warum eine Präzisionswaage neben der Lackmischbank steht.

Mithilfe der Waage lässt sich der gewünschte Farbton für einen Reparaturlack mischen. Moderne Waagen rechnen direkt die vorher gewählte Menge an Lack in die Formel um, dass jede beliebige Lackmenge mit der richtigen Rezeptur (Pigmente und Verdünnungsmittel) angegeben wird.

7.12 Farbton eines Lacks angleichen

135. Nennen Sie drei Möglichkeiten, den Farbton eines Lacks an einen anderen Farbton anzugleichen.

- durch Mischlack angleichen
- Nuancieren
- Beilackieren

136. Nennen Sie zwei Möglichkeiten, den Farbton durch Mischlack anzugleichen.

- den Farbton der Altlackierung nachmischen
- den fertig gemischten Farbton nachtönen

137. Erklären Sie den Begriff „Nuancieren".

Farbton variieren (heller, dunkler, ...)

138. Erklären Sie, warum die Metallpigmente in einem Metallic-Basislack für die Hell- und Dunkel-Farbnuancen mit verantwortlich sind.

Wenn Metallpigmente unten im Lack parallel zur Fläche liegen, ergibt sich eine einheitliche Reflexion und Absorption: Der Farbton erscheint tief und dunkel.
Wenn die Metallpigmente an der Oberfläche des Lackfilmes liegen, ergeben sich uneinheitliche Reflexion und geringe Absorption: Der Farbton erscheint metallisch und hell.

139. Nennen Sie sechs äußere Faktoren, die den Farbton von Metallic-Basislacken beeinflussen können, und begründen Sie, warum das so ist.

- Hohe Luftfeuchtigkeit in der Kabine reduziert die Verdunstungsgeschwindigkeit der Lösemittel und führt zu einem dunkleren Farbton.
- In trockener Luft verdunsten die Lösemittel schneller und das führt zu einem helleren Farbton.
- Zu hohe Temperatur in der Kabine lassen die Lösemittel schnell verdunsten und das führt zu einem helleren Farbton.
- Niedrigere Temperaturen reduzieren die Verdunstungsgeschwindigkeit der Lösemittel und das führt zu einem dunkleren Farbton.
- Zu hohe Strömungsgeschwindigkeit der Luft in der Kabine lässt die Lösemittel schneller verdunsten und das bewirkt einen helleren Farbton.
- Geringe Ventilation reduziert die Verdunstungsgeschwindigkeit der Lösemittel und führt zu dunklerem Farbton.

140. Nennen Sie fünf Spritztechniken, um einen Metallic-Basislack dunkler erscheinen zu lassen.	• Druck reduzieren • Pistole langsamer bewegen • Abstand der Pistole zum Objekt verringern • Lackdurchfluss erhöhen • Zerstäubungs-Luftdruck verringern
141. Erklären Sie, warum diese Spritztechniken den Farbton dunkler machen.	Durch diese Techniken werden lösungsmittelreiche, nasse Farbfilme erzeugt. Die Metallic-Pigmente ordnen sich parallel an und legen sich tief unten in den Anstrichfilm.
142. Was ist mit „Übernebeln" als Spritztechnik gemeint?	Ein letzter Spritzgang: • mit höherem Zerstäubungsluftdruck • bei größerem Abstand von Spritzpistole zur Lackierfläche • bei verringertem Lackdurchfluss
143. Welche Farbnuance erreicht man mit Übernebeln?	helleren Farbton
144. Erklären Sie den Begriff „Beilackieren".	• Farbtonangleichung, bei der eine möglichst übergangslose Anpassung von Alt- und Neulackierung erreicht wird • auch: Flächen lackieren, die nicht beschädigt sind
145. Listen Sie die Arbeitsschritte für das Beilackieren in ihrer Reihenfolge auf.	1. gesamte Fläche reinigen 2. Reparaturstelle bis auf das blanke Metall entschichten 3. Klarlack der angrenzenden Flächen schleifen 4. Spachtelmasse, Grundierung und Füller auf die Reparaturstelle auftragen 5. Basislack in dünnen Schichten auftragen und in die angrenzende Fläche einnebeln 6. Beispritzverdünnung in der Übergangszone spritzen 7. Klarlack über die komplette Fläche lackieren
146. Erklären Sie, wie Sie kleine Farbtondifferenzen zwischen Alt- und Neulackierung ausgleichen können.	durch geringeren Spritzdruck; dabei wird der Basislack auslaufend von der reparierten Stelle auf die umliegende Fläche mit abnehmendem Druck aufgetragen

147. Erläutern Sie den Basislackauftrag bei einer Beilackierung.

- Den Farbton mit Spritzdruckeinstellung korrigieren, bis gute Deckkraft erzielt wird.
- Vom Inneren der Schadstelle nach außen zur Kante hin lackieren, damit der Farbnebel sich nicht in der Fläche absetzt.
- Den letzten Spritzgang im Basislack von außen nach innen führen.
- Ständig optisch prüfen, ob der Farbton stimmt.

148. Erklären Sie, wie Beispritzlöser bei einer Beilackierung eingesetzt wird.

- Klarlack mit 50 % Beispritzverdünnung mischen zu einer Verdünnung-Klarlack-Mischung
- Verdünnung-Klarlack-Mischung vorsichtig in der Randzone zwischen alter und neuer Lackierung aufnebeln
- vorsichtig über die gesamte zu reparierende Fläche nebeln; dabei behutsam vorgehen, sonst löst sich die alte Klarlackschicht zu stark und das Material beginnt zu „laufen"
- ablüften lassen

7.13 Geräte zur Reparaturlackierung

149. Nennen Sie vier Geräte, die bei der Reparaturlackierung verwendet werden.

- Trockenblaspistole
- Lackierständer
- Infrarottrockner
- Tageslichtlampe

150. Wann kommt die Trockenblaspistole zum Einsatz?

- zum beschleunigten Trocknen von Lack, besonders Wasserlack
- bei Reparaturlackierungen (Spot-Repair), damit der Ofen nicht geheizt werden muss

151. Nennen Sie sechs besondere Eigenschaften, die ein Lackierständer haben sollte.

Lackierständer

- aus verzinktem Stahl, kein Rost, wenn sie mit Wasserlack besprüht werden
- der Lackierstaub kann immer wieder entfernt werden
- große, hitzebeständige Räder
- auf Gitterrosten fahr- und drehbar
- durch einen Fußhebel bedienbar (klappen)
- durch eine variabel einstellbare Drehachse kann von jeder Seite lackiert werden

152. Mit welchem Gerät kann auch in der Werkstatt unter Kunstlicht der richtige Farbton gefunden werden?

mithilfe der Tageslichtlampe und Farbtonkarten

7.14 Vorgehen bei der Reparaturlackierung

153. Bringen Sie die unten aufgelisteten Schritte für die Vorarbeiten bei einer Reparaturlackierung in eine fachlich korrekte Reihenfolge:

- Kostenvoranschlag erstellen
- Vorschäden notieren bzw. protokollieren
- Schaden begutachten (zusammen mit dem Auftraggeber)
- Ursachen und Arten der Lackschäden feststellen
- Schadensaufnahmeprotokoll und Bilder mit der Digitalkamera

1. Schaden begutachten (zusammen mit dem Auftraggeber)
2. Schadensaufnahmeprotokoll und Bilder mit der Digitalkamera
3. Vorschäden notieren/protokollieren
4. Ursachen und Arten der Lackschäden feststellen
5. Kostenvoranschlag erstellen

154. Zählen Sie die äußeren Bedingungen auf, die von Lackherstellern für eine optimale Reparaturlackierung empfohlen werden.

- geringe Luftfeuchtigkeit in der Werkstatt und der Lackierkabine
- das vom Hersteller empfohlene Lackmaterial einsetzen
- gleichbleibende Lichtverhältnisse
- Umgebungs- und Lacktemperatur von 18 °C bis 22 °C
- gleichmäßiger Abstand von Spritzpistole zum Untergrund
- Lackierungen nur von einem Mitarbeiter ausführen lassen
- leichter Überdruck in der Lackierkabine

155. Bringen Sie die unten aufgelisteten Schritte für eine Reparaturlackierung in eine fachlich korrekte Reihenfolge:

- Füllern
- Altlack entschichten
- Altlackierung/Untergrund prüfen
- Farbton des Lacks angleichen (Lackmischbank)
- Verfahren der Reparaturlackierung festlegen
- Klarlack lackieren
- Farbton des Originallacks ermitteln
- Lacksysteme erkennen
- Basislack lackieren
- Säubern
- Korrosionsschutz
- Abkleben
- Spachteln und Schleifen

1. Verfahren der Reparaturlackierung festlegen
2. Altlackierung/Untergrund prüfen
3. Farbton des Originallacks ermitteln
4. Lacksysteme erkennen
5. Säubern
6. Abkleben
7. Altlack entschichten
8. Korrosionsschutz
9. Spachteln und Schleifen
10. Füllern
11. Farbton des Lacks angleichen (Lackmischbank)
12. Basislack lackieren
13. Klarlack lackieren

156. Nennen Sie Schwierigkeiten, die bei einer Reparaturlackierung auf Lack mit TPA auftreten können.

- Oberflächenstörungen der Lackierung
- die komplette Lackierung wird durch das Verdünnungsmittel des Reparaturlacks zerstört

157. Erklären Sie, wieso das TPA-Bindemittel auch für „sich selbst reparierende" Lacke verwendet wird.

Wird das Bindemittel erwärmt (Sonnenschein), wird es flüssig und fließt zusammen.

158. Können kratzfeste Klarlacke geschliffen und poliert werden?

Ja, durch Schleifmaterialien, die auf die kratzfesten Klarlacke abgestimmt sind, ist es möglich, die Schleifarbeiten unter Beachtung der jeweiligen Anwendungshinweise des Herstellers durchzuführen.

159. Nennen Sie den Anteil an Mehraufwand in Stunden, der für die Reparatur von kratzfesten Lacken kalkuliert werden darf.

- pro liegendem Teil wie Haube, Dach und Kofferdeckel: 0,3 Stunden
- pro stehendem Teil wie Kotflügel, Tür usw.: 0,1 Stunden

Höhere Materialkosten werden über die Anpassung des Materialindex verrechnet.

7.15 Lackierfehler

160. Erklären Sie den Begriff „Lackierfehler".

Fehler im Spritzbild

161. Zählen Sie neun der geläufigsten Lackierfehler auf.

- Blasenbildung
- Kocher
- mangelnde Deckkraft
- Farbtonabweichungen
- Wolkenbildung
- Haftungsstörung des Klarlacks
- Silikonkrater
- Läufer
- Orangenhaut

162. Beschreiben Sie den Lackierfehler „Blasenbildung".

gewölbte, meist relativ große (bis zu mehreren Zentimetern) Lufteinschlüsse im Lackfilm mit daraus resultierenden Störungen der sichtbaren Oberfläche

163. Zählen Sie fünf mögliche Ursachen der Blasenbildung auf.

- Untergrund nicht ausreichend getrocknet
- Poren nicht ausgeschliffen
- Polyestermaterialien nicht abgesperrt
- Kondenswasser hat sich bei Temperaturschwankungen gebildet
- zu kurze Ablüftzeit

164. Was muss gemacht werden, um diesen Fehler zu beseitigen?

entsprechende Stelle ausschleifen und neu lackieren

165. Machen Sie Vorschläge, wie Blasenbildung vermieden werden kann.

- Grundierung und Füller ausreichend trocknen lassen
- Polyesterprodukte isolieren
- sorgfältig Poren ausschleifen und spachteln
- Kondenswasserbildung vermeiden
- zum Reinigen nur VE-Wasser benutzen

166. Beschreiben Sie den Lackierfehler „Kocher".

Kocher sind sehr kleine Krater und Lufteinschlüsse in der Lackierungsoberfläche.

167. Nennen Sie vier mögliche Ursachen von Kochern.

- Füller nicht vollständig durchgetrocknet
- Lösemittel in zu dicker Materialschicht eingeschlossen, nicht vollständig verdunstet
- Trockentemperatur zu hoch, dadurch zu schnelle Trocknung der Oberfläche
- Härter und Verdünnung nicht abgestimmt

168. Wie können Kocher vermieden werden?

- Schichtdicke verringern
- Trockenvorgang regelmäßig überprüfen
- Herstellerangaben beachten

169. Erläutern Sie, wie Kocher ausgebessert werden können.

Entsprechende Stellen abschleifen und neu lackieren.
Ein Versuch ist es aber wert:
Nach der Durchtrocknung nochmals mit Klarlack lackieren.

170. Beschreiben Sie den Lackierfehler „mangelnde Deckkraft".

kein gleichmäßig deckendes, einheitliches Spritzbild; der Untergrund oder Füller ist sichtbar

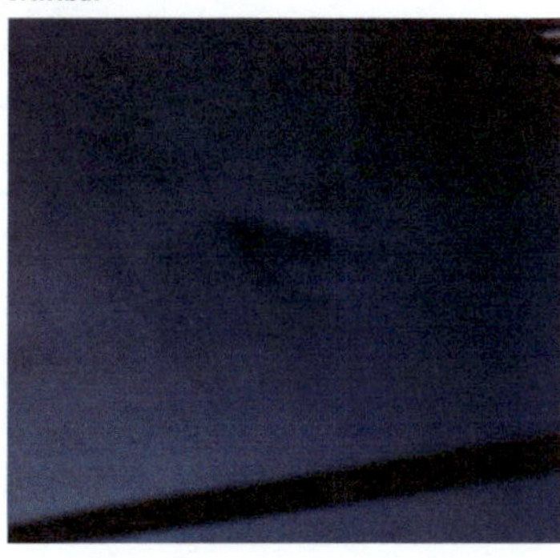

171. Nennen Sie mögliche Ursachen für mangelnde Deckkraft.

- kein einheitlicher Untergrund
- Lack nicht ausreichend aufgerührt
- Schichtdicke zu gering
- Viskosität zu niedrig

172. Machen Sie zwei Vorschläge, wie ausreichende Deckkraft erreicht wird.

- Viskosität und Schichtdicke nach Herstellerangaben
- getönte Grundierung vorlackieren

173. Wie kann mangelnde Deckkraft repariert werden?

schleifen und neu lackieren

174. Erklären Sie den Lackierfehler „Farbtonabweichung".

Die lackierten Flächen erscheinen im Vergleich zur Originallackierung heller oder dunkler.

175. Zählen Sie Ursachen von Farbtonabweichungen auf.

- Spritztechnik zu nass oder zu trocken oder zu dünn
- Spritzdruck/Düse nicht nach Herstellerangaben
- aufwendige Serienlackierung (Mehrfachnuancen/Metamerie)
- Untergrund ist zu dunkel
- Basislack nicht ausreichend aufgerührt

176. Nennen Sie Möglichkeiten, wie Farbtonabweichungen vermieden werden können.

- Grundierung nach Herstellerangaben verwenden
- vorher Musterblech lackieren
- Beilackierung

177. Wie wird eine Farbtonabweichung repariert?

- entsprechende Stelle anschleifen, nachnuancieren und lackieren
- angrenzende Teile mit polieren

178. Erklären Sie den Lackierfehler „Wolkenbildung".

helle und dunkle Bereiche in der Lackierung, die aussehen wie Wolken an einem Himmel

179. Wie kann eine Wolkenbildung entstehen?

Der Basislack ist ungleichmäßig aufgetragen, sodass auch die Aluminiumpigmente auf der Oberfläche ungleichmäßig verteilt sind.

180. Nennen Sie fünf Ursachen für Wolkenbildung.

- Viskosität des Lackes zu niedrig
- Spritzpistole fehlerhaft geführt
- Ablüftzeiten zu kurz
- Spritzdruck nicht genau nach Herstellerangaben
- Verdünner nicht geeignet

181. Machen Sie Vorschläge, wie Wolkenbildung vermieden werden kann.

- Spritzpistole parallel zum Untergrund führen
- geeignete Düse wählen
- geeigneten Verdünner verwenden (Herstellerangaben)
- Verarbeitungsvorschriften genau beachten (Ablüftzeiten)

182. Wie kann Wolkenbildung im Basislack repariert werden?

- entsprechende Stellen des Basislacks anschleifen
- mit Basislack und Klarlack neu lackieren

183. Beschreiben Sie den Lackierfehler „Haftungsstörung des Klarlacks".

Der Klarlack platzt in großen und kleinen Stücken vom Basislack ab.

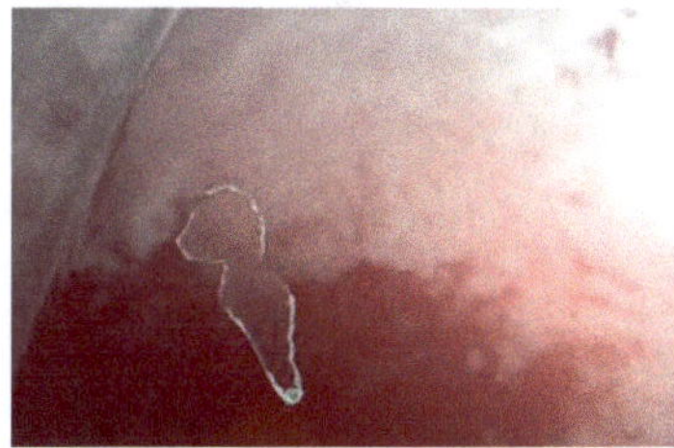

184. Nennen Sie drei Ursachen für Haftungsstörungen des Klarlacks.

- Basislack in zu hoher Schichtdicke aufgetragen
- zu kurze Ablüftzeiten des Basislacks
- Mischungsverhältnis Klarlack/Härter falsch

185. Wie können schon im Vorfeld Haftungsstörungen des Klarlacks vermieden werden?

- Schichtdicke des Basislacks verringern (Herstellerangaben)
- Ablüftzeiten einhalten (Herstellerangaben)
- Mischungsverhältnis Klarlack/Härter einhalten (Herstellerangaben)

186. Was ist zu tun, wenn der Klarlack nicht haftet?

- Basis- und Klarlack entfernen
- neu lackieren

187. Beschreiben Sie den Lackierfehler „Silikonkrater".

kleine Stellen im Klarlack, die aussehen, als wäre dort mit einer Nadel hineingestochen worden

188. Zählen Sie vier Ursachen für Silikonkrater auf.

- Verschmutzungen durch Silikon, z. B. aus Handcreme, silikonhaltigem Finishmaterial, Dichtungsmasse
- Spritzluft durch Ölrückstände verunreinigt
- Feuchtigkeitseinwirkung während der Trocknung
- zu kurze Ablüftzeit

189. Wie können Silikonkrater vermieden werden?

- auf Sauberkeit in der Werkstatt achten
- silikonfreie Handcremes oder Pflegemittel verwenden
- Untergrund vor dem Lackieren sorgfältig reinigen
- Spritzanlage regelmäßig pflegen
- Lackier- und Finishbereich räumlich trennen

190. Nennen Sie eine Möglichkeit, Silikonkrater zu reparieren.

Die betreffenden Stellen
- komplett abschleifen,
- sorgfältig säubern und
- neu lackieren.

191. Beschreiben Sie den Lackierfehler „Läufer".

überschüssiger Lack, der nicht an der Oberfläche haftet, sondern, der Schwerkraft folgend, herunterläuft;
sie entstehen bevorzugt an Kanten und Ecken

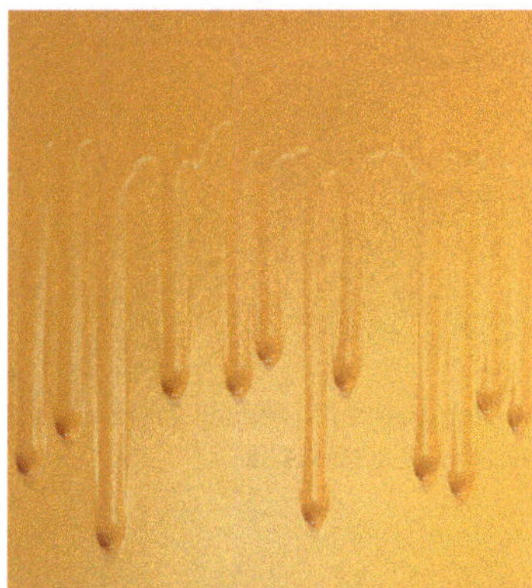

192. Nennen Sie Ursachen von Läufern.

- zu viel Material auf die Fläche gespritzt
- Spritzviskosität zu gering
- falsche Spritztechnik
- Zwischenablüftzeiten nicht beachtet
- Spritzdruck nicht einwandfrei
- falsche Verdünnung oder zu niedrige Viskosität

193. Zählen Sie fünf Möglichkeiten auf, wie Läufer vermieden werden können.

- Material nach Herstellerangaben verarbeiten
- einwandfreie Spritzpistolen verwenden
- Mischungsverhältnis Härter/Verdünnung nach Herstellerangaben wählen
- Handhabung der Spritzpistole üben
- wenn Läufer in der Kabine schon bemerkt werden: mit wenig Druckluft verteilen, „wegpusten"

194. Nennen Sie drei Möglichkeiten, Läufer zu entfernen.

Läufer
- mit Schleifblüte ausschleifen
- mit einem Lackhobel weghobeln und polieren
- beim Schleifen: mit Feinspachtel spachteln, damit der umgebende Klarlack nicht durchgeschliffen wird

195. Beschreiben Sie den Lackierfehler „Orangenhaut".

Klarlackoberflächen haben zum Teil eine unregelmäßige Struktur, die an Orangenschalen erinnert.

196. Wie entsteht Orangenhaut beim Lackieren?

- falsche Spritzviskosität des Lackes (hochviskos) oder falscher Spritzdruck
- zu hohe Temperatur während der Verarbeitung
- falsches Verdünnungsmittel
- ungeeignete Spritzpistolendüse

197. Machen Sie fünf Vorschläge, wie man diesen Fehler vermeiden kann.

- nach Herstellervorgaben arbeiten
- richtige Spritzviskosität einstellen
- Kabinentemperatur regeln
- Verdünnungsmittel nach Vorgaben
- den empfohlenen Düsensatz verwenden

198. Wenn die Lackierungsoberfläche Orangenhaut zeigt, was kann dann getan werden, um diesen Effekt zu beheben?

- schleifen und polieren
- schleifen und nochmals lackieren

7.16 Finisharbeiten

199. Nennen Sie drei Finisharbeiten, die zur Reparaturlackierung zählen.

- Arbeiten am Fahrzeug
- Oberflächenfinish
- Serviceleistungen

200. Zählen Sie sieben Arbeitsgänge auf, die der Fahrzeuglackierer nach der Lackierung erledigen muss.

- demaskieren
- demontierte Teile wieder montieren
- gelöste Steckverbindungen wieder zusammenstecken
- Batterie anklemmen
- Schalter und Lampen im Innenraum auf ihre Funktion prüfen
- Spur einstellen
- Licht einstellen

201. Erklären Sie, welche Arbeiten mit dem Oberflächenfinish ausgeführt werden.

- Lackierfehler beheben
- reparierte Stellen polieren; auch angrenzende Karosserieteile mitpolieren

202. Nennen Sie drei Serviceleistungen, die nach jeder Reparaturlackierung durchzuführen sind.

- gesamtes Fahrzeug in der Waschanlage reinigen
- Innenraum reinigen
- dem Kunden einen Fragebogen übergeben, wo er mitteilen kann, ob er mit der geleisteten Arbeit zufrieden ist

8 Objekte gestalten

1. Erklären sie, warum der Fahrzeuglackierer Grundkenntnisse vom Gestalten von Objekten haben sollte.	Werbung wird geplant, erstellt und an den Fahrzeugen angebracht.
2. Erklären Sie den Begriff „Design".	Design: Gestalt designen: ein Design (eine Gestalt) entwerfen
3. Übersetzen und erklären Sie den Gestaltungsgrundsatz: „Form follows function".	Die Form (eines Gegenstands) folgt der Funktion, (die dieser Gegenstand haben soll). Das bedeutet: Wenn ein Gegenstand entwickelt wird, sollte die Formgebung seiner späteren Funktion folgen.
4. Was ist „Kreativität"?	Kreativität stammt vom lateinischen Verb „creare" ab und bedeutet: etwas erzeugen, etwas neu schöpfen. Kreativität ist also die Fähigkeit, Neues zu erschaffen, tatsächlich zu erstellen.
5. Erklären Sie den Unterschied zwischen Kreativität und Gestalten.	Kreativität ist nicht zweckgebunden, sie folgt keiner Regel und sie hat kein spezielles Ziel. „Gestalten" ist ein kreativer Prozess, der zweckgebunden ist und festen Regeln folgt; es sind also zwei Begriffe mit sehr ähnlicher Bedeutung.

8.1 Gestaltungsmittel

6. Was sind Gestaltungsmittel?	• Gestaltungselemente • Gestaltungsmerkmale
7. Welche äußeren Faktoren beeinflussen den Einsatz von Gestaltungsmitteln?	• Kundenwunsch • Zielgruppe • zur Verfügung stehende Fläche (z. B. Fahrzeugseite) • Farbe des Fahrzeugs • Form der Karosserie • Budget • Straßenverkehrsordnung

8. Nennen Sie sechs Gestaltungselemente, mit denen der Fahrzeuglackierer Objekte gestaltet.	• Form • Farbe • Schrift • Schmuckelement (Tribal) • Grafik • Foto

Formgestaltung

9. Nennen Sie vier Formelemente.	• Linien/Striche • Punkte • Flächen • Körper
10. Welche Wirkung haben einfache Formen auf den Betrachter?	• einprägsam • Entstehen von Assoziationen
11. Wie wirken große Elemente?	• nah • wichtig • können die Gestaltung aufregender machen
12. Wie wirken runde, eckige und gerade Formen auf den Menschen?	• rund: freundlich, beruhigend, dämpfend, entspannend • eckig: dynamisch, verletzend, hart, lebhaft • gerade: bewegt, aber auch statisch, je nach Anordnung
13. Wie wird die Formanordnung genannt, bei der die Elemente gleichmäßig und ungleichmäßig dicht aneinander liegen?	Streuung, Gruppierung
14. Wie empfindet der Betrachter horizontal angeordnete Formen?	stabil
15. Wie empfindet der Betrachter vertikal angeordnete Formen?	instabil
16. Wie wirkt eine Form, die von rechts unten nach links oben angeordnet ist?	aufsteigend, positiv
17. Welche drei Dinge muss der Fahrzeuglackierer beachten, wenn er mit Form und Gestalt arbeitet?	• Geschlossenheit: Zusammenstehende Formen erzeugen hohe Aufmerksamkeit. • Nähe: Benachbarte Formen in einem Muster werden als Ganzes wahrgenommen. • Gleichheit: Teile mit ähnlichen Elementen werden als zusammengehörig empfunden.

18. Was ist Symmetrie?

Gleiche Elemente wiederholen sich, sei es durch Reihung, Rotation oder gespiegelter Anordnung.

19. Welche Wirkung hat eine symmetrische Anordnung von Bildelementen auf den Menschen?

Symmetrie strahlt Strenge, Klarheit und Ruhe aus und ist leicht zu erfassen; allerdings kann sie auch langweilig wirken.

20. Wie nennt man eine sich stetig wiederholende Schmuckform?

Ornament, Muster, Tribal

21. Welche Wirkung haben Flächen oder Strecken, die nicht symmetrisch, sondern asymmetrisch aufgeteilt werden?

Sie wirken lebendig und harmonisch

22. Was ist mit dem Begriff „Proportion" gemeint?

Die Proportion gibt das Maßverhältnis zwischen zwei Größen, Linien oder Flächen an.

23. Erklären Sie den Begriff „Goldener Schnitt".

Der Goldene Schnitt ist die meist genutzte, ausgewogene Asymmetrie in der Aufteilung von Strecken und Flächen; sie kann sogar genau mathematisch, rechnerisch ermittelt werden.

24. Wie ist das Verhältnis der Teilung von Strecken oder Flächen beim Goldenen Schnitt ungefähr?

Das Verhältnis im Goldenen Schnitt beträgt ca. 1,6 : 1.

25. Erklären Sie anhand eines Rechtecks den Goldenen Schnitt.

Ein Rechteck hat dann den Goldenen Schnitt, wenn:

- $a : b = 1{,}6 : 1$ und
- $(a + b) : a = 1{,}6 : 1$

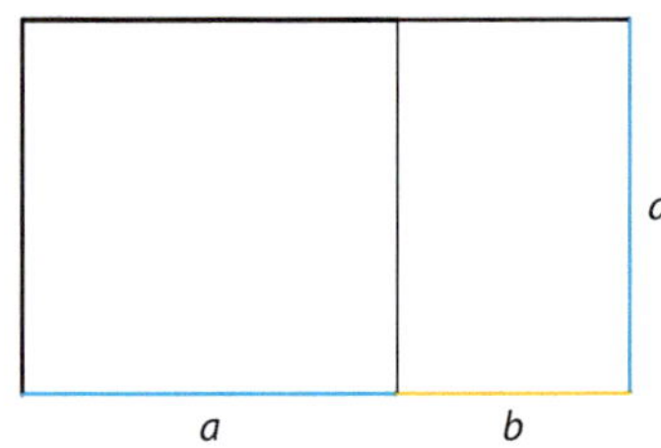

26. Wie wird die kurze Seite und wie die lange Seite im Goldenen Schnitt genannt?

lange Seite: Major (M)
kurze Seite: Minor (m)

27. An die Seitenwand eines Lkw-Auflieger soll ein Werbeschriftzug im Goldenen Schnitt angebracht werden. Die Seitenwand hat eine Höhe von 3000 mm. Berechnen Sie Länge und Höhe für den Werbeschriftzug.

Länge l des Werbeschriftzugs ist der Goldene Schnitt von der Höhe der Seitenwand, also:
$3000\ \text{mm} : l = 1{,}6 : 1$

$$l = \frac{3000\ \text{mm}}{1{,}6}$$

$$\underline{\underline{l = 1875\ \text{mm}}}$$

Höhe h des Werbeschriftzugs ist der Goldene Schnitt aus der Länge l:
$l : h = 1{,}6 : 1$

$$h = \frac{l}{1{,}6}$$

$$h = \frac{1875\ \text{mm}}{1{,}6}$$

$$\underline{\underline{h = 1171\ \text{mm}}}$$

Farbgestaltung

28. Nennen Sie Möglichkeiten, wie Farben als Gestaltungsmittel eingesetzt werden.

- als Orientierungshilfe
- zur Abwechslung
- zum Steuern menschlichen Verhaltens
- zum Auslösen von Gefühlen
- für gelenkte Kommunikation
- Aufmerksamkeit erregen

29. Nennen Sie die drei Merkmale von Farben und erklären Sie, was mit diesen Begriffen bezeichnet wird.

- Farbton: Name der Farbe, z. B. Rot, Grün oder Blau
- Sättigung: Leuchtkraft einer Farbe
- Helligkeit: je mehr Licht die Farbe reflektiert, desto heller ist sie

30. Erklären Sie den Begriff „Farbkontrast".

Auffälliger Unterschied zwischen:
- mindestens zwei Farbflächen
- einer Farbe zu einem Ton in Weiß, Grau oder Schwarz

31. Nennen Sie acht Farbkontraste.

- Farbe-an-sich-Kontrast
- Bunt-unbunt-Kontrast
- Hell-dunkel-Kontrast
- Kalt-warm-Kontrast
- Komplementärkontrast
- Qualitätskontrast
- Quantitätskontrast
- Simultankontrast

32. Erklären Sie den Begriff „Farbe-an-sich-Kontrast".

„einfachster" Kontrast, bei dem mindestens drei verschiedene ungetrübte, reine Farben verwendet werden

33. Erklären Sie den Begriff „Bunt-unbunt-Kontrast".

Bunte Farben werden mit unbunten Farben kontrastiert, z. B. Grau mit Gelb und Orange. Die Kombination aus Farben im Bunt-und Unbunt-Kontrast eignet sich sehr gut für eine klare Kommunikation.

34. Wie wirkt Grau auf einem gelben Untergrund?

Auf einem gelben Hintergrund wirkt Grau dunkler als z. B. auf einem blauen.

35. Erklären Sie den Begriff „Hell-dunkel-Kontrast".

Farben wirken in ihrer Helligkeit (Tonwert) zueinander, z. B. Weiß und Gelb sind hell, Schwarz und Violett sind dunkel.

36. Ein Auto soll in zwei Farben lackiert werden. Wo soll die dunkle Farbe angeordnet werden und wo die helle? Begründen Sie ihre Aussage.

Ein Fahrzeug sollte unten dunkel und oben hell sein. Durch diese Kombination wirkt das Auto „standfester".

37. Erklären Sie den Begriff „Kalt-warm-Kontrast".

Farben lösen beim Menschen Temperaturempfindungen aus.
Außerdem: Entfernte Gegenstände wirken kälter als nahe. Kalte Farben sind also eine gute Möglichkeit, etwas perspektivisch und plastisch darzustellen, wenn im Vordergrund kontrastierend warme Farben verwendet werden.

38. Nennen Sie je zwei kalte und zwei warme Farben.

- warme Farben: Rot und Orange
- kalte Farben: Blau und Violett

39. Welche Farbtöne können sowohl kalt, als auch warm empfunden werden?

Gelb und Grün

40. Erklären Sie den Begriff „Komplementärkontrast".

Farben, die sich im Farbkreis diametral gegenüberliegen; sie werden als „Ergänzungsfarben" bezeichnet.

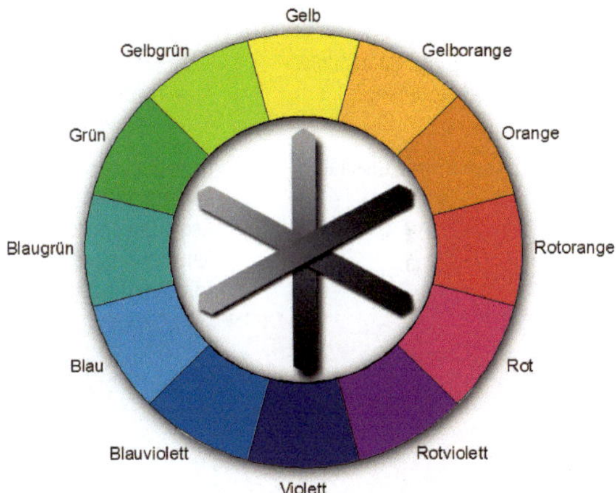

41. Erklären Sie, wie der Fahrzeuglackierer den Komplementärkontrast nutzen kann.

Eine farbige Fläche erzeugt in unserem Auge das Verlangen, gleichzeitig die Komplementärfarbe zu sehen.
Der Fahrzeuglackierer macht sich dieses Wissen zunutze, indem er diese Gegenfarbe schon gleich mit in seiner Farbgestaltung verwendet.

42. Geben Sie ein Beispiel aus der Praxis dafür.

Wenn im Innenraum eines Fahrzeugs grüne Teilflächen (Tachobeleuchtung, Muster in Sitzbezügen) eingesetzt sind, kann der Fahrzeuglackierer dem Kunden eine rote Lackierung empfehlen.

43. Erklären Sie, wie bei Komplementärfarben der Flimmereffekt entsteht.

Werden Rot und Grün mit gleicher Helligkeit und Sättigung kombiniert, entsteht an den Grenzflächen der Farben ein Flimmern im Auge, d. h., die scharfen Kanten zerfließen im Auge des Betrachters, verschwimmen und erzeugen ein Flimmern. Ändert man die Helligkeit, können Komplementärfarben gut kombiniert werden.

Fahrzeuglack

44. Wie wirken zu geringe Farbtonunterschiede bei einer Farbgestaltung?

- sie sehen schon aus geringer Entfernung „verwaschen" aus
- die Konturen verschwimmen

45. Erklären Sie den Begriff „Qualitätskontrast".

Beim Qualitätskontrast sind Reinheitsgrad und Sättigungsgrad der Farben entscheidend. Der Gegensatz entsteht aus einer gesättigten und leuchtenden Farbe, die einer dumpfen und trüben Farbe gegenübergestellt wird.

46. Erklären Sie den Begriff „Quantitätskontrast".

Kontrast, der auf der Gegenüberstellung verschieden großer Farbflächen beruht; wichtige Faktoren sind:
- Flächengröße
- Leuchtkraft (Qualität)

47. Geben Sie Beispiele für das optimale Größenverhältnis der farbigen Flächen zueinander an.

Beispiele:
- Gelb – Violett: 1 : 3
- Orange – Blau: 1 : 2
- Rot – Grün: 1 : 1

1 : 3

1 : 2

1 : 1

48. Erklären Sie den Begriff „Simultankontrast".

- Eine farbige Fläche (z. B. Grün) erzeugt in unserem Auge das Verlangen, gleichzeitig die Komplementärfarbe (Rot) zu sehen. Ist diese Farbe nicht vorhanden, erzeugt das Auge diese Farbe selbsttätig. In der Folge erscheint ein Grün neben einem Grau „rotstichig".
  Der zweite Farbton wird also gleichzeitig (simultan) erzeugt – eine Täuschung.
- Jede Helligkeit ruft im Auge gleichzeitig (simultan) eine entgegengesetzte Helligkeit hervor, z. B. erscheint ein roter Punkt auf gelbem Untergrund dunkler als auf violettem Untergrund.

8.2 Farbharmonie, Farbklang, Farbintensität, Helligkeit und Glanz

49. Erklären Sie den Begriff „Farbharmonie".

Farbkombination, bei der zwischen den Farben eine ausgewogene ästhetische Beziehung und Ordnung besteht; sie ist eine subjektive Empfindung

50. Was versteht man unter „Disharmonie"?

Wenn unserem Auge etwas Widersprüchliches oder Störendes dargeboten wird.

51. Nennen Sie fünf Möglichkeiten, Farben harmonisch zu kombinieren.

- ein einziger Farbton mit unterschiedlicher Sättigung bzw. Helligkeit, die sogenannte monochrome Farbharmonie
- Farben nur aus der warmen oder nur aus der kalten Farbpalette
- benachbarte Farben im Farbkreis
- eine Farbe mit den Nebenfarben der Komplementärfarbe
- Farben gleicher Sättigung

52. Erklären Sie den Begriff „Farbklang".

Kombination mehrerer Farben, die sich nach verschiedenen Kontrasten und deren Ästhetik ergeben

53. Nennen Sie die zwei Farbklänge.

- Farb-Zweiklang
- Farb-Dreiklang

54. Erklären Sie den Farb-Zweiklang.

zwei unterschiedliche Farben mit einem der Kontraste: hell-dunkel, bunt-unbunt, komplementär, kalt-warm oder Qualität-Quantität

55. Erklären Sie den Farb-Dreiklang.

- Kombination von drei Farben
- einfachster Dreiklang besteht aus den drei Grundfarben: Rot, Gelb, Blau

56. Nennen Sie weitere Möglichkeiten, einen Farbdreiklang aus dem sechs- bzw. zwölfteiligen Farbkreis herzustellen.

Kombination
- einer Grundfarbe mit ihren beiden Nebenfarben
- einer Farbe mit ihrer Gegenfarbe und ihrer Nachfarbe
- einer Farbe mit Nebenfarbe und Komplementärfarbe

57. Erklären Sie den Begriff „Farbintensität".

Unterschied eines Farbtons zu den neutralen Farben Schwarz, Weiß, Grau; d. h. die Leuchtkraft bzw. die Reinheit einer Farbe

58. Nennen Sie den Fachbegriff dafür, wenn die Leuchtkraft einer Farbe nicht mehr gesteigert werden kann.

Die Farbe hat ihre Sättigung erreicht, sie ist gesättigt.

59. Erklären Sie den Begriff „Helligkeit von Farben".

Anteil des Lichtes, das von einer Oberfläche abgegeben wird, ausgedrückt durch den Reflexionsgrad

60. Nennen Sie die hellste und die dunkelste Farbe im sechsteiligen Farbkreis.

Im Farbkreis ist die
- hellste Farbe: Gelb
- dunkelste Farbe: Violett

61. Nennen Sie Stimmungen, die von hellen Farben und von dunklen Farben erzeugt werden können.

- hell: Freude, Heiterkeit
- dunkel: Melancholie, Trauer

62. Erklären Sie den Begriff „Glanz".

Oberfläche reflektiert Licht spiegelnd

63. Erklären Sie das Messprinzip des Reflektometers.

Mit dem Reflektometer wird die gerichtete Reflexion gemessen; d. h. die Intensität von reflektiertem Licht in einem genormten Reflexionswinkel.

8.3 Farbplan

64. Was versteht der Fahrzeuglackierer unter einem Farbplan?

Plan für die farbige Gestaltung, in dem zu Beginn festgelegt wird, mit welchen Farbkontrasten oder -effekten er arbeiten möchte

65. Nennen Sie zwei Effekte von Farben, die der Fahrzeuglackierer bei der Erstellung eines Farbplans berücksichtigen muss.

- Wirkung von Farben auf den Menschen
- Beziehung der Farben untereinander

66. Nennen Sie die Arbeitsschritte, die für die Erstellung eines Farbplans notwendig sind.

- Hausfarbe des Kunden kennen (Corporate Color)
- weitere Farben aussuchen
- Farben aufeinander abstimmen
- Farbentwurf erstellen
- Entwurf beim Kunden präsentieren

8.4 Sehgewohnheiten

67. Wie funktioniert die menschliche Wahrnehmung?

Die optischen Reize (Lichtstrahlen) werden von der Netzhaut aufgenommen. Anschließend werden diese Informationen an das Gehirn weitergeleitet und dort verarbeitet.
Das Sehen ist also die Verarbeitung von Nervenimpulsen im Gehirn.

68. Zählen Sie acht Faktoren auf, die die menschliche Wahrnehmung beeinflussen.

- räumliches Sehen
- Ergänzen und Reduzieren
- optische Mitte und optischer Ausgleich
- Figur und Grund
- Leserichtung
- Licht und Schatten
- visuelle Schwerkraft
- individuelle Seherfahrung

69. Nennen Sie die drei Ebenen, in die ein Raum strukturiert wird.

- Vordergrund
- Mittelgrund
- Hintergrund

70. Welche Farben finden sich im Vordergrund, welche Farben findet man im Hintergrund?

- dunkle, erdige, Rottöne
- helle, blaue Farben

71. Nennen Sie Formen, die die menschliche Wahrnehmung als vorne bzw. als hinten liegend einordnet.

- dunkle Flächen
- helle Flächen

72. Warum reichen wenige Formen und Flächen, um vom Menschen als komplettes Zeichen erkannt zu werden?

Das Gehirn ergänzt fehlende Teile, das beruht auf der individuellen, visuellen Erfahrung.

73. Erklären Sie den Begriff „optische Mitte".

Eine Fläche, die etwas oberhalb der rechnerischen Mitte geteilt ist.
Die rechnerische Mitte wird auch „geometrische Mitte" genannt.

74. Wie hoch ist die Abweichung der optischen Mitte aus der rechnerischen Mitte?

3 %

75. Warum wird eine Fläche in der optischen Mitte geteilt?

Gefühlt wirkt diese Fläche dann als in der Mitte geteilt. Wird eine Form oder eine Fläche in der rechnerischen Mitte geteilt, wirkt diese Teilung subjektiv langweilig und zu niedrig.

76. Erklären Sie, warum für die Werbung eine Figur besser ist als ein Text.

Eine Figur steht gegenüber einer Schrift immer im Vordergrund; sie hat eine starke visuelle Kraft und ist somit das Hauptmerkmal eines Bildes.

77. Warum ist es wichtig, die Leserichtung zu beachten?

In unseren Kulturkreisen ist die Leserichtung von links nach rechts; das gilt auch für nichttextliche Darstellungen.
So kann z. B. eine positive Wahrnehmung erzeugt werden, wenn eine Linie von links unten nach rechts oben ansteigt.

78. Erklären Sie, wie man die visuelle Schwerkraft bei der Gestaltung eines Bildes nutzen kann.

- Eine Form am unteren Rand des Bildes wirkt schwer, stabil, ruhig.
- Eine Form am oberen Bildrand scheint zu schweben und wirkt instabil.

8.5 Folien

79. Wofür verwendet der Fahrzeuglackierer Folien?

- Für Werbung werden Außenflächen von Fahrzeugen teilweise mit Folie beklebt.
- zum Abkleben eines kompletten Fahrzeugs als Alternative zu einer Ganzlackierung oder zu Werbezwecken

80. Nennen Sie den Fachbegriff für das Abkleben eines kompletten Fahrzeugs.

Fahrzeugvollverklebung oder Folierung

81. Übersetzen Sie ins Englische: Fahrzeugvollverklebung.

car wrapping

82. Woraus besteht die Folie und welche Anforderungen werden an sie gestellt?

Folie zum Bekleben von Fahrzeugen besteht aus PVC.
Sie muss sein:

- witterungsbeständig
- licht- und farbbeständig
- beständig gegen UV-Strahlen
- dauerhaft glänzend oder matt
- reib-, reiß- und stoßfest
- elastisch

83. Nennen Sie die drei Verfahren, wie Folien verklebt werden können.

- trocken, meist für großflächige Folien
- nass, Folienschrift und Werbegrafik
- mit Heißluft für Folierung und Karosserieteile mit Rundungen, z. B. Motorhaube, Kotflügel

84. Beschreiben Sie, wie Folien nass verklebt werden.

- das gesamte Fahrzeug reinigen
- die zu beklebende Fläche waschen (Wasser und Spülmittel)
- Fläche entfetten
- mit Bleistift die Schriftlinie einzeichnen
- Fläche mit Wasser und Spülmittel befeuchten
- Folie aufsetzen und gerade rücken
- Spülwasser mit Rakel herausdrücken (von der Mitte nach außen)
- Luftblasen mit Skalpell aufstechen und glatt rakeln

85. Beschreiben Sie den Arbeitsablauf für eine Fahrzeugvollverklebung (Folierung).

- Fahrzeug waschen
- entfetten, besonders auch in Sicken und an Kanten
- Folienstücke entsprechend der Größe der Fahrzeugteile mit Zugabe vorschneiden
- Folienstücke über das Teil ziehen und mit einer Rakel auch in Vertiefungen einarbeiten
- dazu Ecken und Kanten mit Heißluftfön erhitzen (50 °C)
- die Folie über den Karosseriespalten aufschneiden und nochmals mit dem Heißluftfön erhitzen (90 °C bis 100 °C)

86. Zählen Sie acht Möglichkeiten auf, um mit den Grafikprogrammen zu gestalten.

- Originalvorlagen (Fotografie) scannen
- Teilflächen maskieren
- farbige Flächen darstellen
- Text einbinden
- Schattierungen
- große Farbpalette
- Farben transparent darstellen
- Datei als Vorlage für einen Plotter nutzbar

87. Erklären Sie den Begriff „Schneideplotter“.

Plotter (Kurvenschreiber), bei dem ein Messer anstelle eines Stifts eingesetzt wird

88. Erklären Sie, wie ein Schneideplotter arbeitet.

Mithilfe eines Computers und spezieller Programme (Software) für Schneidplotter werden Grafiken (Vektorgrafiken) entworfen. Die fertigen Dateien werden an den Plotter geschickt und die Konturen dieser Vektorgrafiken werden nun vom Messer in eine Kunststofffolie geschnitten, ohne das Trägerpapier der Folie zu beschädigen.

89. Nennen Sie Arbeiten, bei denen ein Schneideplotter eingesetzt wird.

Zum Schneiden von:

- Lackierschablonen (Schrift, Grafik) zum Auslackieren
- Schriftzügen zum Kleben
- Grafiken zum Kleben

90. Erklären Sie den Begriff „Entgittern".

überflüssige Folienreste vom Trägermaterial entfernen

91. Zählen Sie zehn Vorsichtsmaßnahmen auf, die während des Betriebs des Schneideplotters beachtet werden müssen.

- die Betriebsanweisung des Herstellers sorgfältig lesen und beachten
- keine magnetischen Gegenstände in die Nähe des Schneidekopfs legen, da sonst ein gleichmäßiger Anpressdruck nicht gewährleistet ist
- nicht das Verbindungskabel zum Computer entfernen, während ein Plotauftrag läuft
- die Anpressrollen hochklappen, wenn sie nicht benutzt werden
- nicht in das Gerät fassen, wenn es an die Stromversorgung angeschlossen ist
- keine selbstständigen Änderungen am Gerät durchführen
- während des Schneidevorganges niemals in die Nähe des Messerhalters fassen
- alle Druckaufträge abbrechen, bevor Veränderungen an der Einstellung des Messerhalters vorgenommen werden
- die Messer nicht an der Spitze anfassen
- das Gerät auf eine ebene und standsichere Unterlage stellen

8.6 Zierlinien, Zierstreifen, Zierfelder

92. Erklären Sie die Begriffe „Zierlinien" und „Zierstreifen".

Linien oder Streifen, die sich auf Fahrzeugen als gestalterisches Element finden, z. T. als Serienausstattung ab Werk

93. Nennen Sie zwei Methoden, wie Zierlinien auf die Karosserie aufgebracht werden können.

- mit Langhaarpinsel (Pinstriping)
- mit Zierlinienband aufgeklebt

94. Nennen Sie zwei besondere Eigenschaften von Zierlinien- und Konturenband.

- kurvengängig, für besonders enge Radien (deswegen für Mehrfarben- und Designlackierungen besonders geeignet)
- zum Abkleben von Scheibengummis und Kunststoffanbauteilen geeignet

95. Aus welchem Material besteht Zierlinien- und Konturenband?

PVC (Polyvinylchlorid)

9 Lackierverfahren

1. Erklären Sie den Begriff „Ganzlackierung".

Es wird das gesamte Fahrzeug lackiert.

2. Wo werden Ganzlackierungen ausgeführt?

- im Automobilwerk als Serien- oder Werkslackierung
- in der Werkstatt des Fahrzeuglackierers

9.1 Ganzlackierung in der Lackierwerkstatt

3. Nennen Sie vier Gründe dafür, eine Ganzlackierung in einer Lackierwerkstatt auszuführen.

- Lack ist rundum mechanisch beschädigt (Kratzer)
- Lack ist durch Umwelteinflüsse unansehnlich geworden
- Kunde hat eine neue Wunschfarbe
- Altfahrzeuge werden restauriert

4. Was muss der Fahrzeuglackierer tun, um den Lack für eine Ganzlackierung vorzubereiten?

- gemeinsam mit dem Kunden Farbton aussuchen
- Lack mischen und dosieren
- Lackierungsplan erstellen

5. Nennen Sie zwei Möglichkeiten, den Fahrzeuglack für die Lackierung zur Verfügung zu stellen.

- von einem Lackhersteller beziehen (häufigste Variante)
- mithilfe der Computerwaage mischen

6. Welche drei Tätigkeiten muss der Fahrzeuglackierer durchführen, um die Karosserie für die Ganzlackierung vorzubereiten?

Karosserie
- begutachten
- entstauben und entfetten
- schleifen

7. Was muss der Fahrzeuglackierer begutachten, bevor er lackiert?

- Sind alle Beulen und Dellen beseitigt?
- Wurden Kratzer übersehen bzw. sind beim Transport zur Lackierkabine Kratzer entstanden?
- Sind alle Abklebungen vorhanden und noch in Ordnung?
- Müssen weitere Bauteile abgeklebt werden?

8. Beschreiben Sie das Entfetten der Karosserie, bevor sie lackiert wird.

Oberfläche wird mit Silikonentferner und einem Vliestuch abgewischt.

9.2 Druckluft bereitstellen

9. Bei welchen Tätigkeiten benötigt der Fahrzeuglackierer Druckluft?

Der Fahrzeuglackierer benötigt Druckluft zum:
- Lack zerstäuben
- Belüften der Atemschutzmaske
- Schleifen
- Staub abblasen
- Spritzen
- Demontieren und Montieren

10. Nennen Sie die vier Phasen der Drucklufterzeugung.

Druckluft
- erzeugen
- aufbereiten
- verteilen
- nutzen

11. Nennen Sie vier Bedingungen, die die bereitgestellte Druckluft erfüllen muss, damit eine fehlerfreie Lackoberfläche entsteht.

Druckluft muss sein:
- sehr rein (staubfrei)
- trocken (geringe Luftfeuchtigkeit)
- mit ausreichendem und gleichbleibendem Druck
- mit entsprechendem Volumen für die eingesetzten Maschinen

12. Nennen Sie die sieben wichtigsten Bestandteile einer Druckluftanlage.

- Verdichter
- Druckluftvorratsbehälter
- Trockner
- Filter
- Druckhaltesystem
- Kondensataufbereiter
- Druckluftleitungen

13. Welche Aufgabe hat der Verdichter bei der Drucklufterzeugung?

Umgebungsluft ansaugen und verdichten (komprimieren)

Der Verdichter erzeugt die Druckluft.

14. Nennen Sie den Druck, der mindestens zum Betrieb der Werkzeuge und Maschinen zur Verfügung stehen muss.

- Lackieren: 4 bar
- Druckluftwerkzeuge: 6 bar
- Hebebühne (pneumatisch): 15 bar

15. Nennen Sie zwei verschiedene Typen von Verdichtern.

- Kolbenverdichter
- Schraubenverdichter

16. Erklären Sie allgemein, wie ein Kolbenverdichter arbeitet.

Beim Kolbenverdichter wird Luft in einen Zylinder gesaugt, mithilfe eines Kolbens verdichtet (komprimiert) und wieder ausgestoßen.

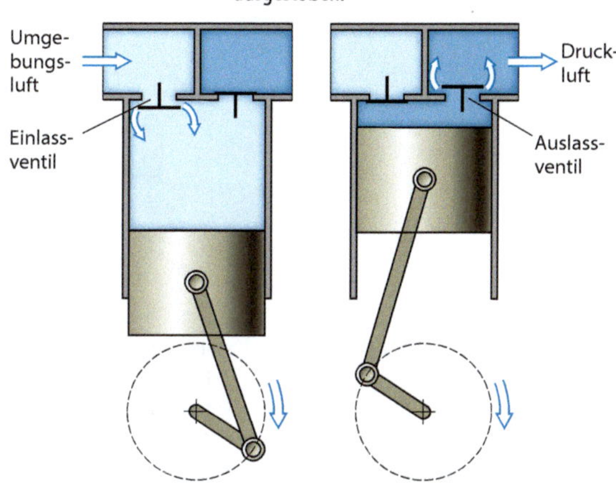

17. Nennen Sie vier Vorteile eines Kolbenverdichters.

- hoher Druck möglich
- lange Lebensdauer
- kombinierbar mit liegendem und stehendem Lufttank
- günstig in der Anschaffung

18. Welche Nachteile haben Kolbenverdichter? Zählen Sie fünf auf.

- relativ laut
- geringes Luftvolumen
- kein Dauerlaufbetrieb möglich
- Einschaltdauer nur 60 % bis 70 % pro Stunde
- hoher Energieverbrauch

19. Wo werden Kolbenverdichter vorzugsweise eingesetzt?

- in kleineren Betrieben, die nur geringes Luftvolumen benötigen
- für Airbrush-Arbeiten
- im Heimwerkerbereich

20. Erklären Sie die Funktion eines Schraubenverdichters.

Zwei parallel angeordnete, mechanisch miteinander gekoppelte Wellen produzieren aus ihrer schraubenförmiger Verzahnung die Druckluft.

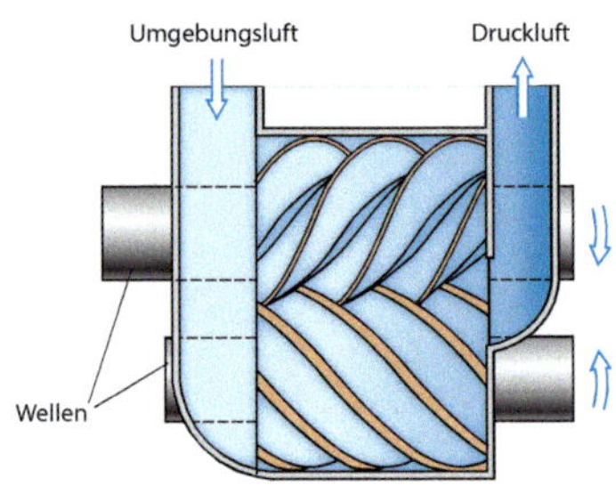

21. Nennen Sie vier vorteilhafte Eigenschaften des Schraubenverdichters.

- liefert hohes Luftvolumen
- Dauerbetrieb ist möglich
- gleichmäßiger, pulsationsfreier Druck
- geringer Energieverbrauch

22. Wo werden Schraubenverdichter eingesetzt?

- Automobilbau (Industrie)
- Karosseriewerkstatt (Handwerk)

23. Nennen Sie zwei Nachteile eines Schraubenverdichters.

- dauerhaftes Ein- und Ausschalten führt schnell zu Schäden
- ölhaltige Druckluft (Filter!)

24. Warum erwärmt sich die Druckluft beim Verdichten?

Die Luftmoleküle werden zusammengedrückt und reiben aneinander; dadurch entsteht Wärme (physikalischer Vorgang).

25. Nennen Sie die Eigenschaft der warmen Luft, die Störungen in der Lackoberfläche verursachen kann.

Die warme Druckluft kann viel Feuchtigkeit speichern. Die feuchte Druckluft bewirkt Störungen in der Lackoberfläche.

26. Nennen Sie drei Gründe, warum es sinnvoll ist, die Druckluft in einem Tank zu speichern?

- Die Druckluft kann verbraucht werden, ohne dass ständig der Kompressor laufen muss.
- Der Druckluftvorratsbehälter dient als Zwischenpuffer. So gibt es keine Druckschwankungen im Luftnetz, wenn gleichzeitig mehrere Verbraucher Druckluft abnehmen.
- Die Druckluft wird weiter gekühlt, sodass Restkondensat und Öltröpfchen aufgefangen werden.

27. Warum sollte der Tank im Inneren feuerverzinkt sein?

Die Druckluft enthält noch Feuchtigkeit, die den Tank sonst von innen heraus korrodieren lassen würde.

28. Was ist ein Druckluftkältetrockner? Erklären Sie.

Der Kältetrockner sorgt dafür, dass die warme Druckluft aus dem Kompressor gekühlt wird und somit die Feuchtigkeit und gleichzeitig auch Öl aus der Luft entzogen wird (kondensiert). Das Kondensat wird dann über ein Ventil abgelassen.
Der Kältetrockner ist hinter dem Kompressor nach Austritt der Druckluft installiert. Es werden auch Geräte angeboten, bei denen der Kältetrockner zusammen mit dem Kompressor eine Einheit bildet.

29. Beschreiben Sie den Weg der Druckluft durch den Trockner.

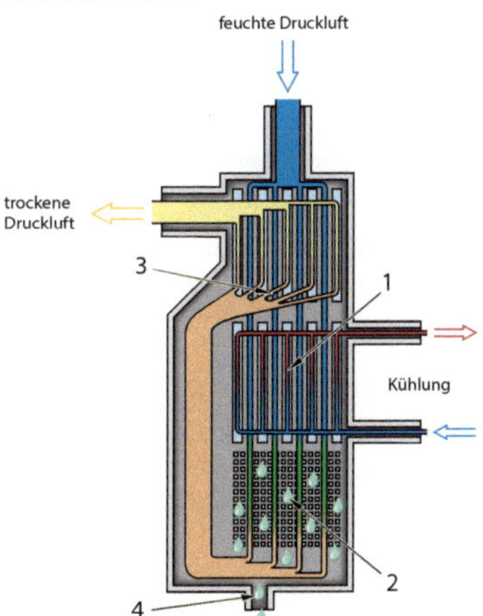

1 zweiter Wärmetauscher 3 erster Wärmetauscher
2 Kondensattröpfchen 4 Kondensat-Ableitung

Feuchte und warme Druckluft strömt von oben durch einen Wärmetauscher, in dem sie abgekühlt wird. Dann strömt sie durch einen zweiten Wärmetauscher, in dem ihr die Feuchtigkeit entzogen wird.
Die trockene und kalte Luft strömt dann wieder durch den ersten Wärmetauscher, erwärmt sich auf Raumtemperatur, indem sie die einströmende Druckluft kühlt.
Die trockene und erwärmte Druckluft kann nun verwendet werden.

30. Erklären Sie die Funktion eines Zyklonabscheiders, der dem Kältetrockner vorgeschaltet ist.

Der Zyklonabscheider entfernt auch bei hoher Umgebungstemperatur und Luftfeuchte den größten Teil des Kondensats aus der Druckluft. Die Druckluft wird in eine Drehbewegung gebracht, durch die das Kondensat gleichsam herausgeschleudert wird.

31. Warum ist die Druckluft, die den Kältetrockner verlässt, noch nicht zum Lackieren verwendbar?

Sie enthält immer noch feine, feste Schmutzpartikel und flüssige Aerosole.

32. Nennen Sie von einer dreistufigen Filtereinheit die einzelnen Filterpatronen in ihrer Reihenfolge und ihre Funktion.

1. Vorfilter (Feinfilter) mit Zyklonabscheider und Sinterfilter im Inneren: zur Abscheidung feinster Wasser- und Ölaerosole und Partikel bis 15 µm
2. Feinfilter: mit Mikrofaserfiltermatte für Partikel bis 0,01 µm
3. Aktivkohlefilter: Druckluftreinigung von Gasen und Dämpfen, Ölabscheidung bis ca. 0,004 mg/m^3

33. Nennen Sie zwei Aufgaben, die ein Druckhaltesystem erfüllen muss.

- Druckluftqualität sichern
- für gleichbleibenden Druck sorgen

34. Erklären sie die Funktionsweise des Druckhaltesystems.

Mechanisch oder elektronisch wird der Druck gemessen und bei Überdruck ein Sicherheitsventil geöffnet. Bei zu wenig Druck wird der Verdichter eingeschaltet.

35. Wie kann der Fahrzeuglackierer das Kondensat reinigen?

Mittels eines Kondensataufbereiters. Das ist ein Gerät, etwa waschmaschinengroß, das verschiedene Filterstufe enthält.

36. Erklären Sie die Funktionsweise dieses Gerätes zum Kondensataufbereiten.

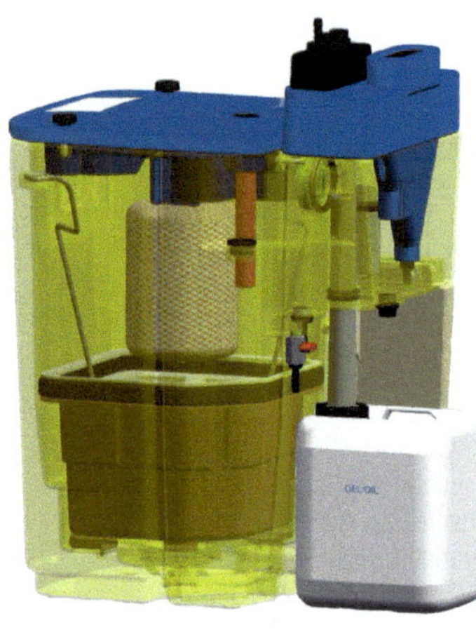

Grober Schmutz sinkt in einem Auffangbehälter ab. Ölreste schwimmen oben auf dem Wasser und werden in den Ölauffangbehälter geleitet.
Nun fließt das Kondensat durch zwei Feinfilter, in denen die restlichen Öl- und Silikonanteile gefiltert werden.
Das gereinigte Wasser kann nun in die Kanalisation geleitet werden.

37. Wie oft müssen die Filter eines Kondensatabscheiders gewechselt werden?

Immer dann, wenn das Gerät anzeigt, dass die Filter voll sind.

38. Wie oft sollte der Kondensatabscheider auf seine korrekte Funktion überprüft werden?

regelmäßig, mindestens einmal wöchentlich

39. Nennen Sie drei Eigenschaften, die Druckluftleitungen haben sollten.

- antistatisch
- silikonfrei
- sehr glatte Innenwände

40. Erklären Sie den Zusammenhang zwischen dem Querschnitt der Druckluftleitung und möglichem Druckverlust.

Je länger die Druckluftleitung ist, desto größer sollte der Querschnitt der Leitung sein, um den Druckverlust zu minimieren und ein ausreichendes Luftvolumen zu transportieren.

41. Ergänzen Sie die Tabelle Mindestdurchmesser von Druckluftleitungen:

Verbrauch in l/min	**Leitungsdurchmesser in Zoll**
500	
1000	
1500	
7500	

Verbrauch in l/min	**Leitungsdurchmesser in Zoll**
500	1
1000	1 ¼
1500	1 ½
7500	2

42. Wie hoch ist der Druckverlust bei einem Leitungsdurchmesser von 3 ½´´(= 9 mm), einer Länge von 15 m und 7 bar Eingangsdruck?

etwa 1 bar am Pistoleneingang

43. Führen Sie zwei Gründe an, warum undichte bzw. defekte Druckluftleitungen sofort von einem Fachmann repariert werden müssen?

- Es kann zu einer Explosion kommen.
- Ständiger Druckverlust bedeutet Energieverschwendung.

44. Was wird als der „Schwanenhals" bei Druckluftleitungen bezeichnet? Erklären Sie.

Die nach oben gebogenen Abnahmeleitungen haben die Form eines Schwanenhalses.

45. Es finden sich Staubpartikel in der Druckluft und damit auch auf der Lackoberfläche. Zählen Sie mögliche Ursachen und Maßnahmen zur Vermeidung dieses Fehlers auf.

Ursachen:

- Filter sind verschmutzt.
- Die Filter sind an der falschen Stelle in der Druckluftleitung eingebaut.

Vermeidung:

- Filterpatronen regelmäßig wechseln oder auswaschen.
- An geeigneten Stellen die Druckluftfilter einbauen.

46. Der Druck der Luft fällt immer wieder ab. Nennen Sie mögliche Ursachen und machen Sie Vorschläge zur Fehlerbehebung.

Ursache:
Zu viele druckluftbetriebene Werkzeuge werden gleichzeitig betrieben.

Fehlerbehebung:
- einen zusätzlichen oder einen größeren Kompressor installieren
- die Arbeiten so organisieren, dass nicht alle Geräte gleichzeitig betrieben werden
- Druckausgleichsbehälter zur Pufferung des Luftvolumens einsetzen

47. Das Druckluftrohrleitungssystem in einer Lackiererei verliert durch ein Leck mit einem Durchmesser von 1 mm etwa100 Liter Luft pro Minute. Der Kompressor verbraucht dadurch ca. 0,35 kWh mehr Strom.
Berechnen Sie den jährlichen Verlust in Euro, wenn 0,16 Euro pro kWh zu zahlen sind, bei einer wöchentlichen Betriebszeit von 40 Stunden.

geg.: $W = 0{,}35\ \text{kWh}$

$Preis = 0{,}16\ €/\text{h}$

$t = 40\ \text{h/Woche}$

ges.: Verlust in €

Lösung:

$$t = 40\ \text{h/Woche} \cdot 52\ \text{Wochen}$$

$$\underline{t = 2080\ \text{h}}$$

$$\boxed{Verlust = W \cdot Preis \cdot t}$$

$$= 0{,}35\ \text{kWh} \cdot 0{,}16\ €/\text{h} \cdot 2080\ \text{h}$$

$$\underline{\underline{Verlust = 116{,}48\ €}}$$

9.3 Karosserie lackieren

48. Nennen Sie die drei Arbeitsschritte zum Lackieren einer Karosserie.

- Fahrzeuglack aufbereiten
- Spritzpistole füllen, anschließen und Druck einstellen
- Fahrzeuglack auftragen

49. Beschreiben Sie, wie der Fahrzeuglack für die Ganzlackierung aufbereitet wird.

Der Fahrzeuglack wurde beim Hersteller bestellt bzw. angemischt. Jetzt muss der Fahrzeuglackierer
- die richtige Viskosität herstellen:
  - dem Wasserlack Wasser zugeben
  - den Acryllack mit Verdünnung verdünnen
- den Fahrzeuglack durch ein Nylon-Gewebe-Sieb in den Farbbecher gießen

50. Was muss der Fahrzeuglackierer beim Füllen der Spritzpistole beachten?	Spritzpistolen, mit denen Klarlack oder Unilack gespritzt wurde, dürfen nicht zum Lackieren mit Wasserlack verwendet werden.
51. Womit werden Spritzpistolen gereinigt?	Spritzpistolen zum Lackieren mit • Unilack oder Klarlack: Reinigen mit Verdünnung • Wasserbasislack: Reinigen mit speziellem Reiniger
52. Nennen Sie die persönliche Schutzausrüstung zum Lackieren.	• Atemschutzmaske mit Kohlefilter • Lackieranzug • Schutzschuhe • Handschuhe
53. Welcher Luftdruck ist am Manometer einzustellen?	Nach Angaben des Herstellers; in der Regel: 1,7 bar bis 2,2 bar
54. Erklären Sie, warum vor dem Lackieren der Karosserie auf ein Stück Papier lackiert werden soll.	um den Spritzstrahl zu kontrollieren; er sollte so aussehen 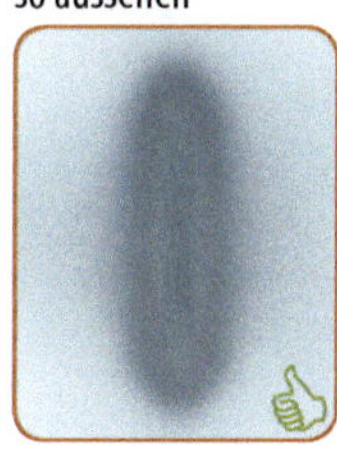
55. Begründen Sie, warum von oben nach unten lackiert wird?	Der Farbnebel fällt nach unten und setzt sich auf unten liegenden Flächen ab.
56. Beschreiben Sie, in welcher Reihenfolge die Karosserie eines Pkws gespritzt werden kann.	Ein Pkw könnte in dieser Reihenfolge gespritzt werden: • Dach • linke Seite von hinten nach vorn • Motorhaube • Vorderseite • rechte Seite von vorn nach hinten • Kofferraumklappe • Hinterseite

57. Nennen Sie die Arbeitsschritte zum Lackieren einer Karosserie.

- Basislack auftragen
- ablüften
- evtl. weitere Schichten auftragen und ablüften
- kontrollieren
- Spritzpistole wechseln
- Klarlack auftragen

9.4 Fahrzeuglack trocknen

58. Nennen Sie fünf Möglichkeiten, den Fahrzeuglack einer Ganzlackierung zu trocknen.

Lack einer Ganzlackierung kann getrocknet werden:

- in einer Lackier-Kombikabine
- in einer separaten Trockenkabine
- mit Infrarottrocknern
- mit Infrarot-Trockenbogen
- mit UV-Licht in einer Kabine mit komplett verspiegelten Wänden und Decke

9.5 Finish

59. Was bezeichnet der Fahrzeuglackierer als Oberflächenfinish?

Finish ist ein allgemeiner Begriff für den Verfahrensschritt, der als letzter vor der Fahrzeugübergabe stattfindet. Die äußerste Lackschicht, der Decklack oder Klarlack, wird aufgearbeitet; die Oberfläche wird „veredelt".

60. Nennen Sie Arbeiten, die prinzipiell zum Oberflächenfinish gehören.

- Lackierfehler suchen und beseitigen
- Abdeckung abnehmen und Abklebungen beseitigen
- Lackierkanten beseitigen
- Karosserie polieren

61. Nennen Sie drei Lackierfehler, die beim Oberflächenfinish beseitigt werden.

- Staubeinschlüsse
- Läufer
- Overspray (Lacknebel)

62. Welche Werkzeuge eignen sich, um die Lackierfehler zu beseitigen?

- Lackhobel
- Schleifpapier nass ab P 1500
- kleiner Exzenterschleifer und Schleifpapier P 3000
- Poliermaschine und Feinschliffpaste

63. Wie heißt das Schadensbild, wenn mit der Schleifpolitur so viel Lackmaterial abgetragen wurde, dass die oberste Lackschicht komplett entfernt ist?

„Durchschleifstellen", der Lack ist an dieser Stelle durchgeschliffen

64. Wofür wird ein Lackhobel eingesetzt?

zur Beseitigung von Läufern und kleinen Staubeinschlüssen aus der gehärteten Lackoberfläche (auch in Rundungen)

65. Wofür wird ein Zweihand-Winkelschleifer, auch Rotationspolierer genannt, beim Lackfinish eingesetzt?

zum Polieren der Decklack- oder Klarlackschicht

66. Wie hoch sollte die Leerlaufdrehzahl für diese Poliermaschine sein, damit keine Schäden im Lack entstehen?

max. 2500 $^1/_{min}$

67. Zählen Sie weitere Exzenterschleifer auf, die zum Lackfinish verwendet werden.

- Finish-Schleifer
- Fingerschleifer
- Fingerschleifer mit Schleifblütenaufsatz, auch Schleifblütenexzenterschleifer

68. Ordnen Sie den Werkzeugen die richtige Bezeichnung zu.

1 Fingerschleifer
2 Einhand-Exzenterschleifer

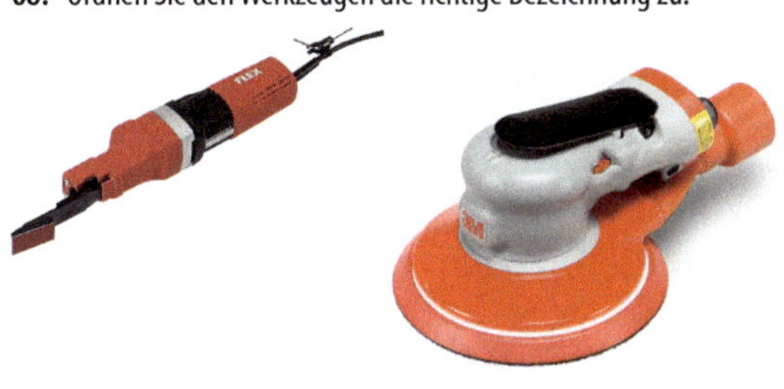

1 2

69. Welche besondere Eigenschaft hat der Fingerschleifer?

Stützteller etwa mit den Maßen und dem Aussehen eines Fingers

70. Wie wird dieses Werkzeug genannt und für welche Arbeiten wird es verwendet?

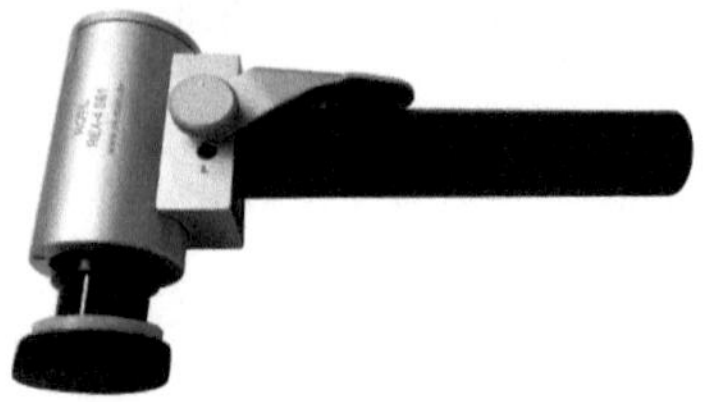

Schleifblütenexzenterschleifer für
- Exzenterschleifer für Lackfinisharbeiten
- entfernt Staubeinschlüsse, Läufer
- kleine zu schleifende Fläche

71. Warum wird die Lackieroberfläche poliert?

Die Politur schützt den Lack und versiegelt ihn.

72. Erklären Sie, was auf der Oberfläche der Lackierung passiert, wenn sie versiegelt wird?

- feinste Unebenheiten werden durch Wachse oder Silikone aufgefüllt bzw. verschlossen
- die Lackoberfläche wird noch glatter
- es wird verhindert, dass sich erneut Schmutz auf der Lackoberfläche festsetzt

73. Beschreiben Sie, wie eine Lackieroberfläche poliert wird.

Politur
- mit einem großen Exzenterschleifer auftragen
- mit einem Poliertuch abwischen

74. Wofür werden Polierschwämme verwendet?

Polierschwämme bestehen aus sehr weichem Kunststoff (Schaumstoff) mit einer Oberfläche in Waffelform. Sie werden verwendet:
- zum Auspolieren von Staubeinschlüssen
- zum Auspolieren von Hologrammen
- für die Hochglanzpolitur

75. Aus welchem Tierfell werden Polieraufsätze für Winkelschleifer gefertigt?

aus Lammfell

76. Womit sollte eine Lackieroberfläche aufbereitet werden, die relativ weich, noch nicht sehr alt ist?

mit einem Schwamm als Polieraufsatz und mit 600 $^{1}/_{\text{min}}$ bis 1000 $^{1}/_{\text{min}}$

77. Welche Lackieroberfläche kann mit einem Fellaufsatz und mit 1000 $^{1}/_{\text{min}}$ bis 2000 $^{1}/_{\text{min}}$ gearbeitet werden?

eine harte Lackieroberfläche

78. Warum sollten beim Polieren mit einem Schwamm zu hohe Drehzahlen vermieden werden?

die Lackoberfläche wird zu heiß

79. Nennen Sie die zwei grundsätzlichen Arten von Schleifpolituren, die beim Lackfinish verwendet werden.	• Grobpolitur • Feinpolitur (Hochglanzpolitur)
80. Warum empfehlen die Hersteller das Vorarbeiten mit einer Grobpolitur und das Nacharbeiten mit einer Feinpolitur?	Durch die Verwendung unterschiedlich feiner Schleifkörner nacheinander entsteht eine sehr glatte Lackoberfläche. Die feinen Körner der Feinpolitur alleine schaffen es nicht, die tieferen Riefen und Kratzer zu egalisieren.
81. Was heißt Politur auf Englisch?	• Polish • abrasive polish = Schleifpolitur
82. Woraus bestehen Schleifpolituren? Nennen Sie die wichtigsten Inhaltsstoffe.	Polituren bestehen im Wesentlichen aus Schleifpulver, das verdünnt ist. • Schleifpulver: Aluminiumoxid • Flüssigkeiten: Wasser und Lösemittel
83. Nennen Sie zwei Eigenschaften, das Schleifpulver in einer Schleifpolitur haben muss.	Das Schleifpulver muss • sehr hart und • sehr fein sein.
84. Wozu dient eine grobe Schleifpolitur?	Ein geringer Teil des Klarlacks wird abgetragen, um eine ebene Fläche zu erreichen.
85. Nennen Sie fünf Stoffe, die in Hochglanzpolituren enthalten sind und dafür sorgen, dass eine hochglänzende Oberfläche entsteht.	• Wachse • Öle • Silikone • Teflon • Kunststoffpolymere
86. Übersetzen Sie ins Englische: Hochglanzpolitur.	high shine oder auch gloss
87. Beschreiben Sie, wie Lackierkanten beseitigt werden, die an den Abklebungen und an der Abdeckung entstanden sind.	• mit einem Tuch abwischen • mit kleinem Exzenterschleifer und Schleifpapier P 3000 schleifen • mit Poliermaschine und Feinschliffpaste glätten • Karosserie abblasen

9.6 Abfälle entsorgen

88. Worauf ist zu achten, wenn Abfälle entsorgt werden?

Abfälle müssen getrennt entsorgt werden.

89. Nennen Sie vier Beispiele für die Entsorgung von Abfällen, die bei der Ganzlackierung angefallen sind.

- Abdeckfolien aus Kunststoff nimmt der Hersteller zurück.
- Papier, das mit wenig Farbe besprüht ist, kommt ins Altpapier.
- Papier mit vielen Farbspritzern muss als Sondermüll entsorgt werden.
- Farbreste kommen in den Lackschlammbehälter, größere Mengen können bis zu 6 Monate gelagert und wieder verwendet werden.

10 Effekt- und Designlackierung

10.1 Gründe für Effekt- und Designlackierungen

1. Nennen Sie Gründe, warum Kunden Effekt- und Designlackierungen wünschen.

Individualität, um sich von der Masse abzuheben, besonders im Zusammenwirken mit Tuning

2. Begründen Sie, warum Effekt- und Designlackierungen zu den Sonderlackierungen gehören.

Sie werden nicht im Fahrzeugwerk erstellt, sondern im Fahrzeuglackierbetrieb, oft als Unikat und auf Kundenwunsch.

10.2 Effektlackierung

3. Erklären Sie den Begriff „Effektlackierung".

Sonderlackierung, hergestellt mit einem Lack, der einen bestimmten Effekt erzeugt, einem Effektlack, z. B. ein bestimmtes Glänzen oder die Veränderung des Farbtons, je nach Blickwinkel (Flip-Flop-Effekt). Die Effekte werden durch Pigmente und dem eingestrahlten Licht erzielt.

4. Worauf ist bei der Effektlackierung an Fahrzeugen zu achten?

- Die Effektlackierung darf nicht gegen die StVO und StVZO verstoßen.
- Der Fahrzeuglackierer muss sich genau an die Herstellerangaben halten.

5. Erklären Sie den Begriff „Pigment".

Farbstoff, Farbkörper

6. Nennen Sie die vier Typen von Pigmenten.

- Absorptions-Pigmente
- Reflexions-Pigmente
- Interferenz-Pigmente
- Leucht-Pigmente

7. Was sind Absorptions-Pigmente?

Farbpigmente, die bestimmte Wellen des auffallenden Lichts absorbieren und die anderen Wellen reflektieren; sie zeigen nur einen Farbton, keinen besonderen Glanz und werden in Unilacken eingesetzt

8. Erklären Sie den Begriff „Reflexions-Pigmente“.	Pigmente, die das einstrahlende Licht reflektieren. Das sind: • Metall-Pigmente (Metallics): Metallblättchen, meist aus Aluminium • Metalleffekt-Pigmente: metallische Teilchen, die in der Lackierschicht ihre Wirkung durch Mehrfach-Reflexion von Licht erreichen, z. B. Flop-Effekt-Pigmente, Diamanteffekt-Pigmente, Chromlack-Pigmente
9. Was sind Interferenz-Pigmente?	Teilchen aus Aluminium oder Kunststoff, die mit Metalloxid bedampft sind; das einfallende Licht bewirkt Interferenz.
10. Was ist das optische Phänomen der Interferenz? Erklären Sie den physikalischen Vorgang.	Der Eindruck von Interferenz entsteht immer dann, wenn Lichtwellen der gleichen Wellenlänge gebrochen und phasenverschoben durch unterschiedliche Reflexion übereinander gelagert werden.
11. Nennen Sie drei Beispiele für Interferenz-Pigmente.	• Flip-Flop-Effekt-Pigmente • Perlmutt-Pigmente • Glitter-Pigmente
12. Erklären Sie den Flip-Flop-Effekt-Lackierung.	Lackierung, deren Farbe sich je nach Blickwinkel verändert in: • Intensität ihres Glanzes • ihrem Farbton, z. B. von Rot auf Grün
13. Nennen Sie fünf Regeln, die der Fahrzeuglackierer berücksichtigen sollte, wenn er Flip-Flop-Effektlack verarbeitet.	• nur auf sauberen und glatten Untergrund arbeiten • farbigen Füller oder farbigen Vorlack verwenden; Farbton: siehe Herstellerangaben • auf Effektlack mit groben Pigmenten („Flakes“) sind mehrere Schichten Klarlack nötig • Spritzpistolen mit entsprechend großem Düsensatz verwenden (siehe Herstellerangaben) • bei Lacken mit Eigenrezeptur das genaue Mischungsverhältnis notieren

14. Erklären Sie, warum die Haltbarkeit von Effektlacken relativ kurz ist – je nach Hersteller nur bis zu einem halben Jahr.

Die Pigmente agglomerieren, d. h., sie verkanten und verhaken sich miteinander und bilden deswegen kleine Klumpen. Das regelmäßige Aufrühren im Lackregal kann dann die Pigmente zerstören.

15. Was sind Glitter-Pigmente?

beschichtete Effektfolien, die in sehr kleine, regelmäßige Formen zerschnitten sind.

16. Nennen Sie zwei Beispiele für Glitter-Pigmente.

- Holografieglitter-Pigmente: In der Lackschicht entsteht der Eindruck von Dreidimensionalität und Tiefe.
- irisierende Glitter-Pigmente: Glitter sind in bestimmten Winkeln durchscheinend, sodass ein metallischer Glanz mit Farbwechseln und unterschiedlich starker Wirkung der Untergrundfarbe entsteht.

17. Wo werden Folien mit Leucht-Pigmenten an Fahrzeugen eingesetzt?

- Konturenmarkierung an Lkws und ihren Anhängern
- Teilflächen von Rettungsfahrzeugen

In Deutschland dürfen sie aber nicht eingesetzt werden auf Außenflächen von Privatautos.

18. Welche Arten von Leucht-Pigmenten gibt es?

Leucht-Pigmente mit
- Reflexion
- Lumineszenz

19. Wie wird „das Leuchten" der Leucht-Pigmente mit Retroflexion erreicht?

In einer Kunststoffschicht sind kleine Prismen eingepresst. Einfallende Lichtstrahlen werden so umgelenkt, dass sie zur Lichtquelle zurückkehren – die Oberfläche „leuchtet".

20. Nennen Sie die zwei Formen der Lumineszenz.

- Phosphoreszenz: Nach der Bestrahlung von Pigmenten leuchten diese mehrere Stunden nach (= Nachleuchtfarben oder Glow-in-the-Dark-Farben).
- Fluoreszenz: Pigmente leuchten, als hätten sie Licht „gespeichert".

21. In welchen Fällen dürfen Tagesleuchtfarben eingesetzt werden?

Tagesleuchtfarben dürfen nur zur Warnung (Rettungsfahrzeuge) oder zur besonderen Hervorhebung (Konturen an Aufbauten von Lkws und ihren Anhängern) eingesetzt werden.

22. Erklären Sie den „Candy-Effekt“.

Lasurfarbe im Klarlack aus gelösten und lichtstabilen Farbstoffen und wenig Pigmenten; der Tiefenglanz und die Brillanz ähnelt einer Zuckerglasur.

23. In welchen zwei Formen wird das Candy-Material angeboten?

- als Lack, spritzfertig angemischt
- als Konzentrat

24. Kann Candy-Effekt-Lack zusammen mit anderen handelsüblichen Autolacken verarbeitet werden?

Ja, problemlos

25. Wofür kann Candy-Effekt-Lack verwendet werden?

- als Lasurfarbe in Klarlack
- zum Tiefenglanz über Metallic- oder Perlmutt-Basisfarbe gespritzt
- zum Abtönen von Perlmutt- und Metallic-Basisfarbe
- zur Farbintensivierung von RAL-Farben

26. Welche Werkzeuge werden beim Lackieren mit Effektlack verwendet?

Gebräuchliche Lackierpistolen, z. B. HVLP oder RP-Pistole. Allerdings kann wegen der Größe der Pigmente vom Hersteller ein größerer Düsensatz vorgeschrieben sein (Merkblatt des Herstellers beachten!).

10.3 Designlackierung

27. Erklären Sie den Begriff „Designlackierung“.

Lackierung nach einem Entwurf oder einer Vorlage, die das Aussehen des Fahrzeugs entscheidend verändert.

28. Nennen Sie neun gebräuchliche Verfahren zur Designlackierung.

- Costumpainting
- chemisches Verchromen
- Bicolor-Lackierung
- Wassertropfentechnik-Lackierung
- Wickeltechnik-Lackierung
- Folientechnik-Lackierung
- Verlaufstechnik-Lackierung
- Wurzelholzoptik-Lackierung
- Wassertransferdruck-Lackierung

29. Erklären Sie den Begriff „Costumpainting“.

Maßanfertigung, Spezialmalerei

30. Nennen Sie zwei Verfahren des Costumpaintings.

- Pinstriping: Nach einer Skizze werden die Linien mithilfe von Linierpinseln (Schleppern) frei Hand gezogen.
- Airbrush-Verfahren: Lack wird mit einer Spritzpistole sehr fein zerstäubt und aufgetragen, dass fotorealistische Darstellungen und weiche Farbverläufe entstehen.

31. Zählen Sie die sechs notwendigen Arbeitsschritte für eine Airbrush-Lackierung auf.

- Motiv entwerfen/skizzieren, auch am Computer oder von Vorlagen
- Motiv mittels Skalpell oder speziellen Messern aus der Maskierfolie schneiden
- die einzelnen Farbschichten in richtiger Reihenfolge spritzen
- je nach Bedarf einzelne Teilflächen wieder verkleben oder lackieren; diesen Prozess entsprechend der Farbschichten wiederholen
- Maskierfolien rückstandslos entfernen, solange der Lack noch nicht getrocknet ist
- gesamte Fläche mit Klarlack lackieren

32. Nennen Sie zwei Nachteile, die das Airbrush-Verfahren hat.

- sehr zeitaufwendig
- teuer

33. Erklären Sie das chemische Verchromen.

Aus einer speziellen Spritzpistole mit zwei Düsen wird einmal Silbersalz und aus der anderen Düse eine Reduktionslösung gespritzt. Beide Strahlen vermischen sich auf dem Untergrund und es startet eine chemische Reaktion. Es entsteht eine Lackierung mit „Chromeffekt".

34. Wie wird Chromeffektlack verarbeitet?

Der fertig gemischte Chromeffektlack wird nach Herstellerangaben mittels einer Spritzpistole aufgebracht.

35. Wie entsteht der Effekt im Chromeffektlack?

Im flüssigen Lackmaterial sind besonders feine und kleine, plättchenförmige und hochglänzende Aluminiumpigmente enthalten. Nach der Trocknung lagern sich die Plättchen so übereinander an, dass sie eine homogene, hochglänzende Oberfläche ausbilden, die das Licht bis zu 95 % reflektiert.

36. Was ist eine Bicolor-Lackierung?

Zwei-Farben-Lackierung: Ein Auto ist großflächig in zwei verschieden Farben lackiert.

37. Erklären Sie die Wassertropfentechnik-Lackierung.

- mit einer Sprühflasche Wassertropfen aufsprühen
- Wassertropfen mit mindestens zwei Lacken (unterschiedliche Farbtöne) aus zwei unterschiedlichen Richtungen ansprühen
- das Wasser verdunstet, der Lack legt sich auf die Oberfläche und trocknet

38. Erklären Sie die Wickeltechnik-Lackierung.

Ein Lappen wird
- mit Lack getränkt,
- zu einer „Wurst" gerollt,
- über eine grundierte Oberfläche abgerollt.

39. Beschreiben Sie das Vorgehen bei der Folientechnik-Lackierung.

- Lack auf die grundierte Oberfläche spritzen
- auf den feuchten Lack eine Kunststofffolie (mit gewünschter Struktur) legen
- Kunststofffolie abnehmen

Die Struktur der Kunststofffolie ist auf die lackierte Oberfläche übertragen.

40. Erklären Sie die Verlaufstechnik-Lackierung.

Zwei oder mehr Lacke mit unterschiedlichen Farben werden mit Pinsel, Spritzpistole oder anderen Werkzeugen miteinander vermischt, sodass sie sichtbar ineinander laufen.

41. Erklären Sie die Wurzelholzoptik-Lackierung.

- Auf den noch nassen Wasserbasislack wird Spiritus aufgeträufelt, sodass der Farbton an den Spiritusflecken verläuft.
- Lack mit zweitem Farbton auftragen und ebenfalls Spiritus aufträufeln.

42. Erklären Sie die Wassertransferdruck-Lackierung.

Die farblich grundierte Oberfläche wird mit einem speziellen, wasserlöslichen Dekor-Druckfilm beschichtet.

43. Nennen Sie die notwendigen Arbeitsschritte für diese Technik in ihrer fachlich korrekten Reihenfolge.

1. Folie (Druckfilm) mit Zugabe zuschneiden
2. Folie mit der Unterseite nach oben auf die Wasseroberfläche des Wassertransferdruck-Tauchbeckens legen
3. die Unterseite mit dem Aktivator besprühen
4. das zu beschichtende Teil direkt durch den schwimmenden Dekor-Farbfilm in das Wasserbad tauchen
5. anschließend das fertig beschichtete Teil von Folienrückständen säubern und trocknen
6. mit zwei Gängen Klarlack lackieren

44. Welche Temperatur sollte das Wasser im Wasserbecken haben?

17 °C bis 20 °C; deshalb muss das Wasserbecken mit einer Heizung ausgestattet sein.

45. Nennen Sie drei Lackierpistolen, die für die Designlackierung verwendet werden.

- nebelreduzierte Beispritz- und Design-Lackierpistole
- Dekor-Spritzpistole
- Airbrushpistole

46. Zählen Sie weitere Arbeiten auf, bei denen solche Lackierpistolen verwendet werden.

- allgemein bei Arbeiten auf kleiner Fläche
- Dekorations- und Desinglackierungen: Grafik- und Fahrzeugdesign
- Airbrush
- Schriftmalerei

47. Welche Aussagen bezüglich ihrer Größe und Materialmengenaufnahme (Becher) kann man bei Dekor-Spritzpistolen im Vergleich zur „normalen" Pistole machen?

Dekor-Spritzistolen:
- sind viel kleiner; man kann sagen, dies sind „geschrumpfte" Pistolen
- können deswegen viel weniger Material aufnehmen

48. Welche Arten von Dekor-Spritzpistolen gibt es?

In Abhängigkeit vom Hersteller gibt es Dekor-Spritzpistolen:
- als nebelreduzierte HVLP-Spritzpistole
- mit Fließ- und Saugbecher
- mit stufenloser Regulierungsschraube für Materialmenge, Luftmenge und Rund- und Breitstrahl

49. Nennen Sie Gründe, Dekor-Spritzpistolen zu verwenden.

- sie sind kleiner und handlicher
- durch kleine Düsen können kleine Flächen bearbeitet werden
- Material kann punktgenau gespritzt werden

50. Nennen Sie die technischen Daten von Dekor-Spritzpistolen.

- Arbeitsdruck: 1,5 bar bis 3,0 bar
- Düsendurchmesser: 0,7 mm bis 1,4 mm
- Bechervolumen: 50 ml bis 125 ml
- Luftverbrauch: 80 l/min bis 135 l/min
- Druckluftanschluss: ¼ Zoll

51. Nennen Sie die drei Materialien, aus denen die Materialbehälter für Dekor-Spritzpistolen sind.

Fließ- und Saugbecher aus:
- Kunststoff
- Aluminium
- Glas

52. Für welche Arbeiten wird eine Airbrushpistole verwendet?

- feinste Designarbeiten
- Schriftmalerei

53. Übersetzen Sie den englischen Begriff „Airbrush" ins Deutsche.

Airbrush (engl.): Luftpinsel

54. Erklären Sie den Unterschied der Aibrushpistole mit:
- einfacher Hebelfunktion
- doppelter Hebelfunktion

- Pistole mit einfacher Hebelfunktion (Single Action): Mit dem Stellhebel (auf der Pistole) wird lediglich der Luftstrom reguliert. Soll durch Verstellen der Nadel auch die Farbmenge eingestellt werden, muss man allerdings den Luftstrom und die Arbeit unterbrechen.
- Bei Airbrushpistolen mit doppelter Hebelfunktion (Double Action) kann die Stellung der Farbnadel und der Luftstrom durch den Hebel reguliert werden, ohne den Luftstrom bzw. den Farbstrahl zu unterbrechen. Materialmenge und Luftstrom sind gleichzeitig, aber auch unabhängig voneinander regelbar.

55. Welcher Fehler liegt vor, wenn Luft aus dem Farbbecher der Airbrushpistole kommt?

- Düse verstopft
- Dichtung der Düse kaputt

56. Nennen Sie eine Ursache dafür, wenn keine feinen Linien mehr mit der Airbrushpistole gespritzt werden können.

Die Nadelspitze ist verbogen.

57. Womit können die feinen Airbrushpistolen besonders gut gereinigt werden?

im Ultraschallreiniger

11 Oberflächen aufbereiten

1. Erklären Sie den Begriff „Oberflächen aufbereiten".	Beim Aufbereiten der Oberflächen werden: • kleine Reparaturen ausgeführt • Oberflächen gereinigt und gepflegt
2. Geben Sie vier Gründe an, die für die Pflege und Aufbereitung von Oberflächen an Fahrzeugen sprechen.	• Schutz der Oberflächen vor Verunreinigungen (Versiegelung) • Witterungsschutz • Wertsteigerung des Fahrzeugs • optische Aufwertung
3. Nennen Sie sieben Oberflächen, die vom Fahrzeuglackierer aufbereitet werden, und nennen Sie je ein Beispiel.	• Lack: Decklack oder Klarlack • Kunststoff: Verkleidung im Innen- und Außenbereich • Metall: Zierleisten aus Chrom, Stahl (Felgen) • Glas: Scheiben • Textilien: Bezüge, Polster, auch aus Kunstleder • Gummi: Dichtungen, Reifen • Leder

11.1 Kleine Reparaturen ausführen

4. Nennen Sie den Namen der Reparaturtechnik, mit der kleine Schäden repariert werden können.	Smart Repair
5. Nennen Sie die Bedeutung für die Abkürzung „Smart" und die Übersetzung dieses Reparaturverfahrens.	S = small = klein M = middle = mittlere A = area = Bereich R = repair = Reparatur T = technology = Technik, Verfahren Eine sinngemäße Übersetzung kann also lauten: „Reparaturtechnik für kleine bis mittelgroße Karosserieflächen"

6. Welche Vorteile bietet Smart Repair?	Beschädigte Teile werden repariert und nicht ausgetauscht; dadurch: • entsteht weniger Abfall • Energie und Rohstoffe werden eingespart – das schützt die Umwelt • schnelle Reparatur • kostengünstige Instandsetzung • verkürzte Standzeit • keine Wertminderung • höherer Wiederverkaufswert • Originallack bleibt erhalten • keine Farbton- und Strukturunterschiede • fordern viele Versicherungen inzwischen diese Art der Instandsetzung
7. Nennen Sie fünf Bereiche des Smart Repairs.	• lackierfreies Ausbeulen • Kunststoffreparatur • Textilreparatur • Scheibenreparatur • Spot-Repair
8. Nennen Sie drei Bereiche einer Karosserie, die besonders gut für das lackierfreie Ausbeulen geeignet sind.	• Dellen in der Fläche, möglichst nicht an Sicken oder Kanten • Stellen, an die man gut von hinten mit dem Werkzeug herankommt • runde Dellen (Hagelschaden)
9. Nennen Sie fünf Voraussetzungen, die ein lackierfreies Ausbeulen ermöglichen.	• keine Altschäden wie Spachtelstellen oder Verzinnungen • Durchmesser der Delle max. so groß wie ein Tennisball • Tiefe der Delle max. 0,5 mm • Delle ohne scharfe Kanten oder Spitzen • Lackoberfläche nicht vorgeschädigt
10. Nennen zwei Methoden zum lackierfreien Ausbeulen.	• Hebelmethode • Zugmethode
11. Erklären Sie das Ausbeulen mit der Hebelmethode.	• Delle mit Fettstift markieren • Leuchtstoffröhre auf die Delle richten, um Höhenabweichungen besser zu erkennen • Oberfläche mit Heißluftföhn auf über 25 °C erwärmen • vom Dellenrand beginnend mit einem Hebel das Blech so weit zurückdrücken, bis es sich plastisch verformt

12. Beschreiben Sie, wie der Fahrzeuglackierer beim Zurückdrücken vorgeht.	Nach der Uhr-Methode • beginnend bei „9 Uhr", • entlang des Dellenrandes Druckpunkte setzen bis „3 Uhr", • Drückhebel ein Stück nach innen versetzen und den Weg zurück von „3 Uhr" nach „9 Uhr" Druckpunkte setzen, • den Drückhebel ein weiteres Stück nach innen setzen, • . . . usw.
13. Erklären Sie das Vorgehen beim Ausbeulen mit der Zugmethode.	• Klebepads oder Zugstempel auf die Lackoberfläche kleben • daran einen Zughammer oder ein Zuggerät befestigen • Delle herausziehen
14. Nennen Sie drei Verfahren, um Bauteile aus Kunststoff zu reparieren.	• Kunststoffkleben • Kunststoffschweißen • Laminieren
15. Wie lassen sich Brandlöcher oder kleine Risse in Textilien (Sitzpolster, Verkleidung) reparieren?	• Schadstelle mit einem Flicken unterfüttern • Oberfläche nachgestalten (Textilfasern ankleben, mit Spachtel glätten und bügeln)
16. Nach welcher Methode kann ein Schaden in der Frontscheibe repariert werden?	Die Schadenstelle wird mit Kunstharz aufgefüllt.
17. Welche Voraussetzungen müssen erfüllt sein, damit eine Frontscheibe repariert werden darf?	• Es darf nur die äußere Schicht der Verbundglasscheibe beschädigt sein. • Der Schaden darf nicht im Fernsichtfeld des Fahrers liegen. • Durchmesser des Einschlagkraters beträgt max. 5 mm. • Die Risse sind kürzer als 50 mm und enden mind. 50 mm vor dem Scheibenrand. • Folie und Innenscheibe sind unbeschädigt. • Das Innere der Schadstelle ist trocken und sauber, die Folie ist klar.
18. Erklären Sie den Begriff „Spot-Repair".	kostengünstige Reparatur kleiner Lackschäden
19. Übersetzen Sie ins Deutsche: Spot-Repair.	Punktreparatur, Fleckreparatur

20. Nennen Sie die vier Voraussetzungen für die Spot-Repair.

- der Schaden liegt in einem Anbauteil, im Stoßfänger, im Schweller oder bei Fahrzeugtür und Kotflügel in Kantennähe
- der Schaden ist max. 4 cm groß
- nur 1 Schaden pro Bauteil
- 2-Schicht-Lackierung

21. Nennen Sie zwei Beispiele, bei denen Spot-Repair nicht geeignet ist.

Schaden befindet sich:
- liegende Fläche, z. B. Motorhaube, Dach
- in der Mitte eines großflächigen Bauteils, z. B. einer Fahrzeugtür

11.2 Oberflächen reinigen und pflegen

22. Nennen Sie acht Tätigkeiten, um ein Fahrzeug zu reinigen und zu pflegen.

- Waschen
- Insekten, Teer und Politurreste entfernen
- Cabrio-Verdeck reinigen
- Kunststoffteile reinigen
- Chromteile reinigen
- Lack polieren
- Rost umwandeln
- Innenraum reinigen

23. Nennen Sie die fünf Arten der Fahrzeugwäsche.

- Fahrzeugwäsche in einer Waschanlage
- Oberwäsche von Hand
- Motorwäsche
- Unterbodenwäsche
- Räder reinigen

24. Was muss der Fahrzeuglackierer bei der Motorwäsche und bei der Unterbodenwäsche beachten?

nur an einem Waschplatz mit Schlammfang, Benzinabscheider und Feinfilter durchführen, weil der Schmutz von Motor, Motorraum und Unterboden öl- und fetthaltig ist

25. Was muss der Fahrzeuglackierer beim Arbeiten mit einem Hochdruckreiniger beachten?

- Wassertemperatur auf 60 °C bis 70 °C einstellen.
- Den Strahl nicht direkt auf elektrische Anschlüsse und Schläuche halten.
- Der Abstand der Düse zur Oberfläche muss mindestens 20 cm betragen.
- Von oben nach unten arbeiten.
- Herstellerangaben beachten! Einige Hersteller verbieten, das Fahrzeug mit Hochdruckreiniger zu reinigen.

26. Welche Schadensbilder zeigt die Lackierung an ihrer Oberfläche, die eine Aufbereitung nötig machen?

- Insektenreste
- Teerreste
- matter, stumpfer Lack
- zerkratzte und verwitterte Lackoberfläche

27. Erklären Sie, wie der Fahrzeuglackierer Insektenreste entfernt.

- Fahrzeugoberfläche gründlich vorspülen
- Insektenentferner oder Vorreiniger aufsprühen; einige Minuten einwirken lassen
- Oberwäsche
- oder trocken mittels einer speziellen Knetmasse

28. Beschreiben Sie, wie der Fahrzeuglackierer Teerflecken entfernt.

- normale Oberwäsche, aber Shampoo nicht abspülen
- Teerentferner auf die nasse Oberfläche aufsprühen und verreiben
- Oberfläche spülen und trocknen

29. Nennen Sie zwei Aufgaben von Lackpflegewachsen.

- Lackkonservierung, Schutz vor mechanischer oder chemischer Zersetzung der obersten Lackierungsschicht
- Herstellung von Hochglanz

30. Wie tief darf der Lackkratzer sein, damit der Schaden durch Polieren behoben werden kann?

Der Kratzer darf nur die oberste Schicht des Deck- oder Klarlacks anritzen; er darf nicht bis auf die Füllerschicht oder Grundierung reichen.

31. Wofür werden Schleifpolituren verwendet?

- Lackoberfläche glätten
- Schleifriefen auspolieren
- Spritzübergänge und Spritznebelspuren entfernen

32. Was ist ein Hologramm in einem polierten Lack?

Bild, das bei der Betrachtung dreidimensional erscheint. Es entsteht, wenn Licht von einer Lackierungsoberfläche mit sehr kleinen Kratzern unterschiedlich gebrochen und reflektiert wird (Lichtwellen-Interferenz).

33. Wie können Hologramme beim Polieren entstehen?

- falsche Handhabung der Poliermaschinen und Polituren
- die Verwendung zu grober Schleifpaste
- die falsche Wahl der Polierschwämme
- Poliertücher, die zu grob, zu trocken oder schmutzig sind

34. Wie können Hologramme beseitigt werden?

Mittels einer speziellen Anti-Hologramm-Politur müssen die Schleifriefen und die Schleifmittelrückstände aus der Lackierung heraus geschliffen werden.
Das ist ein längerer Prozess, der viel Fingerspitzengefühl erfordert.

35. Nennen Sie vier Möglichkeiten, diese Hologramme zu vermeiden.

- sauber arbeiten, d. h. keine Poliermaterialrückstände auf der Oberfläche zurücklassen
- mit den vom Hersteller der Polituren empfohlenen Schwämmen und der richtigen Drehzahl arbeiten
- bei dunkler und schwarzer Lackierung mit feinen Schwämmen und feinen Polituren Zwischenschritte einlegen
- Lackfinishpolitur bei allen dunklen Lackierungen mit der Exentermaschine durchführen

36. Erklären Sie, wie sich die optischen Eigenschaften einer matten Lackierung durch mechanische Einwirkungen – etwa durch Bürsten einer Waschanlage oder durch Lackreiniger/Polituren mit schleifender Wirkung – verändern.

Die aus der Oberfläche herausstehenden Mattierungsstoffe werden geglättet und damit entsteht an diesen Stellen teilweise Glanz.

37. Zählen Sie Empfehlungen auf, wie eine matte Lackierung gereinigt wird.

- manuelle Reinigung
- Reinigungssubstanzen zur „Trockenwäsche" verwenden (Spezialmaterial von Fahrzeugherstellern autorisiert)
- nur Waschanlagen mit weichen Textilbürsten

38. Was kann gemacht werden, falls versehentlich doch Wachs auf die mattierte Oberfläche gelangt?

Ohne großen Druck mit Silikonentferner entfernen.

39. Was ist bei der Reinigung eines Cabrioverdecks zu beachten?

- keine lösemittelhaltigen Reiniger verwenden
- Hochdruckreiniger nicht direkt auf Verdeckkanten oder Fensterkanten halten
- Abstand zwischen Sprühkopf und Oberfläche mind. 50 cm

40. Was muss der Fahrzeuglackierer beachten, wenn Bauteile aus Kunststoff besonders behandelt werden?

- Reiniger darf nicht auf warme Teile aufgetragen werden oder gar eintrocknen.
- Wird mit Hochdruckreiniger gereinigt, muss die Wassertemperatur unter 90 °C liegen.

41. Wie können Bauteile mit verchromter Oberfläche gereinigt werden?

- mit Felgenreiniger
- mit Polierpaste

42. Was muss der Fahrzeuglackierer beachten, wenn er mit Felgenreiniger arbeitet?

Felgenreiniger enthält aggressive Bestandteile, deshalb
- darf er nicht auf Lackierungsoberflächen gelangen,
- sind Handschuhe und Schutzbrille zu tragen.

43. Nennen Sie Druckluftreinigungspistolen, die der Fahrzeuglackierer zur Innenreinigung einsetzt.

- Trockenreinigungspistole für Dachhimmel, Sitzbezüge, Teppich, Luftdüsen, Fugen usw.
- Nassreinigungspistole, um Flecken von Fett, Kaffee, Essen oder Tierausscheidungen zu entfernen

44. Nennen sie drei Gründe, warum Leder regelmäßige Pflege braucht.

Schutz vor
- Schmutz und Flecken
- Austrocknung und Rissen
- Verblassen der Lederfarbe

45. Nennen Sie die vier Schritte, die zur Oberflächenbehandlung von Leder notwendig sind.

- Reinigung
- Pflege
- Imprägnierung
- Lichtschutz

46. Nennen Sie die Arbeitsschritte bei der Lederpflege.

Das Leder
- mit Bürste abbürsten,
- mit einem Spezialreiniger bearbeiten: vorsichtig den Schmutz lösen und herausreiben
- gut durchtrocknen lassen
- mit einem Lederpflegemittel dünn einreiben
- von offenen Fahrzeugen mit Lederfett behandeln, ebenso sehr altes Leder
- immer großflächig bearbeiten
- gut durchtrocknen lassen

47. Nennen Sie die Wirkung, die mit einem Gummipflegemittel erreicht wird.

- gibt porösen Gummischichten neue Elastizität und glättet sie
- schützt dauerhaft vor vorzeitigem Elastizitätsverlust und Rissbildungen

48. Zählen Sie die Arbeitsschritte zur Reifenpflege auf.

Reifen
- begutachten (Profiltiefe, Beschädigungen, Herstellungsdatum)
- mit Wasser und Spülmittel reinigen
- trocknen
- mit speziellem Reifenpflegemittel (Cremes) einreiben

11.3 Hautschutzplan

49. Erklären Sie, was der Hautschutzplan ist.

Im Hautschutzplan sind die Gefahren, die für die menschliche Haut am Arbeitsplatz bestehen, aufgeführt. Er beschreibt die für die Vermeidung von Hautschädigungen durchzuführenden Reinigungs- und Pflegemaßnahmen der Haut.

50. Übersetzen Sie „Hautschutzplan" ins Englische.

scin protection plan

51. Muss der Arbeitgeber einen Hautschutzplan erstellen und in Form eines öffentlichen Aushangs zu Verfügung stellen?

Ja. Der Inhalt des Hautschutzplans ist Bestandteil einer regelmäßig stattfindenden Unterweisung.

52. Nennen Sie die Hautstellen des Körpers, die besonders stark den Belastungen in einem Fahrzeuglackierbetrieb ausgesetzt sind, und nennen Sie die englische Übersetzung dafür.

- Hände = hands
- Gesicht = face
- Nacken = neck
- Ohren = ears

53. Nennen Sie die drei wesentlichen Bereiche, die im Hautschutzplan aufgeführt sind.

- Hautschutz
- Hautreinigung
- Hautpflege

54. Beschreiben Sie Maßnahmen zum Hautschutz.

- Hautschutz vor der Arbeit: Salben und Handcremes verhindern starke Verschmutzung der Haut, sind wasserabweisend und enthalten schutzfilmbildende Substanzen.
- Hautreinigung nach der Arbeit: Gründliche Reinigung durch Hautreinigungsmittel (Seife), die zum Teil Lösemittel enthalten.
- Hautpflege nach der Reinigung: Hautpflegemittel geben der Haut Feuchtigkeit und Fette wieder zurück.

55. Warum sollte darauf geachtet werden, dass diese Hautpflegemittel silikonfrei sind?	Es kommt zu Silikonverseuchung oder Silikonkratern in der Beschichtung, weil Rückstände der Pflegemittel in die Umgebung und auf Oberflächen gelangen.
56. Welche Mittel im Arbeitsbereich des Fahrzeuglackierers sind schädlich für die menschliche Haut?	alle Flüssigkeiten, die organische Lösemittel(-Gemische) enthalten
57. Zählen Sie Materialien aus dem Bereich der Fahrzeuglackierung auf, die die menschliche Haut schädigen.	• organische Lösemittel • Mineralöle • Metallstaub • Glasfasern • Mehrkomponentenharze (Epoxid-, Polyesterharze)
58. Was ist als Erstes zu tun, wenn eine Stelle der Haut verätzt wurde?	Die betroffene Hautstelle sofort unter fließend kaltem Wasser spülen. Arzt aufsuchen.

12 Mobile Werbeträger gestalten

12.1 Werbemittel und Werbeträger

1. Erklären Sie die Begriffe „Werbemittel" und „Werbeträger".

- Werbemittel sind Objekte, die die Werbebotschaft eines Unternehmens tragen.
- Werbeträger verbreiten diese Werbebotschaft.

2. Von welchen zwei Faktoren ist die Auswahl der Werbemittel abhängig?

- vom Inhalt der Werbebotschaft
- Zielgruppe und gewünschte Reichweite (Fernsehen) der Botschaft

3. Nennen Sie sechs Beispiele für Werbemittel.

- Werbeanzeigen in Zeitungen, Zeitschriften
- Werbespots im Radio
- Fernsehspots
- Plakate
- Werbung auf öffentlichen und nicht öffentlichen Verkehrsmitteln (Bus)

4. Erklären Sie, was Printmedien sind und nennen Sie drei Beispiele für diese Art des Werbemittels.

to print (engl.): drucken
Printmedien sind Medien, die in einer klassischen Druckerei oder einem modernen Copyshop gedruckt werden.
Beispiele:

- Plakat
- Flyer
- Werbung in Tageszeitungen und Zeitschriften

5. Erklären Sie den Begriff „Layout".

Layout bezeichnet:

- die visuelle Umsetzung einer Idee
- den grafischen Entwurf
- einen Entwurf, in den einzelne Gestaltungselemente wie Text, Grafik und Bild skizziert sind

Ein gutes Layout sollte der Endfassung einer Drucksache möglichst nahekommen.

12.2 Schrift auf mobilen Werbeträgern

6. Erklären Sie, was mit einem „mobilen Werbeträger" gemeint ist, und listen Sie acht Beispiele auf.

Träger der Werbebotschaft, die transportierbar, fahrbar, also beweglich sind, z. B.:

- Beschriftung auf Fahrzeugen
- Fahrzeug mit Werbeaufbau
- Werbung auf Lkw-Planen
- Werbeturm
- Werbefahrrad
- aufblasbares Riesenposter
- Riesenplakate
- Aufstellplakate

7. Weshalb eignen sich öffentliche Verkehrsmittel besonders als mobile Werbeträger?

öffentliche Verkehrsmittel:

- bieten große Flächen
- sind immer in Bewegung und dauernd im Einsatz
- genießen Sympathien in der Masse der Bevölkerung

8. Was muss berücksichtigt werden, wenn Fahrzeuge mit Schrift gestaltet und beklebt werden? Nennen Sie vier Regeln.

- Größe der Schrift: Der Text muss auch aus größerer Entfernung zu lesen sein.
- Schriftart: Sie muss dem Anlass (der Firma, dem Auftraggeber, der Zielgruppe) angepasst sein.
- Die Schrift muss zur Form der Karosserie passen.
- Farbe und Farbton der Schrift müssen in Farbton zur Farbe des Untergrunds passen.

9. Erklären Sie die Feststellung, dass bei der Gestaltung mit Schrift Form und Inhalt „kongruent" sein sollten.

Die Art einer Schrift (das Aussehen, die Form) muss übereinstimmen mit der Aussage des Textes.

10. Nennen Sie vier optische Anker in der Typografie, die den Leserblick auf sich ziehen, ihm Orientierung geben und so den Einstieg in den Text erleichtern und den Text interessanter machen.

Satzelemente, wie

- Unterlegung mit Raster
- Farbelemente
- Schriftartwechsel
- Kapitälchen

11. Erklären Sie die Begriffe „Positivschrift" und „Negativschrift".

- Positivschrift: dunkle Schrift auf hellem Untergrund (häufig)
- Negativschrift: helle Schrift auf dunklem Untergrund (seltener); auch als „inverse Schrift" bezeichnet

12. Was sollte bei der Auswahl des Hintergrunds für die Schrift beachtet werden?	Der Hintergrund: • sollte möglichst einfarbig sein; dann lassen sich Schriften mit ausreichenden Helligkeits- und Farbkontrast aufbringen • sollte nicht kleinteilig oder unruhig sein; das erschwert die Lesbarkeit der Schrift
13. Wie sollten Texte gestaltet werden, die Informationen enthalten?	neutral, mit gut lesbaren Buchstaben

12.3 Corporate Identity

14. Erklären Sie: Was ist gemeint mit „Corporate Identity" eines Unternehmens?	Corporate Identity (CI) stammt aus der englischen Sprache und bezeichnet allgemein die Identität und Philosophie eines Unternehmens.
15. Nennen Sie die drei Bereiche, aus denen sich die Corporate Identity zusammensetzt.	• Corporate Behavior: Unternehmensverhalten • Corporate Communication: Unternehmens-kommunikation • Corporate Design: Erscheinungsbild des Unternehmens
16. Was gehört zur Corporate Identity?	• Unternehmenszeichen • Hausfarbe
17. Erklären Sie den Begriff „Signet".	Einfache Zeichnung, die • schnell erfassbar ist und • eine Unterschrift (Signatur) eines Unternehmens ist
18. Was muss der Fahrzeuglackierer beachten, wenn er ein Signet für ein Unternehmen gestalten will?	Bei der Gestaltung eines Firmensignets muss das Urheberrechtsgesetz (URG) berücksichtigt werden. Plagiate sind verboten, d. h., es darf kein Original kopiert oder nachempfunden werden, wenn es urheberechtlich geschützt ist.
19. Mit welchem Zeichen wird der Urheberschutz gekennzeichnet?	Copyright ©
20. Erklären Sie, was ein Logo ist.	charakteristisches Firmensignet mit Schrift, also eine Kombination aus einem Bild- und einem Schriftzeichen.

21. Nennen und erklären Sie die drei Begriffe, die im Zusammenhang mit dem Entwerfen und Gestalten von Logos verwendet werden.

- Wortmarke: Firmenzeichen, das nur aus Schrift besteht
- Bildmarke: Firmenzeichen, das nur aus einem Bild besteht
- Wort-Bild-Marke: Firmenzeichen, bei dem Text und Bild kombiniert sind

22. Zählen Sie zwölf Kriterien auf, die ein gutes Logo erfüllen muss.

- hoher Wiedererkennungswert
- zeitgemäß
- passend zur Zielgruppe
- als Verkleinerung noch gut lesbar
- gute Fernwirkung bei starker Vergrößerung
- in 3D darstellbar
- nur wenige Farben
- Farben passend zum Corporate Design (= Hausfarbe)
- guter Blickfang (Eyecatcher)
- Schrift/Typografie passend zur Branche
- deutliche Unterscheidung zu Mitbewerbern
- auf allen Werbemitteln gut einsetzbar

23. Nennen Sie das englische Fachwort, das die Kennzeichnung eines Produktes oder einer Dienstleistung als Marke durch Bild, Wort- und Namenszeichen, Markenzeichen, Warenzeichen und Gütezeichen anzeigt.

Branding

24. Erläutern Sie, was mit der so genannten „Hausfarbe" gemeint ist.

Farbe oder auch Kombination mehrerer Farben, die durch die Corporate Identity festgelegt ist. Sie soll den Wiedererkennungswert eines Unternehmens erhöhen, z. B. werden diese Farben im Logo/Signet verwendet oder im Firmengebäude.

25. Warum ist eine Hausfarbe so wichtig für das Unternehmen?

Die Berücksichtigung der Wirkung von Farben kann das positive Image eines Unternehmens damit unterstützen.

12.4 Werbung

12.4.1 Werbemaßnahmen

26. Erklären Sie den Begriff „Werbung".

Verbreitung von Informationen in der Öffentlichkeit, mit dem Ziel, Menschen in ihrem Kaufverhalten zu beeinflussen.

27. Weshalb sollte jede Firma für sich werben?

Werbung:
- vermittelt Informationen
- möchte Produkte oder Dienstleistungen bekannt machen
- möchte erreichen, dass Produkte/ Dienstleistungen verkauft werden
- soll die öffentliche Meinung (das Image) fördern
- will absichtlich und ohne Zwang den menschlichen Willen beeinflussen

28. Erklären Sie, warum ein Fahrzeuglackierbetrieb deswegen auch Werbung machen sollte.

Mit Werbung kann der Lackierer letztendlich den Umsatz seines Unternehmens steigern, weil Kunden zum Kauf seiner Dienstleistung, nämlich Fahrzeuge zu lackieren, verleitet werden.

29. Nennen Sie zwei Arten von Werbung.

- Produkt- bzw. Absatzwerbung: Sie zielt darauf ab, ein bestimmtes Produkt oder eine Dienstleistung mit einer Handlungsaufforderung (KAUFEN!) der Zielgruppe zu übermitteln. Hier kann kurzfristig der Erfolg der Werbung anhand von Absatzzahlen gemessen werden.
- Imagewerbung: Sie stellt das Unternehmen selbst, oder seine Marke, in den Vordergrund der Werbebotschaft; stellt seine Qualitäten heraus. Häufig geht diese Werbung an die Emotionen des Empfängers und weckt dadurch Wünsche oder Sehnsüchte, die er mit dem Kauf befriedigen kann. Diese Art der Werbung ist auf langfristige Wirkung ausgelegt.

30. Was ist mit der sogenannten „AIDA-Formel" im Bereich in der Werbung gemeint?

Sie beschreibt die vier Phasen, die zu einer Kaufentscheidung und Kaufhandlung beim Kunden führen sollen:

- A = attention (engl.): Aufmerksamkeit
  Die Aufmerksamkeit des Kunden wird erregt.
- I = interest (engl.): Interesse
  Der Kunde interessiert sich für das Produkt.
- D = desire (engl.): Verlangen
  Das Verlangen nach dem Produkt wird geweckt.
- A = action (engl.): Aktion
  Der Kunde kauft das Produkt (wird aktiv).

31. Erklären Sie, warum Werbung auch als „externe Kommunikation" bezeichnet wird.

Ein Unternehmen (der Sender) sendet Informationen (Werbung) über verschiedene Kanäle (z. B. Fernsehen).
Der Konsument, die Zielgruppe (der Empfänger) empfängt diese Informationen und wird zu einer Handlung (KAUF!) verleitet. Dies wird auch als das Sender-Empfänger-Modell bezeichnet.

Werbung heutzutage macht sich also die Erkenntnisse der modernen Kommunikationswissenschaft zunutze.

32. Erklären Sie den Begriff „Firmenimage".

Vorgefasste, klare Vorstellung, die ein Kunde oder die Öffentlichkeit von einem Fahrzeuglackierbetrieb hat.

33. Zählen Sie auf, wie die persönliche und öffentliche Meinung das Firmenimage beeinflusst.

- eigene Erfahrungen mit dem Betrieb
- Mundpropaganda
- Werbebotschaften
- Presseberichte

Die persönliche Deutung dieser Informationen durch einen Kunden kann ein Firmenimage sowohl positiv als auch negativ beeinflussen.

34. Was kann ein Betriebsinhaber tun, um ein positives Image in der Öffentlichkeit zu erreichen oder das bestehende zu bestätigen? Machen Sie einen Vorschlag.

Er kann eine Imagekampagne starten, d. h., er starte eine Werbemaßnahme, die nicht auf unmittelbare Verkaufserfolge abzielt, sondern längerfristig auf die Verbesserung des Firmenansehens setzt.

35. Erklären Sie den Begriff „Public Relations".	Public Relations (PR) bezeichnet die Pflege und Verbesserung der Beziehungen zwischen einem Unternehmen und der Öffentlichkeit.
36. Zählen Sie fünf Beispiele für PR-Maßnahmen auf, die von einem Fahrzeuglackierbetrieb getroffen werden können.	• Sponsoring (Lokalsport) • Tag der offenen Tür • Hausmessen • besondere Events (Veranstaltungen) • gutes Betriebsklima schaffen
37. Übersetzen Sie den Fachbegriff „Soft Skills".	Soft Skill (engl.): weiche Fähigkeiten; gemeint sind zwischenmenschliche Fähigkeiten, die nicht dem reinen Fachwissen eines Lackierers zuzuordnen sind, wie: • Teamfähigkeit • Motivation • moralische Festigkeit • Eigeninitiative • Verantwortungsbewusstsein.
38. Erklären Sie, warum Betriebsinhaber oft den Soft Skills bei Mitarbeitern oder der Personalsuche besondere Aufmerksamkeit schenken.	Soft Skills sind wichtige Kompetenzen, durch die ein gutes Betriebsklima entsteht und motivierte Mitarbeiter gute Arbeit abliefern.
39. Erklären Sie den Fachbegriff „Outsourcing".	outsourcing (engl.): Auslagerung, z. B. ein Fahrzeuglackierbetrieb vergibt Aufträge für seine Werbung an externe Werbeagenturen.
40. Nennen Sie Dienstleistungen, die Werbeagenturen anbieten.	• Beratung zu Werbemaßnahmen • diese Maßnahmen planen, gestalten und umsetzen • Texte für Pressemitteilungen, Fachartikel, Broschüren und Interviews • Ideen für Fotos und Grafiken und deren Umsetzung • Pressemeldungen • Organisation und Durchführung von Presseveranstaltungen

41. Listen Sie auf, was in einem „Briefing" zwischen Betriebsinhaber und der Werbeagentur besprochen wird.

Briefing (engl.-amer.): Informationsgespräch, z. B. werden in einer Gesprächsrunde Vorgaben und Zielbeschreibung mit der Agentur festgelegt:

- Beschreibung des Produkts, der Dienstleistung
- Vereinbarkeit der Werbung mit den allgemeinen Marketingzielen des Unternehmens
- Markt- und Mitbewerbersituation
- Zielgruppenbeschreibung
- Werbemaßnahmen
- Werbemedien
- Werbemittel
- Werbeetat
- Abrechnung
- Zeitfenster

42. Nennen Sie fünf Arten von Werbung.

- Direktwerbung
- Multimediawerbung
- Suggestivwerbung
- Product Placement
- intermediale Werbung

43. Erklären Sie den Begriff „Direktwerbung".

Werbung mit direktem Kontakt zu Zielgruppen, z. B. durch:

- Telefonanrufe (in Deutschland verboten)
- Telefax
- Werbemail

44. Erklären Sie den Begriff „Multimediawerbung".

Unterschiedliche, meist digitale Medien werden miteinander kombiniert z. B. Video, TV, Telefon, Computer, CD, Sound. Dadurch kann Multimedia verschiedene Sinne wie Auge und Ohr gleichzeitig ansprechen.

45. Nennen Sie die „klassischen" Werbemedien.

- Zeitungen und Zeitschriften
- Anzeigenblätter
- Außenwerbung: Plakate oder Verkehrsmittelwerbung (z. B. auf Bussen)
- Fernsehen
- Hörfunk
- Kino

46. Zählen Sie vier „moderne" Werbemedien auf.

- Internet
- Telefon/Smartphone
- E-Mail
- Fax

12.4.2 Farben in der Werbung

47. Können Farben die Gefühle und Empfindungen, ja sogar das Verhalten von Menschen, beeinflussen?

Ja; Ziel der Werbung ist es, sich diese Gefühle und Empfindungen zunutze zu machen.

48. Nennen Sie die Bedeutung und Wirkung ausgewählter Farben.

Rot
Bedeutung: Liebe, Hass, Zorn, Kraft, Glück, Dynamik, Aktivität, Gefahr, Warnung, Geborgenheit
Wirkung: stimulierend, aktivierend und aufregend, aber auch unruhig, aggressiv
Orange
Bedeutung: Wärme, Vergnügen, Aktivität, Vitalität
Wirkung: selbstbewusst, feurig, harmonisch, herbstlich, billig, aufdringlich, laut, aufbauend und leistungssteigernd, stimmungsaufhellend, aufheiternd, ausgleichend
Gelb
Bedeutung: Licht, Sonne, Natur, Weisheit, Leichtigkeit, Freude, Gift, Neid, Unsicherheit, Unbeständigkeit, Lüge, Betrug, Alter, Krankheit
Wirkung: sonnig, heiter, freundlich, optimistisch
Grün
Bedeutung: Natur, Leben, Gesundheit, Frische, Hoffnung, Zuversicht, Jugend, Unreife, Ruhe, Geborgenheit, Zuverlässigkeit, Sicherheit, Untreue
Wirkung: beruhigend, ausgleichend, erfrischend und regenerierend, natürlich
Blau
Bedeutung: Ruhe, Ewigkeit, Ferne, Sehnsucht, Treue, Frieden, Sympathie, Harmonie, Freundschaft, Vertrauen, Tradition, Sicherheit, Konzentration
Wirkung: entspannend, lösend, harmonisiert, kühl

Violett
Bedeutung: Macht, Kirche, Würde, Ewigkeit, Gewalt, Mäßigung, Geheimnis, Täuschung, Untreue, Mystik, Emanzipation, weibliche Sensibilität und Charme, Unentschlossenheit,
Wirkung: undefinierbar, magisch
Braun
Bedeutung: Geborgenheit, Demut, Vergänglichkeit, Faulheit, Dummheit
Wirkung: traditionell, konservativ und mittelmäßig
Rosa
Bedeutung: Zärtlichkeit, Träumerei
Wirkung: mädchenhaft, leicht, pudrig, Ruhe fördernd, erfrischend, zart, lieblich
Weiß
Bedeutung: Weiblichkeit, Unschuld, Wahrheit, Reinheit, Leere, Sachlichkeit, Kälte
Wirkung: beruhigend
Grau
Bedeutung: Eleganz, Trübe, Eintönigkeit, Pünktlichkeit, Grauen, Alter, Vergangenheit
Wirkung: unscheinbar, minderwertig, sachlich, nüchtern, unpersönlich
Schwarz
Eleganz, Individualität, Abgrenzung, Verschlossenheit, Negation, Wahrheit, Tod, Trauer, Unglück
Wirkung: böse, geheim, illegal, konservativ, pessimistisch, hoffnungslos, schwer
Gold
Bedeutung: Reichtum, Macht
Wirkung: elegant
Silber
Bedeutung: Reinheit, Reichtum, Kälte, Schlichtheit
Wirkung: modern, elegant

12.4.3 Werbeplanung

49. Woran muss man bei der Planung von guter Werbung denken? Zählen Sie sechs Kriterien auf.

- Empfänger: Welche Zielpersonen sind anzusprechen?
- Wirkung: Welche Ziele strebt die Werbung an? In welchem Zeitraum und in welchem Umfang sollen diese erreicht werden?
- Botschaft: Was soll ausgesagt werden?
- Zeichen: Wie soll es gesagt werden? Wie ist die Botschaft zu gestalten?
- Träger: Welche Werbemittel sollen benutzt werden?
- Timing: Wann und wie oft sind die Werbemittel einzusetzen?

50. Erklären Sie den Begriff „Desktop-Publishing".

Desktop-Publishing (DTP) (engl.): Publizieren am Schreibtisch, z. B. computergestütztes Designen von Dokumenten, die aus Texten und Bildern bestehen. Im Mittelpunkt stehen ein Desktopcomputer, Software für die Erstellung des Layouts und ein Drucker zur Ausgabe.

12.4.4 Werbegrundsätze

51. Warum muss der Fahrzeuglackierer bei der Werbung bestimmte Grundregeln einhalten?

Die Werbung soll effektiv sein, es ist aber nicht alles erlaubt. Wird eine Grenze überschritten,

- kann der Gesetzgeber fordern, die Werbung zurückzuziehen
- können Konkurrenten auf Schadenersatz klagen

52. Zählen Sie vier Grundsätze für gute Werbung auf.

- Wirkung: Die Werbung soll Kunden und Verbraucher erreichen.
- Wahrheit: Werbung muss richtig informieren; sie darf nicht täuschen oder irreführen.
- Klarheit: Die Werbeaussage muss klar und für den durchschnittlichen Verbraucher leicht verständlich sein.
- Wirtschaftlichkeit: Die Kosten für die Werbung müssen in einem vernünftigen Verhältnis zum Werbeerfolg stehen.

53. Wie werden die Geldmittel genannt, die für die Werbung eines bestimmten Produkts oder einer Dienstleistung in einem bestimmten Zeitraum zur Verfügung stehen.

Etat oder auch Werbeetat

12.5 Marketing

54. Erläutern Sie den Begriff „Marketing".

Marketing bezeichnet die Gesamtheit der Tätigkeiten eines Unternehmens in Bezug auf seine Dienstleistung oder sein Produkt, also: der Vermarktung.

55. Zählen Sie die „vier P" des Marketing-Mix auf.

- Product = das Produkt
- Price = den Preis
- Place = den Vertrieb
- Promotion = Kommunikationspolitik

56. Zählen Sie zwei Maßnahmen auf, die im Bereich der Absatzwerbung und dem Marketing getroffen werden können.

- Direktmarketing
- Event-Marketing

57. Welches Ziel hat Direktmarketing?

Beim Direktmarketing (auch Direktwerbung genannt) wird ein direkter Kontakt zur Zielgruppe hergestellt.

58. Erklären Sie den Marketingbegriff „Direct Mailing" oder auch „Direct Mail".

das Zustellen adressierter oder sogar unadressierter Werbemittel per Post oder im Internet durch Verteiler

59. Nennen Sie drei weitere Beispiele für Direktmarketing.

An genau definierte Zielgruppen:
- Telefonanrufe (in Deutschland verboten!)
- Telefax
- Werbemail

60. Erklären Sie den Begriff „Event-Marketing".

Werbung, bei der inszenierte Ereignisse innerhalb von z. B. Erlebniswochenenden durchgeführt werden; den Kunden wird dann das Produkt oder die Dienstleistung in diesem Rahmen präsentiert.
Spezielle Agenturen sorgen für die komplette Organisation.

61. Erklären Sie, was das Internet ist.

Das ist ein Netz aus weltweit verbundenen Computern.
WWW = World Wide Web (engl.): weltweites Netz

62. Erklären Sie, was eine Homepage ist.

Als Homepage wird die Startseite eines WWW-Angebots bezeichnet. Hier befinden sich Inhalte, Leistungen und entsprechende Links zu anderen Bereichen bzw. Seiten.

63. Erklären Sie den Begriff „E-Mail".

„elektronische Post", die über Computernetze verschickt wird

64. Erklären Sie den Begriff „Spammail".

Spammail (auch nur „Spam" oder „Junk" bezeichnet) ist das unaufgeforderte und unerwünschte Zusenden einer E-Mail.

65. Sollte man als Fahrzeuglackierer Spammails zu Werbezwecken verschicken?

Vom Versenden von Spammails und dem damit verbundenen Ankauf von Adressen wird dringend abgeraten, denn:

- der Empfänger fühlt sich unter Umständen genervt und es entsteht ein negatives Firmenimage
- auch die Rechtsprechung in Deutschland richtet sich gegen ungewollte Werbemails

66. Darf ein Werbeträger auf einem Fahrzeugdach montiert werden?

Ja, unter drei Voraussetzungen:

- Es muss ein Teilegutachten oder eine Betriebserlaubnis nach der Straßenverkehrs-zulassungsordnung (StVZO) mitgeführt werden.
- Maße (Länge/Höhe/Breite) des Werbeträgers müssen den Vorschriften entsprechen.
- Werbeträger auf Fahrzeugdächern dürfen nicht beleuchtet (direkt/indirekt) sein.

13 Lernfeldübergreifende Fragen

13.1 Lackierung im Automobilwerk

1. Erklären Sie den Begriff „Lackierung im Automobilwerk".	Der gesamte Beschichtungsaufbau, von der Verzinkung bis zur Klarlackschicht, wird in Serie unter optimalen Bedingungen aufgebracht. Diese Lackierung wird auch „Werkslackierung" bzw. „Serienlackierung" genannt. Das Fahrzeug erhält dabei den „Originallack".
2. Zählen Sie sechs unterschiedliche Verfahren zum Auftragen von flüssigen Materialien in der Automobilindustrie auf.	• Rotationszerstäuber • elektrostatische Spritzen • Tauchen (KTL – kathodische Tauchlackierung) • Fluten • Walzen • Coil Coating
3. Wie werden Rotationszerstäuber auch genannt?	Lackierroboter
4. Welche Lacke können in der Serienlackierung elektrostatisch durch Hochrotationszerstäuber aufgetragen werden?	• Füller • Decklack • Basislack • Klarlack
5. Wie arbeitet ein Hochrotationszerstäuber eines Lackierautomaten im Automobilwerk?	Beim Zerstäuber wird das Lackmaterial fast drucklos zur Düse geleitet, dort dreht sich ein Teller, der das Material zum Rand hin beschleunigt und Tropfen ausbildet. Rotationszerstäuber werden zu den mechanischen Zerstäubern gerechnet.
6. Nennen Sie die zwei Tellerarten, die sich an der Spitze des Zerstäubers drehen.	• Scheibenteller • Glockenteller

7. Nennen Sie sechs Vorzüge eines Rotationszerstäubers.	• arbeitet verstopfungsfrei • kleine bis sehr große Strahlfläche • schneller Farbwechsel während der Produktion • elektrostatisches Spritzen möglich • für Pulverlacke geeignet • sehr flexibel an Roboterarmen einsetzbar
8. Nennen Sie den Lackierungsaufbau, den moderne Serienfahrzeuge haben.	1. Verzinkung (Zinkphosphatierung) 2. Grundierung 3. Füller 4. Metallic-Basislack oder pigmentierter Decklack 5. Klarlack
9. Erklären Sie den Begriff „Phosphatieren".	Die saubere, entfettete und blanke Stahlkarosserie wird vor dem Grundieren in Phosphorsäure getaucht.
10. Beschreiben Sie, was die Phosphorsäure bewirkt.	• Die Säure ätzt den Stahluntergrund leicht an, es entsteht eine raue Oberfläche; es können höhere Adhäsionskräfte wirken und die Grundierung hält sehr gut. • Die Phosphorsäure reagiert chemisch mit dem Eisen des Stahls; es bilden sich wasserunlösliche Eisenphosphatsalze an der Oberfläche, die Korrosionsschutz bieten.
11. Erklären Sie den Begriff „Zinkphosphatierung".	Wenn der Phosphorlösung Zink-Kationen beigefügt sind, entsteht auf dem Stahl eine Zinkphospahtschicht, die sehr gut vor Korrosion schützt. Dieses Verfahren ist auch als „Verzinkung" bekannt.
12. Welche Farbe hat die Zinkphosphatschicht?	dunkelgrau
13. Mit welchem Verfahren wird die Grundierung im Werk aufgebracht?	kathodische Tauchlackierung (KTL)
14. Erklären Sie das Verfahren kurz und die benötigten technischen Voraussetzungen.	Die Stahlkarosserie wird negativ geladen (Kathode). Als Gegenelektrode (Anode) dient ein Edelstahlblech. Es wird eine Spannung von 230 V angelegt. Die Temperatur der Flüssigkeit liegt bei 28 °C bis 32 °C.
15. Warum wird der Füller bei hoher Temperatur im Trockenofen „eingebrannt"?	• Die Moleküle vernetzen sich besonders gut. • Es wird eine hohe Haltbarkeit erreicht.

16. Erklären Sie die „füllerlose Serienlackierung“.	Metallic-Basislack und Klarlack übernehmen die Aufgaben eines Füllers im Lackierungsaufbau, z. B. beim Untergrund- und Steinschlagschutz. Dies ist möglich, weil eine höhere Schichtdicke appliziert wird.
17. Nennen Sie vier Gründe, warum farbige Füller verwendet werden können.	• An mechanisch nicht belasteten Stellen (Innenraum) kann der pigmentierte Füller sogar ganz den Decklack ersetzen. • Der Basislack kann sehr dünn aufgetragen werden. • Unter dem Basislack sieht man Steinschlagschäden nicht mehr so deutlich. • Es kann hier auf einen Arbeitsschritt verzichtet werden; Wirtschaftlichkeit!
18. Zählen Sie die Vorarbeiten auf, die für eine Pulverbeschichtung notwendig sind.	1. Material/Werkstück entfetten 2. Phosphatieren (bei Stahl) 3. Ätzen (bei verzinktem Stahl) 4. Anrauen (Aluminium) 5. mit VE-Wasser spülen 6. Trocknen 7. Haftvermittler auftragen 8. Trocknen
19. Welche zwei Eigenschaften muss ein Untergrund haben, damit er für eine Pulverbeschichtung geeignet ist?	• elektrisch leitfähig • Temperaturen bis 220 °C aushalten
20. Nennen Sie drei typische Untergründe, die für die Pulverlackierung geeignet sind.	• Stahl • verzinkter Stahl • Aluminium
21. Nennen Sie fünf Fahrzeugteile, die im Pulverlackierverfahren beschichtet werden.	• Felgen • Fensterleisten oder Spiegelfüße • Motoren und Motorteile • Oldtimer: Auto- und Motorradteile • Fahrradrahmen
22. Erklären Sie, warum zum Auftragen von Pulverlack Strom benötigt wird.	Das Pulver und das zu beschichtende Werkstück werden elektrostatisch aufgeladen. Dazu wird Strom (eine hohe Spannung) benötigt.

23. Beschreiben Sie die technischen Abläufe einer Pulverbeschichtung.

- Es wird ein elektrisches Feld zwischen der Pistole und dem Werkstück hergestellt. Das Werkstück muss dafür vorher geerdet werden.
- Das geladene Farbpulver wird dann mit einer speziellen Pulver-Sprühpistole aufgetragen.
- Eine Elektrode an der Pistolenspitze lädt das Lackmaterial auf.
- Dabei lagert sich das Farbpulver entlang der magnetischen Feldlinien an, die zwischen der Pistole und dem geerdeten Werkstück bestehen.

24. Was wird als „Umgriff" bezeichnet?

Die Pulverlackpartikel werden durch die Feldlinien geleitet und gelangen bis auf die Rückseite des Werkstücks – sie umgreifen quasi das Werkstück. Ohne das Werkstück drehen zu müssen, kann die Rückseite beschichtet werden.

25. Erklären Sie die Trocknung eines Pulverlacks.

Die Werkstücke werden für ca. 20 Minuten in einem Einbrennofen gebrannt. Die Temperatur beträgt je nach Lackmaterial und Untergrund zwischen 160 °C und 220 °C. Die Pulverteilchen verschmelzen miteinander und härten dabei aus.

26. Zählen Sie sieben Vorteile einer Pulverbeschichtung auf.

- kratzfeste Oberfläche
- gleichmäßige Schichtdicke, auch auf der Rückseite des Werkstücks
- wenig Kantenflucht
- sehr hoher Widerstand gegen mechanische und chemische Belastung
- hohe Licht- und Farbbeständigkeit
- wirtschaftliches Verfahren
- Umwelt wird wenig belastet

13.2 Straßenfahrzeuge

27. Erklären Sie den Begriff „Straßenfahrzeug" nach DIN 70 010.

Straßenfahrzeuge sind Landfahrzeuge, die sich vorrangig auf Straßen bewegen; sie benötigen dafür keine Gleise.

28. Was sind Kraftfahrzeuge?

maschinell angetriebene Fahrzeuge, eingeteilt in:
- Kraftwagen
- Krafträder

29. Nennen Sie die zwei verschiedenen Gruppen von Kraftwagen nach DIN 70 010.

- Personenkraftwagen (Pkw)
- Nutzkraftwagen (Nkw)

30. In welche drei Gruppen werden nach DIN 70 010 die Nutzkraftwagen eingeteilt?

- Kraftomnibus
- Lastkraftwagen
- Zugmaschine

31. Erklären Sie den Begriff „Personenkraftwagen".

Personenkraftwagen (Pkws) sind Fahrzeuge, die zur Beförderung von Personen zugelassen sind.

32. Nennen Sie die neun Beispiele für Personenkraftwagen nach DIN 70 010.

- Limousine
- Cabrio-Limousine
- Pullman-Limousine
- Coupé
- Kombi
- Cabriolet
- Nutzkraftwagen-Kombi
- Spezial-Pkw
- Mehrzweck-Pkw

33. Erklären Sie stichwortartig den Begriff „SUV".

SUV (Sports Utility Vehicle) ist ein Mehrzweck-Pkw, Geländewagen, teilweise mit Allradantrieb

34. Welche Fahrzeuge werden als „Van" bezeichnet?

Nutzkraftwagen-Kombi; Kombi mit höherem Dach, und bis zu neun Sitzen, deshalb auch Großraum-Limousine genannt

35. Nennen Sie je ein Beispiel für ein elektrisches, elektronisches, mechanisches, pneumatisches und hydraulisches Bauteil an/in einem Fahrzeug.

Bauteil:
- elektrisch: Fensterheber
- elektronisch: Motorsteuerung
- mechanisch: Radaufhängung
- pneumatisch: Federung
- hydraulisch: Stoßdämpfer

36. Nennen Sie die fünf Teilsysteme, aus denen ein Kraftfahrzeug besteht.	• Motor • Kraftübertragung • Fahrwerk • elektrische, elektronische Anlage • Karosserie
37. Nennen Sie sechs Motorenarten, die im modernen Fahrzeugbau Verwendung finden.	• Ottomotor • Dieselmotor • Wankelmotor • Gasmotor • Elektromotor • Hybridmotor
38. Was heißt „Motor" auf Englisch?	engine
39. Welche drei Teile in einem Kfz dienen der Kraftübertragung?	• Getriebe • Kupplung • Gelenkwelle
40. Übersetzen Sie „Getriebe" und „Kupplung" ins Englische.	• Getriebe: gearbox • Kupplung: clutch
41. Was wird beim Kfz als „Fahrwerk" bezeichnet?	alle beweglichen Teile, die die Verbindung zwischen Karosserie und Fahrbahn herstellen
42. Übersetzen Sie „Fahrwerk" ins Englische.	• chassis oder • undercarriage
43. Nennen Sie drei weitere geläufige Bezeichnungen für „Fahrwerk".	• Fahrgestell • Rahmen • Chassis
44. Nennen Sie sechs Teile, die zum Fahrwerk gehören.	• Lenkung • Räder • Radaufhängung • Getriebe • Federung • Stoßdämpfer
45. Übersetzen Sie ins Englische: „Lenkung", „Räder" und „Bremse".	• Lenkung: steering • Räder: wheels • Bremse: break
46. Aus welchen zwei Teilen setzt sich ein Rad zusammen?	• Reifen • Rad = Felge + Speichen + Nabe Das Rad wird heutzutage auch häufig einfach als „Felge" bezeichnet.

47. Erklären Sie, was folgende Angaben auf einem Reifen bedeuten: 185/70 R 19 84 T

185: Gesamtbreite des Reifens in Millimeter an der breitesten Stelle (nicht der Lauffläche)
70: Verhältnis von Flankenhöhe zu Reifenbreite in %; auch „Querschnittsverhältnis" genannt
Flankenhöhe = 185 mm × 70 %
= 125 mm
R: Radialreifen (radiale Reifenkarkasse)
19: notwendiger Felgendurchmesser für diesen Reifen in Zoll
84: Tragfähigkeitsindex
84 ≙ 500 kg
T: Geschwindigkeitsindex
T ≙ v_{max} = 190 km/h

48. Erklären Sie, was die letzten vier Ziffern der DOT-Nummer auf modernen Reifen bedeutet.

Die vierstellige Zahl zeigt die Produktionswoche und das Produktionsjahr an. Bei Reifen ab dem Jahr 2000 ist die Bezeichnung immer vierstellig, beispielsweise steht „2113" für
- die 21. Produktionswoche (Kalenderwoche)
- des Jahres 2013

49. Wie viel Profiltiefe muss ein Autoreifen in Deutschland mindestens haben?

Der Gesetzgeber schreibt mindestens 1,6 mm vor.

50. Was geschieht mit Altreifen?

- Die Reifen werden runderneuert.
- Ist das nicht möglich, werden sie zerkleinert, Kautschuk wird von Stahl- und Textilfaser-Einlagen getrennt und für die Energiegewinnung verbrannt oder zur Schalldämmung u. Ä. recycelt.

51. Wie sind Winterreifen zusätzlich gekennzeichnet?

Winterreifen sind mit „M+S" gekennzeichnet, manche zusätzlich mit dem Schneeflockensymbol (alpine symbol).

M+S = Mud and Snow (engl.): Matsch und Schnee

52. Warum schreiben die Fahrzeughersteller für jeden Fahrzeugtyp den Mindestreifendruck vor?

Der Reifendruck beeinflusst:
- das gesamte Fahrverhalten
- die Fahrsicherheit
- den Kraftstoffverbrauch
- die Reifenlebensdauer

53. Zählen Sie auf, welche Folgen ein zu niedriger Reifendruck haben kann.

- zu hoher Rollwiderstand
- schwammiges Fahrverhalten
- erhöhte Bodenhaftung bei niedrigen Geschwindigkeiten
- starke Erwärmung des Reifens bei hoher Geschwindigkeit durch den hohen Rollwiderstand (Walken)

54. Erklären Sie folgende Kennzeichnung einer Felge:
8 J x 19 H2 ET 28 5 × 108 × 65

8:	Felgenbreite (auch: Maulweite) in Zoll
J:	Kennung für die Größe des Felgenhorns
x:	Kennzeichnung für Tiefbettfelge
19:	Felgendurchmesser in Zoll
H2:	Doppelhump
ET 28:	Einpresstiefe in mm
5:	Lochzahl, Anzahl der Radbolzen
108:	Lochkreisdurchmesser in mm
65:	Durchmesser der Radnabenbohrung in mm

55. Was ist ein Hump?

rundum laufende Sicke einer Felge, meist beiderseits des Tiefbetts eingepresst; er verhindert, dass der Reifen auch bei hoher Querbeschleunigung (Kurvenfahrt) in das Tiefbett abrutscht und plötzlich Luft verliert

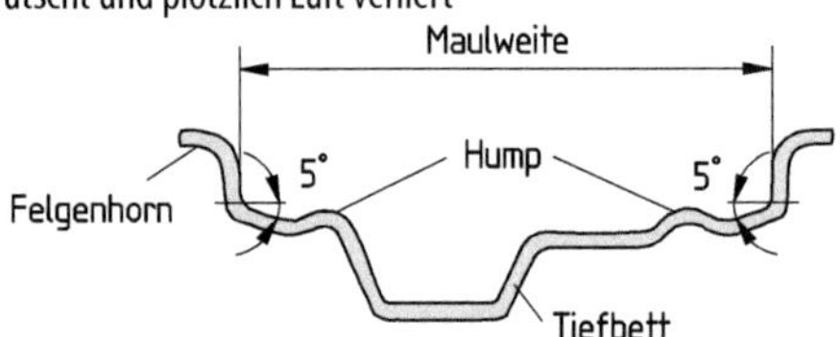

56. Welche Felgenart ermöglicht die Montage eines schlauchlosen Reifens?

Tiefbettfelge

57. Welcher Fehler liegt vor, wenn das Lenkrad eines Fahrzeugs schräg steht oder das Auto nach rechts oder nach links zieht?

Die Fahrzeugachse stimmt nicht, d. h., der Winkel der Radaufhängung hat sich verändert.

58. Zählen Sie sechs Faktoren auf, die die Radstellung eines Kfz bestimmen.

- Spur
- Spurweite
- Sturz
- Radstand
- Spreizung
- Nachlauf

59. Erklären Sie, was die „Spurweite" ist.

Abstand zwischen der Mitte des rechten und des linken Rades einer Achse

60. Welche Folgen hat es, wenn Vorder- und Hinterachse unterschiedliche Spurweite haben?

Durch unterschiedliche Spurweite an Vorder- und Hinterachse kann das Fahrverhalten beeinflusst werden.

61. An welcher Stelle wird die Spur gemessen?

an den Felgenhörnern

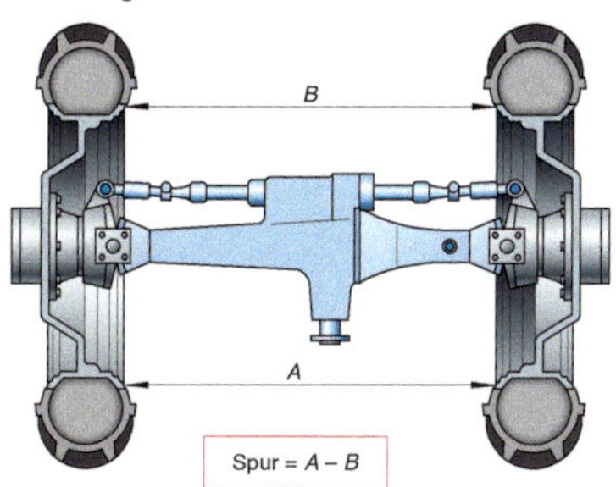

62. Erklären Sie den Begriff „Sturz".

Neigungswinkel des Rades zur Senkrechten

63. Wann wird der Sturz bezeichnet mit
- positivem Vorzeichen
- negativem Vorzeichen?

- positiver Sturz: die Neigung des Rads oben nach außen
- negativer Sturz: eine Radneigung oben nach innen

64. Warum erfolgt die Messung des Sturzes bei Radstellung „Fahrt geradeaus"?

Weil sich der Sturz mit dem Radeinschlag ändert.

65. Erklären Sie, was der Radstand ist.

Abstand zwischen Vorder- und Hinterachse eines Kfz.

66. Was ist die Spreizung?

Neigungswinkel der Schwenkachse eines gelenkten Rades oben und nach innen

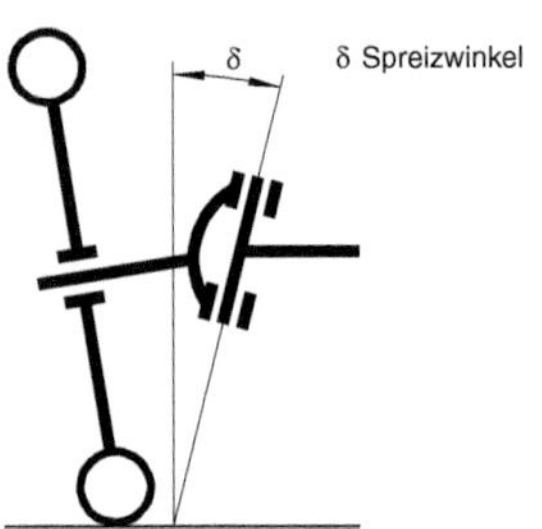

67. Erklären Sie, was elektrischer Strom ist.

Elektrisch geladene Teilchen wandern von einem Pol mit einem Überschuss an Elektronen (Minuspol) zum anderen Pol mit einem Mangel an Elektronen (Pluspol).

68. Was heißt „Strom" auf Englisch?

current

69. Was versteht man unter dem Begriff „elektrische Stromstärke"?

Sie gibt an, wie viele geladene Teilchen sich gleichzeitig durch ein Kabel bewegen.

70. Wie lauten das Formelzeichen und die Einheit für die elektrische Stromstärke?

- Formelzeichen: *I*
- Einheit: A (Ampere)

71. Erläutern Sie den Begriff „elektrische Spannung".

Damit Strom fließt, muss immer wieder ein Überschuss an Elektronen produziert werden. Das geschieht in einer Autobatterie zum Beispiel durch eine chemische Reaktion.

72. Wie lauten das Formelzeichen und die Einheit für die elektrische Spannung?

- Formelzeichen: *U*
- Einheit: V (Volt)

73. Erklären Sie, was die „elektrische Leistung" ist?

Vermögen, aus der Bewegung der Elektronen (dem elektrischen Strom), eine mechanische oder thermische Kraft oder Licht zu erzeugen.

74. Übersetzen Sie „elektrische Leistung" ins Englische.

electric power

75. Nennen Sie Formelzeichen und Einheit für die elektrische Leistung.

- Formelzeichen: *P*
- Einheit: W (Watt)

76. Erklären Sie: Was ist 1 Watt an Leistung?

1 Watt bezeichnet die Leistung, die nötig ist, um bei einer elektrischen Spannung von 1 Volt einen elektrischen Strom von 1 Ampere fließen zu lassen.

77. Erklären Sie den Begriff „elektrostatische Aufladung".	Jedes Material enthält positive und negative Ladungsträger, die sich im Normalfall ausgleichen. Bei Reibung zweier Materialien können negative Teilchen herausgerissen werden, die sich dann an der Oberfläche des einen Reibepartners sammeln. An der Oberfläche entsteht nun ein Gleichspannungsfeld. Man spricht dabei von Reibungselektrizität.
78. Wo kann Reibungselektrizität im Fahrzeuglackierbetrieb entstehen?	Reibungselektrizität entsteht z. B. beim: • Laufen mit Gummisohlen • Umfüllen von Lösemitteln • Herumrutschen auf Sitzpolstern • Schleifen von Aufbauten aus Sandwichplatten mit Kunststoff
79. Nennen Sie Materialien, die besonders gern negativ geladene Teilchen abgeben.	• Kunststoffe wie Polyacryl (PA) • Baumwolle
80. Welche Materialien laden sich besonders stark negativ auf?	• Glas • Polyvinylchlorid (PVC) • Polyethylen (PE) • Polystyrol (PS)
81. Was passiert bei einer elektrostatischen Entladung?	Es kommt zum Funkenschlag.
82. Warum ist eine elektrostatische Entladung gefährlich?	• Bei der Entladung fließen sehr hohe Ströme (bis zu 20 000 V), die die elektronischen Bauteile eines Kfz beschädigen können. • Bei der Entladung entstehen Funken, die ein Gas-Luft-Gemisch oder Staub-Luft-Gemisch zur Explosion bringen können.
83. Warum ist die elektrostatische Aufladung in einem Fahrzeuglackierbetrieb unerwünscht?	Elektrostatisch geladenen Flächen ziehen Staub an, der sich auf der Oberfläche anlagert und zu Lackierungsfehlern führt.
84. Warum müsste die Batterie in Fahrzeugen streng genommen „Akkumulator" genannt werden?	Batterien sind nicht wieder aufladbar. Eine Autobatterie wird aber im Fahrbetrieb ständig aufgeladen; ist also eigentlich ein Akkumulator (Akku).
85. Welche Aufgaben hat die Batterie im Fahrzeug? Nennen Sie zwei.	• elektrische und elektronische Geräte betreiben • Energie beim Start liefern

86. Was passiert, wenn die Pole einer Batterie z. B. durch einen Schraubenschlüssel verbunden werden?

Es entsteht ein Kurzschluss mit Funken und großer Wärme.

87. Nennen Sie fünf Sicherheitsmaßnahmen, die beim Ein- und Ausbau von Batterien zu beachten sind.

- beim Ausbau erst den Minuspol abklemmen, um Kurzschluss zu vermeiden
- beim Einbau den Minuspol zuletzt anschließen
- Pol-Klemmen mit möglichst wenig Gewalt montieren
- die Pole und deren Klemmen sauber halten und einfetten, um Korrosion zu verhindern
- die Batterie im Fahrzeug muss fest sitzen

88. Mit welcher Stromart wird eine Batterie geladen?

mit Gleichstrom

89. Die Batterie eines Fahrzeugs hat sich durch langes Stehen entladen. Erklären Sie die Schritte, die bei der Starthilfe durch ein zweites Fahrzeug notwendig sind.

1. zuerst das rote Überbrückungskabel an den Pluspol der entladenen Batterie klemmen.
2. die andere Klemme des roten Kabels an die geladene Batterie anschließen
3. eine Klemme des schwarzen Kabels an den Minuspol der geladenen Batterie klemmen
4. die andere Klemme des schwarzen Kabels auf eine Masse (Motorblock) des Fahrzeugs klemmen
5. Kabel so weit wie möglich von der Batterie entfernt legen
6. Motor des Fahrzeugs, das Starthilfe gibt, starten
7. wenn der Motor des Fahrzeugs mit der entladenen Batterie „läuft", alle Kabelklemmen in umgekehrter Reihenfolge wieder entfernen

Dabei sind die Herstellerangaben zu beachten.

90. Was bedeutet die Abkürzung „AMG-Batterie"?

AMG-Batterie = Absorbent-Glass-Mat-Battery (engl.): Batterie mit saugendem Glasmattenvlies, kurz als „Vlies-Batterie" bezeichnet

91. Kann der Stromschlag einer Autobatterie für den Menschen gefährlich sein?

Eine Autobatterie hat nur eine geringe elektrische Spannung, deshalb kann es kaum zu gesundheitsschädlichen Stromschlägen kommen.
Anders bei den Batterien für Elektroantrieb (Hochvolt-Systeme): Diese Batterien haben eine elektrische Spannung von 400 V; das ist „Starkstrom". Ein Stromschlag mit dieser Spannung kann einen Menschen töten.

92. Was ist beim Umgang mit Hochvolt-Systemen (HV-Systeme) zu beachten?

- Arbeiten an HV-Systemen dürfen nur von Personen ausgeführt werden, die elektrotechnisch unterwiesen sind; die Unterweisung muss dokumentiert werden.
- An aktiven Teilen und Betriebsmitteln, die unter Spannung stehen, darf **nicht** gearbeitet werden – spannungsfreien Zustand herstellen!
- Es muss ein vollständiger Berührungs- und Lichtbogenschutz gegenüber dem HV-System gewährleistet sein – HV-eigensicher.
- HV-System gegen Wiedereinschalten sichern.

93. Zählen sie fünf Arten von Licht auf, das an einem Fahrzeug mit zwei Lampen nach vorne leuchtet.

- Fernlicht
- Abblendlicht/Kurvenlicht
- Standlicht
- Nebellicht
- Tagfahrlicht

94. Übersetzen Sie ins Englische:

1 Beleuchtung	1 lightning system
2 Scheinwerfer	2 headlights
3 Fernlicht	3 main beam
4 Blinker	4 indicator flasher
5 Glühlampe	5 light bulb
6 Abblendlicht	6 dipped beam
7 Tagfahrlicht	7 daytime running lamp
8 Leuchtweitenregelung	8 headlamp leveling

95. Ordnen Sie der Beleuchtung an einem Kraftfahrzeug die vorgeschriebenen Farben zu: 1 Fahrtrichtungsanzeiger 2 Rückstrahler 3 Kennzeichenbeleuchtung 4 Nebelschlussleuchten 5 Rückfahrscheinwerfer	 1 Orange 2 Rot 3 Weiß 4 Rot 5 Weiß
96. Nennen Sie die Farbe, in der eine Kontrolllampe eingeschaltetes Fernlicht anzeigen muss.	Blau (mit wenigen Ausnahmen Gelb)
97. Übersetzen Sie folgenden englischen Begriff: „Vehicle Electrical System".	Bordnetz
98. Erklären Sie den Begriff „Bordnetz".	elektrisches Netz im Fahrzeug
99. Aus welchem Metall sind die elektrischen Leitungen in Fahrzeugen?	Kupfer, weil es den Strom gut leitet.
100. Wie groß ist der Querschnitt A der Kabel für: 1 Rücklicht 2 Standlicht 3 Innenbeleuchtung 4 Kontrollleuchten 5 Fahrtrichtungsanzeiger 6 Scheinwerfer 7 Scheibenwischer 8 Hupe	• Nummer 1 bis 4: $A = 0{,}75\ \text{mm}^2$ • Nummer 5 bis 8: $A = 1{,}5\ \text{mm}^2$
101. Ordnen Sie den Farben der Kabel in einem Fahrzeug ihren Verwendungszweck nach DIN 72 551-7 zu.	• hellblau: Kontroll- und Signalleuchten • braun: Masse • weiß: Fernlicht • gelb: Abblendlicht
102. Wie hell leuchtet eine 24-V-Lampe, die versehentlich statt einer 12-V-Lampe eingebaut wurde?	Die 24-V-Lampe leuchtet schwächer als die 12-V-Lampe.
103. Erklären Sie, welche Funktion ein digitales Steuergerät in einem Kfz hat.	Das digitale Steuergerät nimmt alle Informationen aus den verschiedenen Sensoren im Auto auf und verarbeitet sie. Es speichert Messwerte und vergleicht diese mit fest eingespeicherten Daten. Fehler werden festgestellt und gespeichert. Das Steuergerät kann mit anderen Computern über CAN-BUS kommunizieren.

104. Nennen Sie die englische Bezeichnung für „digitales Steuergerät".

central processing unit (CPU)

105. Erklären Sie das E-V-A-Prinzip.

- Eingabe: Sensoren im Auto messen die physikalischen Größen wie Drehzahl, Druck, Temperatur (Istwerte).
- Verarbeitung: Das Steuergerät vergleicht jeden Istwert mit der programmierten Sollgröße (Sollwert).
- Ausgabe: Wenn der Istwert mit dem Sollwert nicht übereinstimmt, steuert das Steuergerät automatisch nach, sodass der Istwert wieder mit dem Sollwert übereinstimmt.

106. Warum muss der Fahrzeuglackierer wissen, welche Aufgaben ein digitales Steuergerät im Fahrzeug hat?

Er muss folgende Tätigkeiten ausführen können:

- Fehler und Messwerte auslesen
- Steuergerät neu programmieren
- Leitungen und Steckverbindungen überprüfen

107. Was bedeutet die Abkürzung „CAN-BUS"? Übersetzen Sie die englischen Begriffe ins Deutsche.

- BUS = Binary Unit System (engl.): binäre Systembaugruppe
- CAN = Controller Area Network (engl.): Netzwerkkontrollsystem

108. Erklären Sie den Begriff „CAN-BUS".

BUS ist ein System zur Datenübertragung über einen gemeinsamen Übertragungsweg zwischen dem Steuergerät und den Sensoren. Die Geräte tauschen Informationen über die Betriebszustände (Druck, Drehzahl usw.) im Fahrzeug aus.
Außerdem funktioniert darüber das Fahrzeugdiagnosesystem.

109. Nennen Sie zwei Beispiele, wie mithilfe von CAN-BUS die Umwelt geschont wird.

- Durch die elektronische Motorsteuerung wird die Verbrennung optimiert.
- Kabelstränge in den Fahrzeugen werden kürzer, weil mehrere verschiedene Informationen über ein Kupfer- oder sogar ein Glasfaserkabel laufen können; dadurch werden Masse und somit Kraftstoff gespart.

110. Was wird bei einem Fahrzeug als „Karosserie" bezeichnet?

Aufbau des Fahrzeugs, d. h. auf das Fahrwerk aufgebaut

111. Übersetzen Sie „Karosserie" ins Englische.

body

112. Wozu dient eine Karosserie?

- zum Schutz der Insassen und des Gepäcks
- sich selbst und andere Bauteile tragen
- Fahrzeugteile stabil miteinander verbinden
- bei einem Unfall Knautschzonen bilden
- dem Fahrtwind eine geringe Angriffsfläche bieten, um den Kraftstoffverbrauch zu senken und Windgeräusche zu vermeiden

113. Zählen Sie die fünf Baugruppen einer Fahrzeugkarosserie auf.

- Motorraum
- Insassenraum
- Gepäckraum
- Türen
- Verglasung

114. Erläutern Sie die zwei häufigsten Karosseriebauweisen und nennen Sie je ein Beispielfahrzeug.

Selbsttragende Karosserie: Die Rahmenteile und Aufsätze sind zu einer Einheit gefügt. Der Fahrzeugboden, die Säulen, Türen und Fenster haben eine tragende Funktion in der Karosserie übernommen. Beispiel: moderne Pkws

Nichtselbsttragende Karosserie: Die Karosserie ist auf einem Rahmen (z. B. Leiterrahmen) montiert. Die weiteren Fahrwerksgruppen wie Achsen, Lenkung werden am Rahmen befestigt. Beispiel: Lkw und Geländewagen

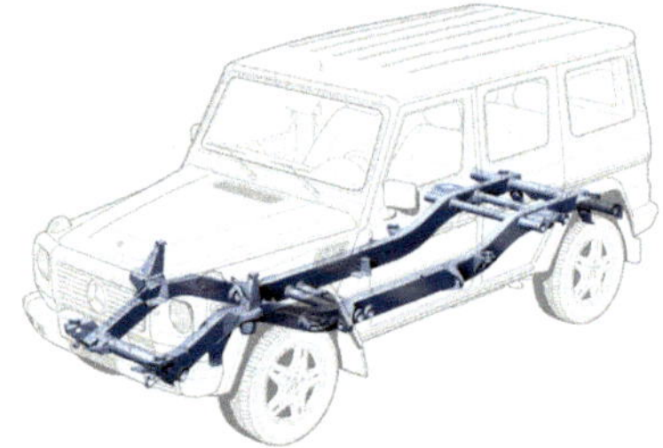

115. Zählen Sie alle Säulen eines Pkws in der richtigen Reihenfolge vom Fond bis zum Heck auf.

- A-Säule (an der Frontscheibe)
- B-Säule (hinter Fahrertür)
- C-Säule (Limousine)
- D-Säule (Kombi)

116. Nennen Sie die Fachbezeichnung von den Teilen der Pkw-Karosserie.

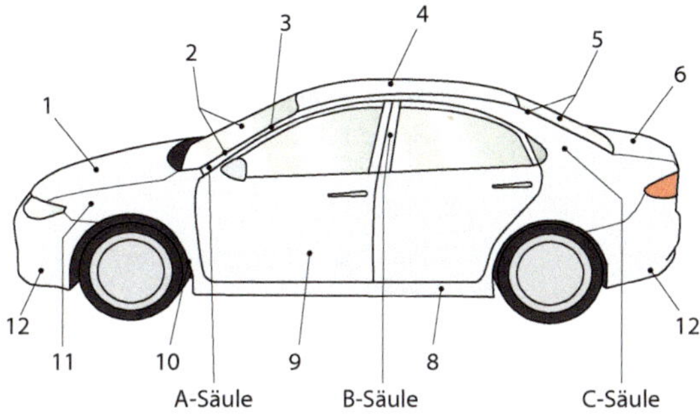

1 Deckel (vorne) = Motorhaube
2 Frontscheibe und Scheibenrahmen
3 Dachholm
4 Dachhaut
5 Heckscheibe und Rahmen
6 Kofferraumdeckel
8 Schweller
9 Tür
10 Radlauf
11 Kotflügel
12 Stoßfänger (an Front und am Heck)

117. Übersetzen Sie folgende Begriffe ins Englische.

- Motorhaube
- Frontscheibe
- Dach
- Heckscheibe
- Kofferraumdeckel
- Tür
- Radlauf
- Kotflügel
- Stoßfänger

- hood oder engine cowling
- windshield
- car roof
- rear window
- car boot hood
- door
- wheel arch
- fender
- bumper

118. Aus welchem Material ist das Dach eines Cabriolets, das als „Softtop" bezeichnet wird?

aus Stoff

119. Was ist das „Hardtop" an einem Cabriolet.

Ein festes Dach aus Kunststoff, das im Winter anstelle des Stoffverdecks genutzt werden kann; es gibt dann dem Cabriolet das Aussehen eines Coupès.

120. Erklären Sie den Begriff „Aerodynamik" im Zusammenhang mit der Karosserieform eines Kfz.

Aerodynamik bezeichnet das Maß an Luftwiderstand, den eine Karosserie durch ihre Form hat.

121. Nennen Sie das Kürzel, mit dem der Luftwiderstandsbeiwert bezeichnet wird.

c_W-Wert.

122. Erklären Sie den Begriff „Spoiler" und nennen Sie Möglichkeiten, wie sie eingesetzt werden.

Ein Spoiler ist ein starres Anbauteil aus Kunststoff an der Karosserie.

123. Erklären Sie, was „Sicken" in einem Karosserieblech sind.

Vertiefungen im Blech, die sich über die ganze Karosserieseite ziehen können

124. Nennen Sie zwei Funktionen, die Sicken im Karosserieblech haben.

- Steifigkeit von großen Blechflächen erhöhen, z. B. Türblatt
- als Designelement zur optischen Aufwertung

125. Erklären Sie den Begriff „aktive Fahrzeugsicherheit".

Maßnahmen, die helfen, einen Unfall zu verhindern.

126. Nennen Sie Einrichtungen zur aktiven Fahrzeugsicherheit.

- Servolenkung
- Lenkunterstützung durch Hinterradlenkung
- ABS (Antiblockiersystem)
- ESP (elektronisches Stabilitätsprogramm)
- ASR (Antischlupfregelung)
- automatische und permanente Reifendruckkontrolle
- automatische Abstandsmessung mit Bremsassistent
- Umfelderkennung via Radar und Kamera
- Spurhalteassistent
- Spurwechsel- bzw. Toter-Winkel-Assistent
- Nachtsichtkamera mit Infrarot
- Verkehrszeichenerkennung
- Car-to-Car-Communication

127. Erklären Sie den Begriff „passive Fahrzeugsicherheit".

Folgen eines Unfalls mindern, sie greifen nicht aktiv in das Geschehen ein.

128. Nennen Sie Einrichtungen für die passive Fahrzeugsicherheit.

- die Fahrgastzelle an sich
- Knautschzonen in der Karosserie
- aktiver Fußgängerschutz
- Airbags
- Kopfstützen
- Überrollbügel bei Cabrios
- Sicherheitsgurte
- Gurtkraftbegrenzer
- Gurtwarner
- Seitenaufprallschutz
- automatische Notrufsysteme mit Crasherkennung

13.3 Der Kunde

129. Erklären Sie, warum „der Kunde König ist".

Der Kunde
- ist der wichtigste Partner des Fahrzeuglackierbetriebes
- sichert die Einnahmen des Betriebs
- und somit die Arbeitsplätze

130. Nennen Sie Beispiele, wie jeder Mitarbeiter und jeder Auszubildende den Kunden entgegentreten soll.

- gepflegtes Äußeres (Rasur, Haarschnitt)
- saubere Arbeitskleidung
- freundlich, höflich
- Fachkompetenz zeigen, aber keine Diskussionen führen
- vor allem: Vorsichtig mit dem Kundenfahrzeug umgehen.
- Handwerkszeug sauber und geordnet ablegen

131. Erklären Sie die Begriffe „verbale Kommunikation" und „nonverbale Kommunikation".

verbale Kommunikation: Verständigung durch das gesprochene Wort (Sprache)

nonverbale Kommunikation: nichtsprachliche Verständigung durch
- Mimik: Gesichtsausdruck
- Gestik: Bewegung der Hände und Arme
- Körperhaltung

132. Was kann mit nonverbaler Kommunikation ausgedrückt werden?

Souveränität, Sicherheit, aber auch Ablehnung, Aggression, Anspannung, Nervosität

133. Nennen Sie vier verschiedene Grundtypen, wie Kunden eingeteilt werden können.

Grundtypen von Kunden:
- Managertyp; liebt Statussymbole, verträgt keinen Widerspruch, trifft Entscheidungen schnell, wird auch schnell ungeduldig
- Planertyp; ist unflexibel, beschäftigt sich mit dem „Kleingedruckten“, liebt Fakten und Informationen, verachtet alles Unprofessionelle
- Visionärtyp; ist nachdenklich, fantasievoll und flexibel, kann sich nicht klar entscheiden, befasst sich mit Möglichkeiten und nicht mit Gewissheiten
- Typ des Harmoniesuchenden; legt großen Wert auf Moral und Ethik, geht jedem Streit aus dem Wege, verzeiht Fehler, zieht ein nettes Gespräch jeder fachlichen Beratung vor

134. Nennen Sie mögliche Verhaltensweisen des Lackierers, auf die verschiedenen Kundentypen zu reagieren.

Beim Managertyp:
- nur das Beste anbieten
- Vorteile klar herausstellen
- schnell auf den Punkt kommen
- nur dann „Nein“ sagen, wenn etwas wirklich unmöglich ist

Beim Planertyp:
- im Gespräch nur Fakten anführen
- Fachkompetenz zeigen
- Ungenauigkeiten vermeiden
- Arbeitsabläufe durchsprechen

Beim Visionärtyp:
- nur das Neueste anbieten
- ausgefallene Sachen vorstellen, z. B. Nano-Klarlack)
- Entscheidungshilfen geben
- nachfragen, wenn etwas unklar ist

Beim Typ des Harmoniesuchenden:
- Kunden in die Planung der Arbeiten einbeziehen
- Ideen und Wünsche des Kunden loben
- Zeit nehmen für Gespräche, die nicht unmittelbar mit dem Auftrag zu tun haben
- bei Pannen den menschlichen Faktor voranstellen

135. Wie sollen Mitarbeiter und Auszubildende mit Firmenfahrzeugen umgehen?

- innen und außen sauber halten
- ordentlich parken
- rücksichtsvoll fahren
- Roststellen und Dellen beseitigen
- immer daran denken: Wer rücksichtslos Firmeneigentum umgeht, dem gibt man ungern sein Fahrzeug zur Reparatur.

136. Wie kann ein Kunde längerfristig an den Fahrzeuglackierbetrieb gebunden werden?

- jede Reparatur exakt und sorgfältig durchführen
- Serviceleistungen wie kostenfreie Autowäsche oder Innenraumreinigung
- Fahrzeugdaten speichern und bei anstehenden Untersuchungen z. B. Hauptuntersuchung per Post/mail benachrichtigen
- Reifen-Profiltiefe messen und informieren
- Beratung auch nach der durchgeführten Arbeit

13.4 Arbeitsaufträge bearbeiten

137. Nennen Sie die zwei Arbeitsaufträge, die im Fahrzeuglackierbetrieb bearbeitet werden.

- Herstellungsauftrag
- Instandhaltungsauftrag

138. Was ist ein Herstellungsauftrag für einen Fahrzeuglackierbetrieb?

Auftrag für
- die Ganzlackierung als Erstbeschichtung
- die Beschriftung von Fahrzeugaufbauten und Neukarosserieteilen

139. Was ist ein Instandhaltungsauftrag für einen Fahrzeuglackierbetrieb?

Auftrag zur Instandhaltung von Fahrzeugen; Ziel ist es, den Sollzustand des Fahrzeugs zu bewahren und wieder herzustellen

140. Nennen Sie drei Maßnahmen zur Instandhaltung, die im Fahrzeuglackierbetrieb durchgeführt werden.

- Wartung und Inspektion mit kleinen Instandsetzungen
- Instandsetzung alter Fahrzeuge
- Instandsetzung nach einem Unfall

141. Welche Kunden erteilen einen Instandhaltungsauftrag?

Ein Instandhaltungsauftrag kann erteilt werden:
- privat
- geschäftlich
- vom Versicherer, der einen Schadensfall übernimmt

142. Nennen Sie die zwei Arten von Totalschaden und erklären Sie.

- wirtschaftlicher Totalschaden: die Kosten für die Instandsetzung betragen mehr als 130 % des Wiederbeschaffungswertes für ein gleichwertiges Fahrzeug
- technischer Totalschaden: eine Reparatur ist nicht mehr möglich; der Restwert des Fahrzeugs beträgt 0,00 Euro

143. Ist ein Kostenvoranschlag rechtlich verbindlich?

- Nein, wenn es sich um eine unverbindliche fachmännische Berechnung der voraussichtlichen Kosten handelt
- Ja, bei einem verbindlichen Kostenvoranschlag, dem sogenannten Festpreis.

144. Darf ein Kostenvoranschlag ohne Weiteres deutlich überschritten werden?

Nein. Er darf zwar überschritten werden, doch bei mehr als 20 Prozent entscheiden Gerichte bei einem Streitfall meist zugunsten des Kunden, der die Mehrkosten dann nicht bezahlen muss.

145. Darf eine Werkstatt Arbeiten ausführen, die nicht im Auftrag stehen?

Nein. Jede zusätzliche Arbeit, die nicht im Auftrag steht, sollte neu schriftlich bestätigt werden.

146. Wer zahlt, wenn ein Fahrzeug während der Instandsetzung beschädigt wurde?

Der Betrieb muss den Schaden beheben oder bezahlen. Dafür hat er aber eine Betriebshaftpflichtversicherung.

147. Nennen Sie die zwei Teile (Dokumente), die in Deutschland als die Zulassungsbescheinigung eines Autos gelten.

- Teil I der Zulassungsbescheinigung, auch „Fahrzeugschein" genannt
- Teil II der Zulassungsbescheinigung, auch „Fahrzeugbrief" oder „Kfz-Brief" genannt

148. Die Zulassungsbescheinigung Teil I (Fahrzeugschein) wird von der Kraftfahrzeugzulassungsbehörde (Straßenverkehrsbehörde) ausgestellt und dient ...?

... der Identifizierung eines zulassungspflichtigen Fahrzeugs.

149. Wann wird die Zulassungsbescheinigung Teil I (Fahrzeugschein) ausgestellt?

bei der An- oder Ummeldung von Fahrzeugen

150. Welche Angaben enthält die Zulassungsbescheinigung Teil I auf der Vorderseite? Zählen Sie auf.

Zulassungsbescheinigung Teil I
(Fahrzeugschein)
Nr. ZZ-S-1-185/05-00001
Europäische Gemeinschaft D Bundesrepublik
MUSTER
ZZ-A104
MÜLLER TRANSPORTE GMBH
BERLINER STRASSE 12
10557 BERLIN
06.08 BERLIN
20.06.2005

Seite 1

- amtliches Kennzeichen
- Name, Geburtsdatum und Anschrift der Person, auf die das Fahrzeug zugelassen ist
- Anmeldung zur ersten Hauptuntersuchung
- Ausstellungsdatum
- Siegel der ausstellenden Behörde
- Unterschrift des Sachbearbeiters

151. Erklären Sie die Bedeutung der Nummerierung auf den Innenseiten.

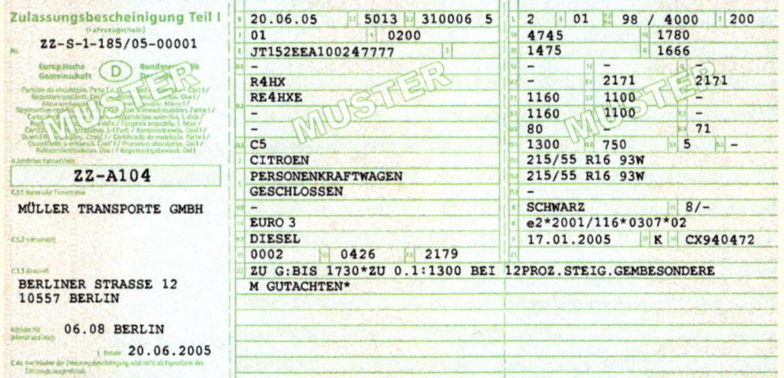
Zulassungsbescheinigung Teil I
(Fahrzeugschein)
Nr. ZZ-S-1-185/05-00001
Europäische Gemeinschaft D Bundesrepublik
MUSTER
ZZ-A104
MÜLLER TRANSPORTE GMBH
BERLINER STRASSE 12
10557 BERLIN
06.08 BERLIN
20.06.2005

20.06.05 | 5013 | 310006 5
01 | 0200
JT152EEA100247777
-
R4HX
RE4HXE
-
-
C5
CITROEN
PERSONENKRAFTWAGEN
GESCHLOSSEN
-
EURO 3
DIESEL
0002 | 0426 | 2179

2 | 01 | 98 / 4000 | 200
4745 | 1780
1475 | 1666
- | - | -
- | 2171 | 2171
1160 | 1100 | -
1160 | 1100 | -
80 | - | 71
1300 | 750 | 5 | -
215/55 R16 93W
215/55 R16 93W
-
SCHWARZ | 8/-
e2*2001/116*0307*02
17.01.2005 | K | CX940472

ZU G:BIS 1730*ZU 0.1:1300 BEI 12PROZ.STEIG.GEMBESONDERE
M GUTACHTEN*

Definition der Felder:

B: Datum der Erstzulassung
D1: Marke
D2: Typ/Variante/Version
D3: Handelsbezeichnung(en)
E: Fahrzeug-Identifizierungsnummer
F.1: technisch zulässige Gesamtmasse in kg
F.2: im Zulassungsmitgliedstaat zulässige Gesamtmasse in kg
G: Masse des in Betrieb befindlichen Fahrzeugs in kg (Leermasse)
H: Gültigkeitsdauer
I: Datum dieser Zulassung
J: Fahrzeugklasse
K: Nummer der EG-Typgenehmigung oder ABE
L: Anzahl der Achsen

0.1: technisch zulässige Anhängelast gebremst in kg
0.2: technisch zulässige Anhängelast ungebremst in kg
P.1: Hubraum in cm^3
P.2/P.4: Nennleistung in kW/Nenndrehzahl bei min^{-1}
P.3: Kraftstoffart oder Energiequelle
Q: Leistungsmasse in kW/kg (nur bei Krafträdern)
R: Farbe des Fahrzeugs
S.1: Sitzplätze einschl. Fahrersitz
S.2: Stehplätze
T: Höchstgeschwindigkeit in km/h
U.1: Standgeräusch in dB(A)
U.2: Drehzahl in min^{-1} zu U.1
U.3: Fahrgeräusch in dB(A)
V.7: CO_2 (in g/km) kombinierter Wert
V.9: für die EG-Typgenehmigung maßgebliche Schadstoffklasse
(2): Hersteller-Kurzbezeichnung
(2.1): Code zu (2)
(2.2): Code zu D.2 mit Prüfziffer
(3): Prüfziffer zur Fahrzeug-Identifizierungsnummer
(4): Art des Aufbaus
(5): Bezeichnung der Fahrzeugklasse und des Aufbaus
(6): Datum zu K
(7): technisch zulässige maximale Achslast/Masse je Achsgruppe in kg
(7.1) Achse 1 bis (7.3) Achse 3
(8): zulässige maximale Achslast im Zulassungsmitgliedstaat in kg
(8.1) Achse 1 bis (8.3) Achse 3
(9): Anzahl der Antriebsachsen
(10): Code zu P.3
(11): Code zu R
(12): Rauminhalt des Tanks bei Tankfahrzeugen in m^3
(13): Stützlast in kg
(14): Bezeichnung der nationalen Emissionsklasse
(14.1): Code zu V.9 oder (14)
(15): Bereifung
(15.1) auf Achse 1 bis (15.3) auf Achse 3
(16): Nummer der Zulassungsbescheinigung Teil II
(17): Merkmal zur Betriebserlaubnis
(18): Länge in mm
(19): Breite in mm
(20): Höhe in mm
(21): sonstige Vermerke
(22): Bemerkungen und Ausnahmen

152. Nennen Sie den anderen Begriff für „Fahrzeugidentifizierungsnummer“.

Fahrgestellnummer

153. Welcher Teil der Zulassungsbescheinigung eines Fahrzeugs ist eine amtliche Urkunde über die allgemeine Zulassung für den öffentlichen Straßenverkehr?

Teil II der Zulassungsbescheinigung

154. Erklären Sie den Begriff „werkstoffabhängige Gemeinkosten“.

Gemeinkosten sind Kosten, die notwendig sind, um den Fahrzeuglackierbetrieb zu betreiben. Bei den werkstoffabhängigen Gemeinkosten wird deshalb ein Zuschlag auf den Einkaufspreis (Großhandelspreis) für Werkstoffe berechnet.

155. Welche weiteren Kosten entstehen zusätzlich für Werkstoffe? Nennen Sie mindestens drei.

- Lagerkosten
- Transportkosten
- Schüttverluste und Schwund
- Entsorgungskosten

156. Erklären Sie den Begriff „Werkstoffmalnehmer".

Faktor, mit dem der Materialeinkaufspreis multipliziert wird. So können die werkstoffabhängigen Gemeinkosten berechnet werden, ohne jeden Materialposten einzeln zu berechnen.

157. Ein Kunde hat sich zwei unterschiedliche Angebote für eine Reparatur eingeholt:

- Angebot 1: Gesamtkosten (ohne MwSt.) = 489,50 €. Bei Barzahlung wird 2 % Skonto gewährt.
- Angebot 2: Gesamtkosten (incl. MwSt.) = 595,21 €. Bei Zahlung innerhalb von sieben Tagen wird ein Nachlass von 5 % gegeben.

Berechnen Sie die Differenz zwischen den beiden Angeboten mit MwSt. (= 19 %) und den Nachlässen.

Angebot 1

Geg.: $\mathit{Nettopreis\ 1} = 489{,}50\ €$

$\mathit{MwSt} = 19\ \% = 0{,}19$

$\mathit{Mehrverdienst} = 20{,}75\ €/h \cdot 12{,}5\ h/Mon$

$\mathit{Mehrverdienst} = \underline{\underline{259{,}37\ \frac{€}{Mon}}}$

$\mathit{Skonto} = 2\ \% = 0{,}02$

Lösung:

$$\boxed{\mathit{Preis\ 1} = \mathit{Bruttopreis\ 1} - \mathit{Skonto\ 1}}$$

$$\mathit{Bruttopreis\ 1} = \mathit{Nettopreis\ 1} + \mathit{MwSt}$$

$$\mathit{MwSt} = 489{,}50\ € \cdot 0{,}19 = 93{,}00\ €$$

$$\mathit{Bruttopreis\ 1} = 489{,}50\ € + 93{,}00\ €$$

$$\underline{\mathit{Bruttopreis\ 1} = 582{,}50\ €}$$

$$\mathit{Skonto\ 1} = 582{,}50\ € \cdot 0{,}02$$

$$\underline{\mathit{Skonto\ 1} = 11{,}65\ €}$$

$$\mathit{Preis\ 1} = 582{,}50\ € - 11{,}65\ €$$

$$\underline{\underline{\mathit{Preis\ 1} = 570{,}85\ €}}$$

Angebot 2

Geg.: $\mathit{Bruttopreis\ 2} = 595{,}21\ €$

$\mathit{Skonto} = 5\ \% = 0{,}05$

Lösung:

$$\boxed{\mathit{Preis\ 2} = \mathit{Bruttopreis\ 2} - \mathit{Skonto\ 2}}$$

$$\mathit{Skonto\ 2} = 592{,}21\ € \cdot 0{,}05$$

$$\underline{\mathit{Skonto\ 2} = 29{,}76\ €}$$

$$\mathit{Preis\ 2} = 595{,}21\ € - 29{,}76\ €$$

$$\underline{\underline{\mathit{Preis\ 2} = 565{,}45\ €}}$$

Differenz

$$\boxed{\mathit{Differenz} = \mathit{Preis\ 1} - \mathit{Preis\ 2}}$$

$$= 570{,}85\ € - 565{,}45\ €$$

$$\underline{\underline{\mathit{Differenz} = 5{,}40\ €}}$$

158. Für die Lackierwerkstatt wird ein neues Destilliergerät gekauft. Das ausgesuchte Gerät kostet 3750 €. Folgende jährliche Kosten fallen an:

- Betriebskosten *BK*: 135,00 €
- Abschreibung *A*: 10 %
- Instandhaltung/Wartung *IW*: 8 %
- Gemeinkosten *GK*: 18 %
- Verzinsung *Z*: 4,5 %

Nutzung *t*: 150 Stunden im Jahr (a)

Berechnen Sie die Maschinenkosten je Einsatzstunde (*MKh*).

Geg.: $BK = 135$ €/a
$A = 10\,\% = 0{,}1$
$IW = 8\,\% = 0{,}08$
$GK = 18\,\% = 0{,}18$
$Z = 4{,}5\,\% = 0{,}045$
$t = 150$ h/a

Ges.: MKh

Lösung:

$$\boxed{MKh = \frac{\text{Fixkosten}}{t}}$$

$$\text{Fixkosten} = BK + A + IW + GK + Z$$

$$\begin{aligned} BK & & &= 135{,}00\ \text{€/a}\\ A &= 3750\ \text{€/a} \cdot 0{,}1 &&= 375{,}00\ \text{€/a}\\ IW &= 3750\ \text{€/a} \cdot 0{,}08 &&= 300{,}00\ \text{€/a}\\ GK &= 3750\ \text{€/a} \cdot 0{,}18 &&= 675{,}00\ \text{€/a}\\ Z &= 3750\ \text{€/a} \cdot 0{,}045 &&= 168{,}75\ \text{€/a}\\ \hline & & \text{Fixkosten} &= 1653{,}75\ \text{€/a} \end{aligned}$$

$$MKh = \frac{1653{,}75\ \text{€/a}}{150\ \text{€/a}}$$

$$\underline{\underline{MKh = 11{,}03\ \text{€/h}}}$$

159. Zählen Sie die fünf deutschen Sozialversicherungen (SV) auf und nennen Sie die Höhe des Prozentsatzes vom Bruttolohn, der zusammen von Arbeitgeber und Arbeitnehmer abgeführt werden muss.

SV in Prozent vom Bruttolohn (Stand: 2013):

- Krankenversicherung (GKV): 15,5 % (7,5 % Arbeitgeber + 7,5 % Arbeitnehmer)
- Pflegeversicherung (PV): 2,05 % (1,025 % Arbeitgeber + 1,025 % Arbeitnehmer)
- Rentenversicherung (RV): 18,9 % (9,45 % Arbeitgeber + 9,45 % Arbeitnehmer)
- Arbeitslosenversicherung (ALV): 3 % (1,5 % Arbeitgeber + 1,5 % Arbeitnehmer)
- Unfallversicherung (UV): der Arbeitnehmer muss nichts abführen (diesen Beitrag zahlt der Arbeitgeber alleine)

160. Nennen Sie zwei weitere Abgaben, die vom Arbeitnehmer abzuführen sind.

- Solidaritätszuschlag: 5,5 % der Lohnsteuer
- Kirchensteuer: 9 % der Lohnsteuer, sofern der Arbeitnehmer einer Religionsgemeinschaft angehört

161. Wie kann der Fahrzeuglackierer für einen Auftrag als ersten Anhaltspunkt vorausberechnen, wie hoch die Kosten für einen Auftrag werden können?

einfache Kalkulation, bei der ein pauschaler Stundenverrechnungssatz und zusätzlich alle Materialkosten berücksichtigt werden

162. Nennen Sie alle Positionen, die im Stundenverrechnungssatz enthalten sein sollten.

Alle Kosten für

- Personal (auch Büro, Reinigung, Steuerberater etc.)
- Versicherungen (Gebäude-, Sozial-, ...)
- Miete (oder Zinsen für die Immobilienkredite)
- Kreditzinsen (Werkzeuge, Geräte, ...)
- Abschreibung
- Energiekosten
- Verwaltungskosten
- Gerätekosten
- Kosten für Neuanschaffungen
- Gewinn/Wagnis

163. Wie kann eine etwas genauere Kalkulation erstellt werden?

Berechnung nach Arbeitswerten (AW):
Dabei wird der Arbeitsumfang genau nach Arbeitsschritten und der Dauer der Teilarbeiten festgehalten, oft in Tabellenform.

164. Rechnen Sie die Minuten in dezimale Stunden (h) um:

- 45 min
- 14 min
- 145 min

$$45\,\text{min} = 45\,\text{min} \cdot \frac{1\,\text{h}}{60\,\text{min}} = 0{,}75\,\text{h}$$

$$14\,\text{min} = 14\,\text{min} \cdot \frac{1\,\text{h}}{60\,\text{min}} = 0{,}23\,\text{h}$$

$$145\,\text{min} = 145\,\text{min} \cdot \frac{1\,\text{h}}{60\,\text{min}} = 2{,}42\,\text{h}$$

165. Rechnen Sie die Stunden in Minuten um:

- 0,5 h
- 1,45 h
- 0,1 h

$$0{,}5\,\text{h} = 0{,}5\text{h} \cdot \frac{60\,\text{min}}{1\,\text{h}} = 30\,\text{min}$$

$$1{,}45\,\text{h} = 1{,}45\,\text{h} \cdot \frac{60\,\text{min}}{1\,\text{h}} = 87\,\text{min}$$

$$0{,}1\,\text{h} = 0{,}1\text{h} \cdot \frac{60\,\text{min}}{1\,\text{h}} = 6\,\text{min}$$

166. Der Meister hat für die Arbeiten an einem Auftrag folgende Arbeitszeiten für sich und seine Mitarbeiter notiert:

- Meister M: 1 ¾ h
- Altgeselle A: 2,5 h
- Geselle B: 3,6 h
- Gesellin C: 0,6 h
- Auszubildender D: 45 min
- Auszubildender E: 2 h und 37 min

Berechnen Sie die Gesamtzeit dieses Auftrags in Stunden und Minuten.

Geg.: $t_M = 1\,¾\ \text{h}$
$t_A = 2{,}5\ \text{h}$
$t_B = 3{,}6\ \text{h}$
$t_C = 0{,}6\ \text{h}$
$t_D = 45\ \text{min}$
$t_E = 2\ \text{h} + 37\ \text{min}$

Ges.: t_{ges} in min

Lösung:

$$\boxed{t_{ges} = t_M + t_A + t_B + t_C + t_D + t_E}$$

$t_M = 1\,¾\ \text{h}$

$$¾ = ¾ \cdot \frac{60\ \text{min}}{1\ \text{h}} = 45\ \text{min}$$

$\underline{t_M = 1\ \text{h} + 45\ \text{min}}$

$t_A = 2{,}5\ \text{h}$

$$0{,}5\ \text{h} = 0{,}5\ \text{h} \cdot \frac{60\ \text{min}}{1\ \text{h}} = 30\ \text{min}$$

$\underline{t_A = 2\ \text{h} + 30\ \text{min}}$

$t_B = 3{,}6\ \text{h}$

$$0{,}6\ \text{h} = 0{,}6\ \text{h}\ \frac{60\ \text{min}}{1\ \text{h}} = 36\ \text{min}$$

$\underline{t_B = 3\ \text{h} + 36\ \text{min}}$

$\underline{t_C = 0{,}6\ \text{h} = 36\ \text{min}}$

$$\begin{aligned} t_{ges} = {} & 1\ \text{h} + 45\ \text{min} \\ & 2\ \text{h} + 30\ \text{min} \\ & 3\ \text{h} + 36\ \text{min} \\ & 0\ \text{h} + 36\ \text{min} \\ & 0\ \text{h} + 45\ \text{min} \\ & \underline{2\ \text{h} + 37\ \text{min}} \end{aligned}$$

$\underline{t_{ges} = 8\ \text{h} + 229\ \text{min}}$

$229\ \text{min} = 180\ \text{min} + 49\ \text{min}$
$229\ \text{min} = 3\ \text{h} + 49\ \text{min}$

$t_{ges} = 8\ \text{h} + 3\ \text{h} + 49\ \text{min}$
$\underline{\underline{t_{ges} = 11\ \text{h} + 49\ \text{min}}}$

167. Berechnen Sie den Preis für eine Lackierarbeit, wenn Sie folgende Angaben zugrunde legen:

- 1 AW = 6 Minuten
- Stundenverrechnungssatz = 85,19 €/h mit Mehrwertsteuer

Positionen:

- Demontage: 4 AW
- Abkleben: 1 AW
- Altlack entfernen: 3 AW
- Grundieren: 3 AW
- Füllern: 3 AW
- Decklack: 3 AW
- Montage: 4 AW
- Säubern: 1 AW

Geg.: $SummeAW = 22\ \text{AW}$
$1\ AW = 6\ \text{min}$
$Stverrsatz = 85{,}19\ €/\text{h}$

Ges.: *Preis*

Lösung:

$$\boxed{Preis = SummeAW \cdot Stdverrsatz}$$

$$= 22\ AW \cdot 85{,}19\ €/\text{h}$$

$$1\ AW = 6\ \text{min}\ \frac{60\ \text{min}}{1\ \text{h}} = \tfrac{1}{10}\ \text{h}$$

$$Preis = 22 \cdot \tfrac{1}{10}\ \text{h} \cdot 85{,}19\ €/\text{h}$$

$$\underline{\underline{Preis = 187{,}42\ €}}$$

168. Berechnen Sie den Nettolohn (*NettoL*) eines Fahrzeuglackierers, wenn sein Bruttolohn pro Monat *BrMonL* = 2485,00 € beträgt. Als Abzüge stehen Steuern zu Buche:

- Lohnsteuer *LS* = 335,66 €
- Kirchensteuer *KS* = 30,21 €
- Solidaritätszuschlag *SZ* = 18,46 €

und für die Sozialversicherungen:

- Rentenvers. *RV* = 9,45 %
- Arbeitslosenvers. *ALV* = 1,5 %
- Krankenvers. *KV* = 8,2 %
- Pflegevers. *PV* = 1,025 %

Geg.: $BruttoL = 2485{,}00\ €/Mon$
$LS = 335{,}66\ €/Mon$
$KS = 30{,}21\ €/Mon$
$SZ = 18{,}46\ €/Mon$
$RV = 9{,}45\ \%$
$ALV = 1{,}5\ \%$
$KV = 8{,}2\ \%$
$PV = 1{,}025\ \%$

Ges.: *NettoL*

Lösung:

$$\boxed{NettoL = BruttoL - Abzüge}$$

$$Abzüge = LS + KS + SZ + RV + ALV + KV + PV$$

$$RV = 2485{,}00\ €/Mon \cdot \frac{9{,}45\ \%}{100\ \%}$$

$$\underline{RV = 234{,}83\ €/Mon}$$

$$ALV = 2485{,}00\ €/Mon \cdot \frac{1{,}5\ \%}{100\ \%}$$

$$\underline{ALV = 37{,}28\ €/Mon}$$

$$KV = 2485{,}00\ €/Mon \cdot \frac{8{,}2\ \%}{100\ \%}$$

$$\underline{KV = 203{,}77\ €/Mon}$$

$$PV = 2485{,}00\ €/Mon \cdot \frac{1{,}025\ \%}{100\ \%}$$

$$\underline{PV = 25{,}47\ €/Mon}$$

$$\begin{aligned} \text{Abzüge} = {} & 335{,}66\ €/Mon \\ & + 30{,}21\ €/Mon \\ & + 18{,}46\ €/Mon \\ & + 234{,}83\ €/Mon \\ & + 37{,}28\ €/Mon \\ & + 203{,}77\ €/Mon \\ & + 25{,}47\ €/Mon \end{aligned}$$

$$\underline{Abzüge = 885{,}68\ €/Mon}$$

$$NettoL = 2485{,}00\ €/Mon - 885{,}68\ €/Mon$$

$$\underline{\underline{NettoL = 1599{,}32\ €/Mon}}$$

169. Ein Lackierer hat einen Nettostundenlohn von 10,42 €. Er arbeitet im Monat 21 Tage à 8 Stunden.
Von seinem Bruttolohn werden monatlich abgezogen:

- Lohnsteuer: 410 €
- Kirchensteuer: 36,90 €
- Solidaritätszuschlag: 22,55 €
- Sozialversicherungsbeiträge: 569,86 €

Berechnen Sie seinen Jahres-, Monats- und Stundenbruttolohn.

Geg.: $NettoL = 10{,}42\ €/h$

$ArbZeit = 8\ h/d$

$ArbTage = 2\ d/Mon$

$$\begin{aligned} Abzüge &= 410{,}00\ €/Mon \\ &+ \ \ 36{,}90\ €/Mon \\ &+ \ \ 22{,}55\ €/Mon \\ &+ \ 569{,}86\ €/Mon \\ &= 1039{,}31\ €/Mon \end{aligned}$$

Ges.: *BruttoL*
a) im Monat b) im Jahr c) pro Stunde

Lösung:

$$\boxed{BruttoL = NettoL + Abzüge}$$

$$\begin{aligned} NettoL &= 10{,}42\ €/h \\ &= 10{,}42\ €/h \cdot 8\ h/d \\ &= 83{,}36\ €/h \\ &= 83{,}36\ €/d \cdot 21\ d/Mon \\ \underline{NettoL} &\underline{= 1750{,}56\ €/Mon} \end{aligned}$$

a) Bruttolohn im Monat

$$BruttoL = 1750{,}56\ €/Mon + 1039{,}31\ €/Mon$$

$$\underline{\underline{BruttoL = 2789{,}87\ €/Mon}}$$

b) Bruttolohn im Jahr

$$BruttoL = 2789{,}87\ €/Mon \cdot \frac{12\ Mon}{1\ Jahr}$$

$$\underline{\underline{BruttoL = 33\,478{,}44\ €/Jahr}}$$

c) Bruttolohn pro Stunde

$$\begin{aligned} BruttoL &= 2789{,}87\ €/Mon \cdot \frac{1\ Mon}{21\ d} \\ &= 132{,}85\ €/d \cdot \frac{1\ d}{8\ Std} \end{aligned}$$

$$\underline{\underline{BruttoL = 16{,}61\ €/h}}$$

170. Ein Fahrzeuglackierer bekommt für Überstunden 25 % Zulage auf den Bruttostundenlohn von 16,60 €. Wie viel verdient er brutto mehr im Monat, wenn er 12,5 Überstunden geleistet hat?

Geg.: $BruttoL = 16{,}60\,€/h$

$ÜStd = 12{,}5\,h/Mon$

$Zuschlag = 25\,\%$

Ges.: Mehrverdienst

Lösung:

$$\boxed{Mehrverdienst = x \cdot ÜStd}$$

(x = Lohn für 1 Überstunde)

$$16{,}60\,€/h \mathrel{\hat{=}} 100\,\%$$
$$x \mathrel{\hat{=}} 125\,\%$$

Dreisatz

$$16{,}60\,€/h : 100\,\% = x : 125\,\%$$
$$x \cdot 100\,\% = 16{,}60\,€/h \cdot 125\,\%$$
$$x = \frac{16{,}60\,€/m \cdot 125\,\%}{100\,\%}$$

$$Mehrverdienst = 20{,}75\,€/h \cdot 12{,}5\,h/Mon$$
$$\underline{\underline{Mehrverdienst = 259{,}37\,€/Mon}}$$

171. Nennen Sie fünf Eigenschaften, die ein Mitarbeiter in einer Lackiererei neben seinem Fachwissen und dem handwerklichen Geschick noch haben sollte.

- Teamfähigkeit
- Konfliktfähigkeit
- kommunikative Kompetenz
- soziale Kompetenz
- Initiative und Ausdauer

172. Nennen Sie fünf Vorteile von Teamarbeit in einer Firma.

- größere Arbeitszufriedenheit
- direkter Informationsaustausch
- Wissen und Erfahrung von Mitarbeitern verstärken sich gegenseitig
- Tätigkeiten sind abwechslungsreicher
- höhere Identifikation mit der Arbeit und dem Betrieb

173. Nennen Sie fünf Nachteile von Teamarbeit in einer Firma.

- ist die Gruppe zu groß, kann die Struktur verloren gehen
- Teambildung kostet Zeit
- Teammitglieder passen menschlich nicht zusammen
- Dominanz von wenigen Teammitgliedern
- Einzelne „verstecken" sich im Team

174. Warum ist eine gleichbleibende Qualität der Arbeiten des Lackierbetriebs wichtig?

- Qualität als besonderes Merkmal im Wettbewerb mit anderen Lackierereien
- Kundenzufriedenheit und -bindung
- Zufriedenheit der Mitarbeiter

175. Nennen Sie fünf Merkmale für Qualität.

- Einsatz und Verwendung von Materialien und Werkzeuge von Markenherstellern
- Haltbarkeit der Reparatur
- Pünktlichkeit
- Compliance (Einhalten der gesetzlichen Bestimmungen)
- Gewährung von Garantien

13.5 Arbeitsschutz

176. Erklären Sie den Begriff „Ergonomie".

wechselseitige Beziehungen des Menschen mit seinen Arbeitsbedingungen mit dem Ziel, die Bedingungen für den Menschen bei seiner Arbeit so zu gestalten, dass das Ergebnis der Arbeit optimal ist.

177. Nennen Sie vier Arbeitshilfen für den Fahrzeuglackierer zum ergonomischen Arbeiten.

- Lackierständer
- Hebebühnen
- Sackkarren
- Behelfsgerüst

178. Wo werden Hebebühnen eingesetzt?

Dort, wo ein Fahrzeug so weit nach oben gehoben werden muss, damit an dessen Unterboden oder Seitenteilen sicher und ergonomisch gearbeitet werden kann.

179. Übersetzen Sie „Bühne" und „Hebebühne" ins Englische.

ramp bzw. hydraulic ramp

180. Wie viele Tonnen Gesamtlast sollte eine Hebebühne in einer Fahrzeuglackiererei heben können?

Zum Instandsetzen von Pkws ist eine Hebebühne mit max. 3 t ausreichend.

181. In welchem Zeitabstand müssen Hebebühnen von einem Sachverständigen oder einem Sachkundigen geprüft werden?

ein Mal jährlich

182. Nennen Sie die zwei Unterlagen, die der Betriebsinhaber nach einer erfolgreichen Prüfung erhält.

- eine Prüfplakette, sichtbar an der Hebebühne angebracht
- ein Prüfprotokoll

183. Zählen Sie weitere Hinweise auf, die zur Unfallverhütung beitragen und deshalb gut sichtbar an einer Hebebühne angebracht sein müssen.

- Tragfähigkeit
- zulässige Lastverteilung
- Eigenmasse bei ortsveränderlichen Hebebühnen
- Verbot des Aufenthaltes unter der Bühne, wenn diese nicht dafür eingerichtet ist
- Verbot des Mitfahrens im Lastaufnahmemittel; also: Im Auto mit hoch fahren ist verboten!!!
- Verbot der Verwendung als Arbeitsbühne

184. Welche Informationen finden Sie in der Betriebsanleitung für Hebebühnen?

- Verwendungsbereich
- Inbetriebnahme
- Handhabung und Verhalten während des Betriebs
- Informationen zum Wechsel des Aufstellungsortes
- Überwachung der Sicherheitseinrichtungen
- Wartung und Prüfung
- Verhalten im Störungsfall und Ersatzteilbeschaffung

185. Wer darf eine Hebebühne bedienen? Zählen Sie vier Kriterien auf.

Nur Personen, die

- das 18. Lebensjahr vollendet haben
- in die Bedienung der Hebebühne unterwiesen sind
- ihre Befähigung hierzu gegenüber dem Unternehmer nachgewiesen haben (Sachkundenachweis)
- vom Unternehmer ausdrücklich mit dem Bedienen der Hebebühne beauftragt sind

186. Nennen Sie zwei Hebebühnen, mit denen die meisten Fahrzeuglackierbetriebe ausgestattet sind.

- Zwei-Säulen-Hebebühne
- Doppelscheren-Hebebühne

187. Erklären Sie die Zwei-Säulen-Hebebühne.

zwei Hubsäulen, die fest nebeneinander montiert sind, mit je zwei asymmetrischen und schwenkbaren Tragarmen an jeder Säule für die vier Fahrzeug-Aufnahmepunkte

188. Wie wird die Hebebühne genannt, deren Säulen komplett im Boden versenkt werden können?

„Stempelhebebühne“ oder auch „Unterflurhebebühne“

189. Erklären Sie den Begriff „Scheren-Hebebühne".

auf dem Boden montierte Hebebühne mit Hubtisch und seitlichen Scheren (wie ein X angeordnet); für bis zu zwei Meter Hubhöhe und vier Tonnen Masse

190. Erklären Sie den Begriff „Doppelscheren-Hebebühne".

Je zwei seitliche Hubscheren übereinander

191. Zählen Sie fünf Vorteile der Doppelscheren-Hebebühnen auf.

- geringer Platzbedarf
- einfacher Betrieb
- zum Teil mit Einrichtungen zur Achsvermessung
- ausziehbare Plattformverlängerungen
- automatischer Niveauausgleich

192. Welche wesentlichen Nachteile haben Doppelscheren-Hebebühnen?

- eingeschränkte Bewegungsfreiheit unter der Karosserie
- geringe Hubhöhe

193. Zählen Sie sechs Ursachen für Rückenbeschwerden auf.

- Muskelverspannungen
- falsches Heben und Tragen von Lasten
- falsche Körperhaltung beim Gehen und Stehen
- Schäden an den Wirbelknochen
- Bandscheibenvorfall
- Stress

194. Erklären Sie den Begriff „Rückenschule" im Zusammenhang mit dem Gesundheitsschutz am Arbeitsplatz.

Die Mitarbeiter eines Betriebs lernen in Kursen, dass Sie durch richtige Körperhaltung Rückenschmerzen vermindern oder auch vorbeugen können, damit diese Schmerzen nicht chronisch werden.
Es bedeutet also im Allgemeinen, dass ein gesundheitsbewusstes Verhalten beim Arbeiten erwirkt wird.

195. Erklären Sie, wie man den Rücken beim Bücken entlasten kann.

- die Kraft der Beinmuskeln nutzen
- in die Knie oder in die Hocke gehen, wenn etwas vom Boden aufgehoben werden soll

196. Nennen Sie vier Möglichkeiten, die Gelenke (Knie, Ellenbogen, Schulter etc.), die beim Fahrzeuglackierer stark belastet sind, zu schonen.

- Veränderung des Bewegungsverhaltens am Arbeitsplatz
- angepassten Hebe- und Tragetechnik anwenden
- Nutzung von Hilfsmitteln für einen ergonomischen Arbeitsablauf
- Erlernen von rücken- und gelenkschonenden Arbeitsabläufen

13.6 Chemie in der Fahrzeuglackierung

197. Warum erwärmt sich 2-K-Polyester-Spachtelmasse beim Aushärten?

Bei der chemischen Reaktion wird Wärme freigesetzt; das nennt man eine „exotherme" Reaktion.

198. Was versteht der Fahrzeuglackierer unter dem Begriff „Filmbildung"?

Prozess, wenn Lack aushärtet und eine trockene Schicht entsteht

199. Was versteht der Fahrzeuglackierer unter dem Begriff „Vernetzung"?

Prozess, wenn während der Trocknung Riesenmoleküle entstehen, die dann untereinander verfilzen

200. Was wird als „Oxidation" bezeichnet?

Vorgang, bei dem sich Sauerstoffatome mit Atomen eines anderen Stoffes chemisch verbinden

201. Was wird als „Oxid“ bezeichnet? — Produkt der Oxidation

202. Was bedeutet der Fachbegriff „Koagulierung“? — Ausflockung, die beim Reinigen von verschmutztem Wasser oder von Verdünnungsmittel entstehen; die Ausflockung ist eine Verschmutzung, die aus festen Teilchen (Pigmente/Schleifreste) und gelösten Stoffen (Farbstoffe, Bindemittel) bestehen

203. Nennen Sie die Fachbezeichnung für Stoffe, mit deren Hilfe die Flockenbildung erreicht wird? — Koagulierungsmittel, auch Flockungsmittel

204. Was passiert mit den ausgeflockten Teilchen? — Sie können mittels Filter aus der Flüssigkeit herausgefiltert werden.

13.7 Physik in der Fahrzeuglackierung

205. Nennen Sie die Zustandsformen von Stoffen anhand von Beispielen.
- fest: Eis, festes Bindemittel
- flüssig: Wasser, gelöstes, flüssiges Bindemittel
- gasförmig: Wasserdampf, Luft

206. Erklären Sie den Begriff „Kondensieren“. — Wasserdampf kühlt sich ab und es entstehen Wassertropfen.

207. Erklären Sie den Begriff „Verdunstung“. — wenn z. B. ein Lösemittel vom flüssigen in den gasförmigen Zustand überwechselt

208. Was heißt „Verdunstung“ auf Englisch? — evaporation

209. Erklären Sie den Begriff „Verdunstungszeit“. — Zeit, die die Flüssigkeit braucht, um unterhalb ihres Siedepunktes zu verdunsten.

210. Erklären Sie den Begriff „Viskosität“. — Die Viskosität gibt das Fließverhalten eines Stoffes an:
- ein zähflüssiger Stoff ist hochviskos
- ein sehr dünnflüssiger Stoff ist niedrigviskos

211. Übersetzen Sie „Viskosität“ ins Englische. — viscosity

212. Erläutern Sie den Begriff „Thixotropie“. — Eigenschaft von speziellen Lackierungsmaterialien, sich unter mechanischer Beanspruchung (z. B. Umrühren) zu verflüssigen und danach wieder in einen gelartigen Zustand zurückzukehren.

213. Wie werden die beiden Zustandsformen thixotroper Materialien genannt?

- fest: Gelform (Gel)
- flüssig: Solform (Sol)

214. Erklären Sie, warum auf Stahl zuerst eine Rostschutzgrundierung aufzubringen; erst dann den Füller.

Der Füller ist wasserdampfdurchlässig, d. h., kleine Wasserteilchen können durch den Füller hindurch bis an den Stahluntergrund wandern und dort Korrosionsschäden verursachen. Die Rostschutzgrundierung verhindert das.

215. Was bezeichnet der Begriff „Luftfeuchtigkeit"?

Anzahl der Wasserdampfteilchen, die sich in der Umgebungsluft (draußen oder im Innenraum) befinden

216. Nennen Sie die englische Übersetzung von „Luftfeuchtigkeit".

humidity

217. Nennen Sie die drei Faktoren, von denen abhängt, wie viel Wasserdampf Luft aufnehmen kann?

- Lufttemperatur
- Luftvolumen (Wie groß ist der Raum?)
- Luftdruck

218. Kann warme Luft viel oder wenig Wasserdampf aufnehmen?

Warme Luft kann viel mehr Wasserdampf aufnehmen, als kalte Luft bei gleichem Volumen. In der Lackierwerkstatt/-kabine kann bei warmem Wetter eine viel höhere Luftfeuchtigkeit herrschen als im Winter.

219. Wie ist das Maß für die Luftfeuchtigkeit?

Prozent (%)

220. Warum muss der Fahrzeuglackierer Kenntnisse über die Luftfeuchtigkeit in der Werkstatt und sogar in der Lackierkabine haben?

Zu hohe oder zu niedrige Luftfeuchtigkeit kann zu Mängeln in der Lackierung führen.
Beispiel:
Auf dem Untergrund eines Fahrzeugs, das im Winter in die warme Werkstatt kommt, kann sich Kondenswasser abscheiden.

221. Erklären Sie den Begriff „Hygroskopie".

Eigenschaft von Stoffen, Feuchtigkeit aus der Umgebung zu binden

222. Nennen Sie Materialien, die hygroskopisch sind.

- Holz
- einige Kunststoffe wie
  - Polyacryl (PA)
  - Polyurethan (PUR)
  - Acrylbutadienstyrol (ABS)

223. Welche Flüssigkeiten können Kunststoffe quellen lassen?

- Wasser
- organischen Lösemittel

224. Was bewirkt das Tempern?

Die Feuchtigkeit verdunstet aus dem Material und kann so die Lackierung nicht mehr schädigen.

225. Wie wird das Messinstrument genannt, mit dem man die Feuchtigkeit messen kann?

Hygrometer

226. Wie heißt der Fachbegriff dafür, wenn ein Material wasserabweisend ist?

hydrophob

227. Erklären Sie den Begriff „Kohäsionskraft".

Die Kohäsionskraft bewirkt, dass Stoffe in ihrem Inneren zusammenhalten. Die Teilchen der Stoffe ziehen sich gegenseitig an und es entsteht ein Zusammenhalt im Inneren und an der Oberfläche. Sie ist für die Oberflächenspannung verantwortlich.

228. Nennen Sie Werkstoffe mit besonders hoher Kohäsionskraft.

- Stahl
- Klebstoffe
- kratzfeste Lacke

229. Erklären Sie den Begriff „Adhäsionskraft".

Adhäsionskraft lässt die Lackierung am Untergrund anhaften; deshalb wird sie auch Anhangskraft genannt.

230. Nennen Sie Beispiele für Materialien, die besonders hohe Adhäsionskräfte haben.

- Grundierungen
- Klebstoffe
- Tönungsfolien

13.8 Fahrzeugkennzeichen

231. Nennen Sie die drei Teile, aus denen deutsche Euro-Fahrzeugkennzeichen bestehen.

- Herkunftskürzel (Stadt oder Landkreis) aus bis zu drei Buchstaben
- Erkennungsnummer aus einem oder zwei Buchstaben und bis zu vier Ziffern
- blaues Europafeld mit Länderkennung (z. B. „D" für Deutschland) und kreisförmig angeordnete gelbe Sterne der Europaflagge

232. Was zeigt die runde Prüfplakette an?

Die Plakette dient als Nachweis der Hauptuntersuchung (HU) und deren zeitliche Gültigkeit in Monat und Jahr.

233. Wo befinden sich die Prüfplakette und das Siegel der Zulassungsbehörde?

Auf dem hinteren Nummernschild zwischen Herkunftskürzel und Erkennungsnummer.

234. Zählen Sie die sechs Farbtöne auf und ordnen sie je eine Jahreszahl für die nächste HU zu.

- Gelb (RAL 1012): Jahr 2015
- Braun (RAL 8004): Jahr 2016
- Rosa (RAL 3015): Jahr 2017
- Grün (RAL 6018): Jahr 2018
- Orange (RAL 2000): Jahr 2019
- Blau (RAL 5015): Jahr 2020

Alle sechs Jahre wiederholt sich die Farbe der Prüfplakette der HU.

235. Warum sind die Prüfplaketten in schwarze Segmente eingeteilt?

Daran kann der Monat der nächsten Untersuchung wie auf einer Uhr abgelesen werden.

236. Wofür Kennzeichen mit roten Nummern?

Rote Kennzeichen sind seit 1998 ausschließlich für den Gebrauch durch Firmen im Autohandel und Fahrzeugservice vorgesehen. Ein rotes Kennzeichen ist nicht an ein Fahrzeug gebunden; mit einem solchen Kennzeichen können unterschiedliche Fahrzeuge im öffentlichen Straßenverkehr Probe- und Zulassungsfahrten unternommen werden.

237. Wie wird das Kennzeichen für historische Fahrzeuge bezeichnet? Erklären Sie diese Bezeichnung.

„H-Kennzeichen", weil der amtlichen Zulassungsnummer ein „H" nachgestellt ist (H = historisch).

238. Wann erhält ein Fahrzeug ein H-Kennzeichen?

wenn das Fahrzeug:

- in zeitgenössisch-originalem Zustand ist
- mindestens 30 Jahre alt ist, genauer: vor mindestens 30 Jahren erstmals in Verkehr gekommen ist

239. Welches Kennzeichen kann für Fahrzeuge verwendet werden, die z. B. witterungsbedingt nicht das ganze Jahr angemeldet sein sollen, z. B. ein Cabriolet?

das Saisonkennzeichen

Bildquellenverzeichnis

Autoren und Verlag danken den genannten Firmen, Institutionen und Privatpersonen für die Abdruckgenehmigung und die Vorlagen der hier aufgeführten Bilder.

Achtung:
Alle Bilder sind urheberrechtlich geschützt, d. h., sie sind Eigentum der jeweiligen Firma, Institution bzw. Privatperson, und dürfen nur **mit deren Genehmigung** verwendet werden.

3M Deutschland GmbH, Neuss: Bild 297.2
BASF Coatings AG, Münster: Bild 268.1
BEKO TECHNOLOGIES GMBH, Neuss: Bild 292.1
BYK-Gardner GmbH, Geretsried: Bilder 242.1b, 1c, 1d, 1e
Daimler AG, Stuttgart: Bilder 346.1, 346.2
Diplom-Designer (FH) Achim Schaffrinna, Hannover: Bilder 118.1 bis 118.3, 121.1, 121.2
FLEX-Elektrowerkzeuge GmbH, Steinheim/Murr: Bild 297.1
Gedore Werkzeugfabrik GmbH & Co. KG, Remscheid: Bild 226.1
Andreas Gümmer, Naunhof: Bild 34.1
Hella KGaA Hueck & Co., Lippstadt: Bild 239.1
Gerd Lausen, Jevenstedt: Bild 235.2
MAFA-Sebald Produktions-GmbH, Breckerfeld: Bild 88.1
ok Steinl – Lackierbedarf, Schleifmittel und Schleifmaschinen, Hohenburg: Bild 298.1
Frank Reiher, Lehre: Bild 267.2
SATA GmbH & Co. KG, Kornwestheim: Bilder 85.1, 86.1, 91.1 bis 91.6, 295.1
Scheuch GmbH, Aurolzmünster (Österreich): Bild 93.1
Standox GmbH, Wuppertal: Bilder 264.1, 265.1, 267.1, 269.1, 366.1
Wieländer & Schill, VS-Schwenningen: Bild 228.1
Bernd Winkler, Immenhausen: Bild 222.1
Adolf Würth GmbH & Co. KG, Künzelsau-Gaisbach: Bild 231.1
www.fahrzeuglackiererforum.de: Bild 265.2
Carrosserie- und Autospritzwerk Max Zimmermann, Zürich (Schweiz): Bild 266.1

Sachwortverzeichnis

A

C

H

M

N

O

P